■ 建筑工程常用公式与数据速查手册系列丛书

地基基础常用公式与数据速查手册

DIJI JICHU CHANGYONG GONGSHI YU SHUJU SUCHA SHOUCE

张立国　主编

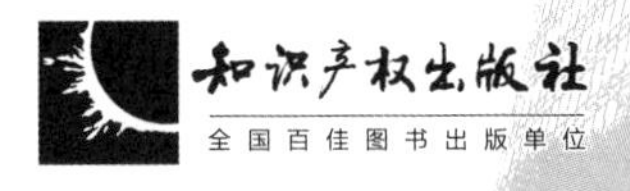

本书编写组

主　编　张立国

参　编　于　涛　王丽娟　成育芳　刘艳君
孙丽娜　何　影　李守巨　李春娜
张　军　赵　慧　陶红梅　夏　欣

前　　言

万丈高楼平地起，地基基础是建筑的根本。在工程建设中，我们一定要遵守“重基础，严结构”的原则，如果根基扎不好，再坚固的建筑物也犹如无根之草，所以地基与基础设计是所有设计工作的重中之重。

地基基础设计人员除了要有优良的设计理念之外，还应该有丰富的设计、技术、安全等工作经验，掌握大量地基基础常用的计算公式及数据，但由于资料来源庞杂，搜集和查询工作具有相当的难度，广大地基基础设计人员迫切需要一本系统、全面、有效地囊括地基基础常用计算公式与数据的工具书作为参考。基于以上原因，我们组织相关技术人员，依据国家最新颁布的《建筑地基基础设计规范》（GB 50007—2011）、《建筑桩基技术规范》（JGJ 94—2008）、《建筑基坑支护技术规程》（JGJ 120—2012）等标准规范，编写了此书。

本书共分为六章，包括：土方工程、地基工程、基础工程、桩基础工程、基坑工程、地基基础抗震设计等。本书对规范公式的重新编排，主要包括参数的含义，上下限表识，公式相关性等。相关内容一目了然，既方便设计人员查阅，亦可用于相关专业师生参考。

由于编者经验、理论水平有限，编写时间仓促，疏漏、不足之处难免，敬请广大读者给予批评、指正。

编　者

2014.04

目　　录

1

土方工程

1.1 公式速查

1.1.1 土的压缩系数的计算

土的压缩性通常用压缩系数来表示，其值由原状土的压缩试验确定。压缩系数按下式计算：

$$a=1000\times\frac{e_1-e_2}{p_1-p_2}$$

式中 a——土的压缩系数（MPa^{-1}）；

p_1、p_2——固结压力（kPa）；

e_1、e_2——相对于 p_1、p_2 时的孔隙比；

1000——单位换算系数。

1.1.2 土的压缩模量的计算

工程上也常用室内试验求压缩模量，作为土的压缩性指标，按下式计算：

$$E_s=\frac{1+e_0}{a}$$

式中 E_s——土的压缩模量（MPa）；

e_0——土的天然（自重压力下）孔隙比；

a——从土的自重应力至土的自重加附加应力段的压缩系数（MPa^{-1}）。

1.1.3 土的变形模量的计算

土的变形模量系通过野外荷载试验，得出荷载板底面应力与沉降量的 $p-s$ 曲线（如图 1-1 所示），选取一直线段利用弹性力学公式可反算地基土的变形模量，其计算公式为：

$$E_0=w(1+\nu^2)\frac{p_{cr}b}{s}\times10^{-3}$$

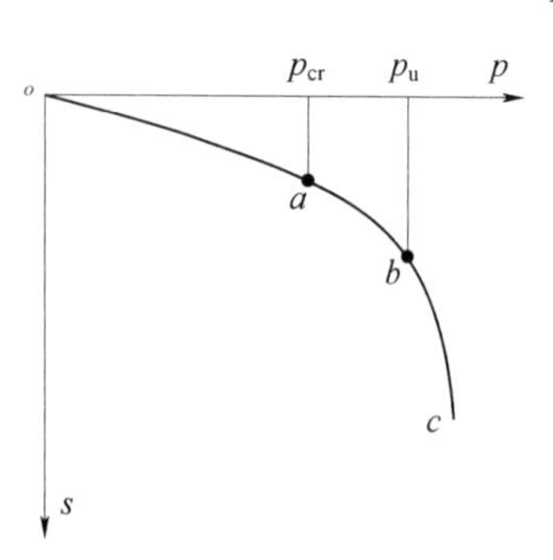

图 1-1 荷载板下应力 p 与沉降量 s 的关系曲线图

式中 E_0——地基土的变形模量（MPa），见后文的表 1-4；

w——沉降量系数，刚性正方形荷载板 $w=0.88$；刚性圆形荷载板 $w=0.79$；

ν——地基土的泊松比，为有侧胀竖向压缩时土的侧向应变与竖向压缩应变的比值；

p_{cr}——$p-s$ 曲线直线段终点所对应的应力（kPa）；

s——与直线段终点所对应的沉降量（mm）；

b——承压板宽度或直径（mm）。

1.1.4 土的变形模量与压缩模量的关系

土的变形模量 E_0 与压缩模量 E_s 的关系可按弹性理论得出，即：

$$E_0=\beta E_s$$

$$E_s=\frac{E_0}{\beta}$$

$$\beta=1-\frac{2\nu^2}{1-\nu^2}$$

式中 E_0——土的变形模量（MPa），见表 1－4；

E_s——土的压缩模量（MPa）；

β——与土的泊松比有关的系数；

ν——地基土的泊松比，为有侧胀竖向压缩时土的侧向应变与竖向压缩应变的比值。

1.1.5 土的可松性计算

土的可松性是指土经过挖掘后，组织破坏，体积增加，以后虽经回填压实，仍不能恢复成原来的体积的性质。土的可松性根据其开挖后和经过填压实后增加体积量的不同，分为最初可松性系数和最后可松性系数，见表 1－5，按下式计算：

最初可松性系数 K_1

$$K_1=\frac{V_2}{V_1}$$

式中 V_1——开挖前土在自然状态下的体积（m^3）；

V_2——土经开挖后的松散体积（m^3）。

最后可松性系数 K_2

$$K_2=\frac{V_3}{V_1}$$

式中 V_1——开挖前土在自然状态下的体积（m^3）；

V_3——土经回填压实后的体积（m^3）。

1.1.6 土的压缩性计算

取土回填或移挖作填，松土经运输、填压以后，均会压缩，一般以压缩率表示，可按下式计算：

$$p=\frac{(\rho-\rho_d)}{\rho_d}\times 100\%$$

式中 p——土的压缩率（%）；

ρ——压实后土的干密度（t/m^3），注：1t（吨）＝1000kg；

ρ_d——原状土的干密度（t/m^3），注：1t（吨）＝1000kg。

1.1.7 土方工程量的计算

根据横截面面积计算土方工程量（如图 1-2 所示）：

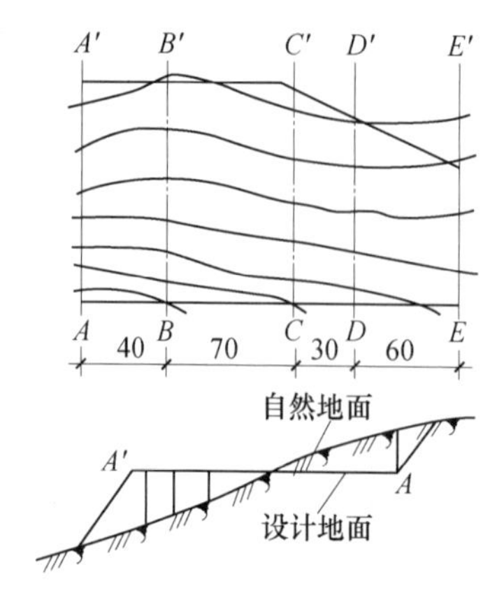

图 1-2 划分横截面示意图

$$V=\frac{(A_1+A_2)}{2}\times L$$

式中 V——相邻两截面间土方量（m^3）；

A_1、A_2——相邻两截面的挖方（－）或填方（＋）的截面积（m^2）；

L——相邻两截面间的间距（m）。

1.1.8 边坡三角棱柱体积计算

根据地形图和边坡竖向布置图和现场测绘图，将要计算的边坡划分为多个两种近似的几何形体，如图 1-3 所示，一种为三角棱体（如体积①～③、⑤～⑪）；另一种为三角棱柱体（如体积④）。

边坡三角棱体体积 V 可按下式计算（例如图 1-3 中的①）：

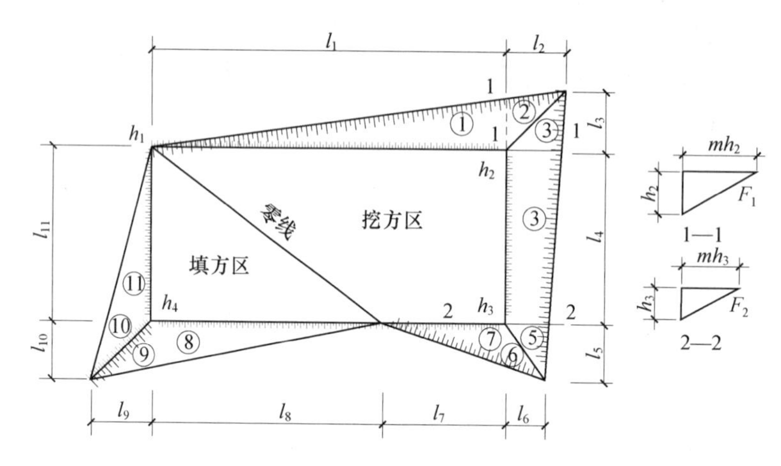

图 1-3 场地边坡计算简图

$$V_1=\frac{1}{3}F_1 l_1$$

$$F_1=\frac{h_2(mh_2)}{2}=\frac{mh_2^2}{2}$$

V_2、V_3、V_5～V_{11} 计算方法同上

式中 V_2、V_3、V_5～V_{11}——边坡①、②、③、⑤～⑪三角棱体体积（m^3）；

l_1——边坡①的边长（m）；

F_1——边坡①的端面积（m^2）；

m——边坡的坡度系数；

h_2——角点的挖土高度（m）。

边坡三角棱柱体体积 V_4 可按下式计算（例如图 1-3 中的④）

$$V_4=\frac{F_1+F_2}{2}l_4$$

式中　V_4——边坡④三角棱柱体体积（m^3）；

l_4——边坡④的长度（m）；

F_1、F_2——边坡④两端的横截面面积（m^2）。

当两端横截面面积相差很大时，则

$$V_4=\frac{l_4}{6}(F_1+4F_0+F_2)$$

F_1、F_2、F_0 计算方法同上

式中　V_4——边坡④三角棱柱体体积（m^3）；

l_4——边坡④的长度（m）；

F_1、F_2、F_0——边坡④两端及中部的横截面面积（m^2）。

1.1.9　无黏性土坡稳定性的计算

简单土坡是指土坡的顶面和底面均为水平面并延伸一定距离。

一般无黏性土坡的稳定分析按下式计算（如图 1-4 所示）：

$$K_s=\frac{\tan\varphi}{\tan\alpha}$$

式中　K_s——土坡稳定安全系数，$K_s=1$ 时为极限平衡状态，$K_s>1$ 为稳定，$K_s<1$ 为不稳定；

α——土坡倾角；

φ——土内摩擦角。

有渗透作用的无黏性土坡的稳定分析按下式计算（图 1-5）：

$$K_s=\frac{\gamma'\tan\varphi}{\gamma_{sat}\tan\alpha}$$

式中　γ'——浮容重；

γ_{sat}——土的饱和容重；

φ——土的内摩擦角；

α——土坡倾角。

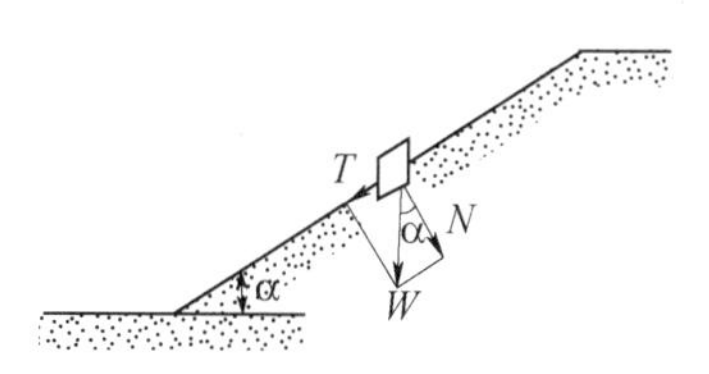

图 1-4　一般的无黏性土土坡

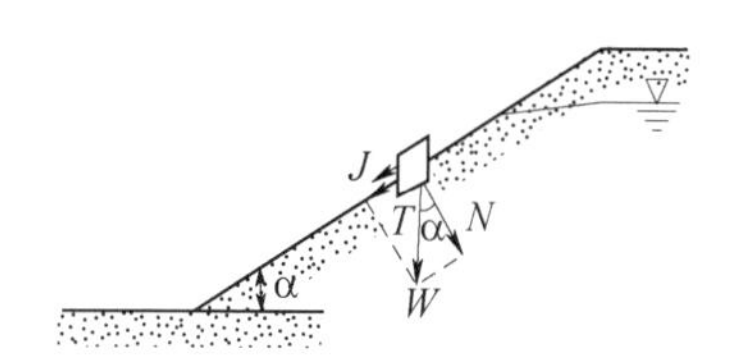

图 1-5　有渗透作用的无黏性土土坡

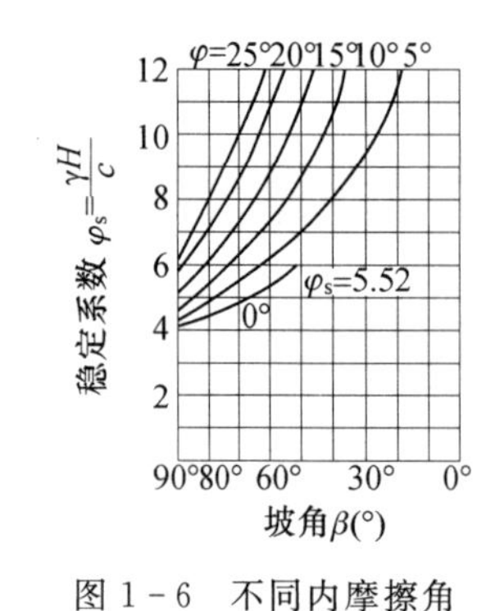

图 1-6　不同内摩擦角 $\varphi_s-\beta$ 曲线

1.1.10　黏性土坡稳定性的计算

黏性土坡的稳定性常用稳定系数法进行计算。应用图简便地分析简单土坡的稳定性，如图 1-6 中纵坐标表示稳定系数，由下式确定：

$$\varphi_s=\frac{\gamma H}{c}$$

式中　H——边坡的稳定安全高度（m）；

φ_s——稳定系数；

c——土的黏聚力（kPa）；

γ——土的容重（kN/m^3）。

横坐标表示土的坡度角 β。假定土的黏聚力不随深度变化，对于一个给定的土的内摩擦角 φ 值，边坡的临界高度及稳定安全高度，可由下式计算：

$$\left.\begin{aligned}H_c&=\varphi_s\frac{c}{\gamma}\\H&=\varphi_s\frac{c}{K\gamma}\end{aligned}\right\}$$

式中　H_c——边坡的临界高度（m），即边坡的稳定高度；

H——边坡的稳定安全高度（m）；

φ_s——稳定系数；

K——稳定安全系数，一般取 1.1～1.5；

c——土的黏聚力（kPa）；

γ——土的容重（kN/m^3）。

1.1.11　挖方边坡高度的计算

土方开挖放坡应根据土的类别、挖土深度，按施工及验收规范确定。挖方边坡高度按以下所述计算。

如图 1-7 所示，假定边坡滑动面通过坡脚一平面，滑动面上部土体为 ABC，其重力为：

$$G=\frac{\gamma h^2}{2}\cdot\frac{\sin(\theta-\alpha)}{\sin\theta\sin\alpha}$$

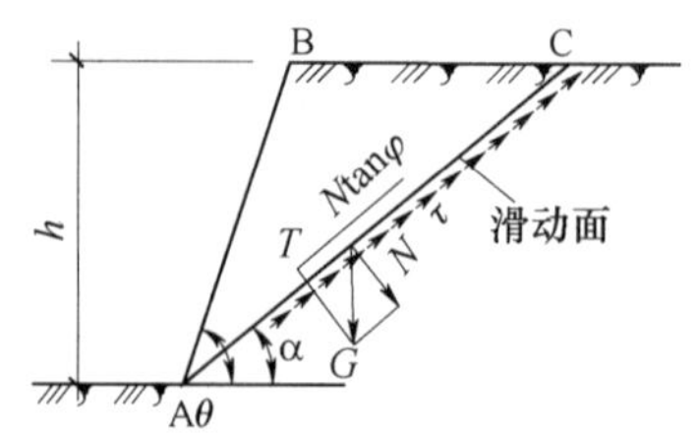

图 1-7　挖方边坡计算简图

式中　h——挖方边坡的允许最大高度（m）；

G——滑动土体 ABC 的重力（kN/m）；

γ——土的容重（kN/m^3）；

θ——边坡的坡度角（°）；

α——土坡倾角（°）。

当土体处于极限平衡状态时，挖方边坡的允许最大高度可按下式计算：

$$h=\frac{2c\sin\theta\cos\varphi}{\gamma\sin^2\left(\frac{\theta-\varphi}{2}\right)}$$

式中　h——挖方边坡的允许最大高度（m）；

γ——土的容重（kN/m^3）；

θ——边坡的坡度角（°）；

c——土的黏聚力（kPa）；

φ——土的内摩擦角（°）。

1.1.12　土方直立壁开挖高度计算

土方开挖时，当土质均匀，且地下水位低于基坑（槽、沟）底面标高时，挖方边坡可以做成直立壁且不加支撑。对黏性土垂直允许最大高度 h_{max}，可以按以下步骤计算。

令作用在坑壁上的土压力 $E_a=0$，如图 1-8 所示，即

$$E_a=\frac{\gamma h^2}{2}\tan^2\left(45°-\frac{\varphi}{2}\right)-2ch\times\tan^2\left(45°-\frac{\varphi}{2}\right)+\frac{2c^2}{\gamma}=0$$

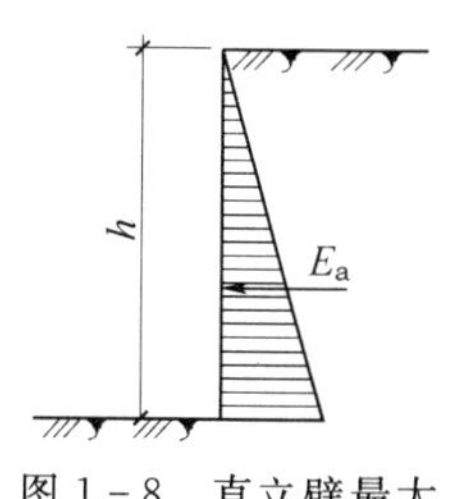

图 1-8　直立壁最大高度计算简图

式中　γ——坑壁土的容重（kN/m^3）；

φ——坑壁土的内摩擦角（°）；

c——坑壁土的黏聚力（kPa）；

h——基坑开挖高度（m）；

E_a——主动土压力（kN/m^3）。

解之，并令安全系数为 K（一般用 1.25），则

$$h_{max}=\frac{2c}{K\gamma\tan\left(45°-\frac{\varphi}{2}\right)}$$

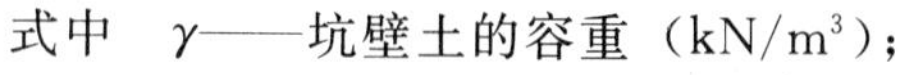

式中　γ——坑壁土的容重（kN/m^3）；

φ——坑壁土的内摩擦角（°）；

c——坑壁土的黏聚力（kPa）；

h_{max}——直立壁开挖允许最大高度（m）。

当坑顶护道上有均布荷载 q（kN/m^2）作用时，则

$$h_{max}=\frac{2c}{K\gamma\tan\left(45°-\frac{\varphi}{2}\right)}-\frac{q}{\gamma}$$

式中　γ——坑壁土的容重（kN/m^3）；

φ——坑壁土的内摩擦角（°）；

c——坑壁土的黏聚力（kPa）；

h_{max}——直立壁开挖允许最大高度（m）。

1.1.13 基坑土方开挖最小深度计算

基坑土方开挖后，应进行验槽，除了检验基坑尺寸、标高、土质是否符合设计要求外，还应检验或核算基坑土方开挖的深度能否满足承载力要求。

如图 1－9 所示，假定基础坑底 AB 上，因上部结构物重量受到单位压力 p_1 作用，则在基底四周的土层，应有一个侧压力 p_2 来支持，按朗肯理论，两者的关系为：

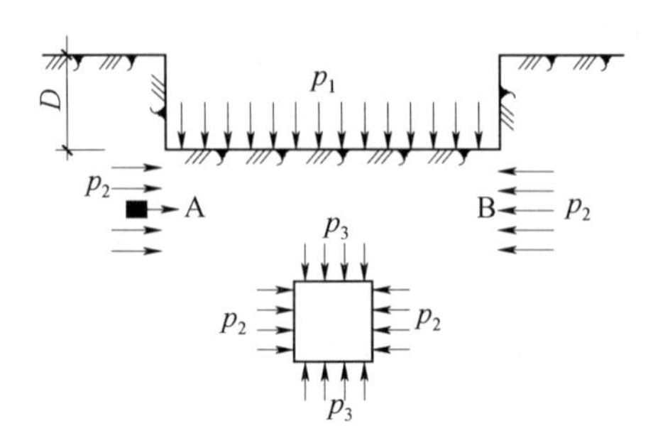

图 1－9 基础坑的最小深度验算简图

$$p_2=p_1\tan^2\left(45°-\frac{\varphi}{2}\right)$$

$$p_3=\gamma D,\text{或 } p_3=p_2\tan^2\left(45°-\frac{\varphi}{2}\right)$$

式中 p_1——基础对地基的压力（kPa）；

p_2——侧压力（kPa）；

p_3——基底以上土重（kPa）；

γ——土的容重（kN/m^3）；

φ——土的内摩擦角（°）；

D——基底深度（m）{▲无黏性土中基础的理论最小深度；■黏性土中基础的理论最小深度}

▲ 无黏性土中基础的理论最小深度

$$D=\frac{p_1}{\gamma}\tan^4\left(45°-\frac{\varphi}{2}\right)$$

式中 p_1——基础对地基的压力（kPa）；

γ——土的容重（kN/m^3）；

φ——土的内摩擦角（°）。

■ 黏性土中基础的理论最小深度

$$D=\frac{p_1}{\gamma}\tan^4\left(45°-\frac{\varphi}{2}\right)-\frac{2c}{\gamma}\cdot\frac{\tan\left(45°-\frac{\varphi}{2}\right)}{\cos^2\left(45°-\frac{\varphi}{2}\right)}$$

式中　p_1——基础对地基的压力（kPa）；

γ——土的容重（kN/m^3）；

φ——土的内摩擦角（°）；

c——土的黏聚力（kPa）。

1.1.14　土体滑坡推力的计算

为了评价山坡的稳定性和设置支挡结构，预防滑坡，工程施工前，常需进行滑坡的分析与计算，求出推力大小、方向和作用点，以确保施工和工程使用安全。

滑坡推力指滑坡体向下滑动的力与岩土抵抗向下滑动力之差（又称剩余下滑力），常用折线法（又称传递系数法）进行分析和计算。当滑体具有多层滑动面时，应取推力最大的滑动面确定滑坡推力。计算时，假定滑坡面为折线形，斜坡土石体沿着坚硬土层或岩层面做整体滑动（滑坡面一般由工程地质勘察报告提供）；并设滑坡推力作用点位于两段界面的中点，方向平行于各段滑面的方向。

计算时，顺滑坡主轴取 1m 宽的土条作为计算基本截面，不考虑土条两侧的摩阻力。如图 1－10 所示，假设滑体处于极限平衡状态，则滑坡推力可按下式计算：

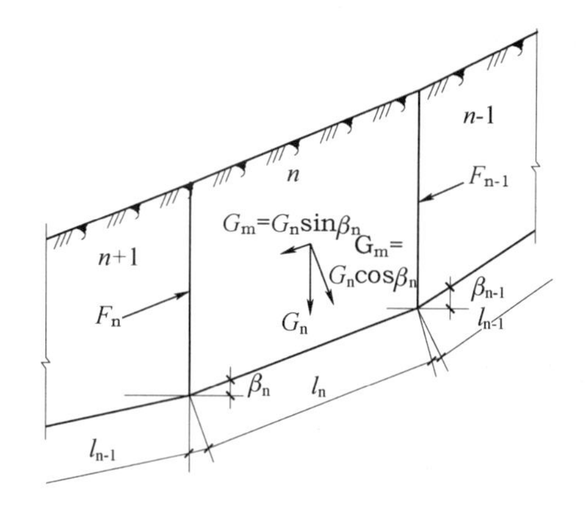

图 1－10　滑坡推力计算简图

$$F_n=F_{n-1}\varphi+\gamma_t G_{nt}-G_{nn}\tan\varphi_n-c_n l_n$$

$$\varphi=\cos(\beta_{n-1}-\beta_n)-\sin(\beta_{n-1}-\beta_n)\tan\varphi_n$$

$$G_{nt}=G_n\sin\beta_n$$

$$G_m=G_n\cos\beta_n$$

式中 F_n——第 n 段滑体沿着滑面的剩余下滑力（kN/m）；

F_{n-1}——第 $n-1$ 段滑体沿着滑面的剩余下滑力（kN/m）；

φ——推力传递系数；

β_n、β_{n-1}——第 n 段和第 $n-1$ 段滑面与水平面的夹角（°）；

φ_n——第 n 段滑体沿滑面上的内摩擦角标准值（°）；

γ_t——滑坡推力安全系数，根据滑坡现状及其对工程的影响等因素确定，对甲级建筑物取 1.25，乙级建筑物取 1.15，丙级建筑物取 1.05；

G_{nt}、G_{nn}——第 n 段滑体自重力产生的平行于滑面的分力和垂直于滑面的分力（kN/m）；

G_n——第 n 段滑体的自重力（kN/m）；

c_n——第 n 段滑体沿着滑面土的黏聚力标准值（kPa）；

l_n——第 n 段滑动面的长度（m）。

1.1.15 填土最大干密度的计算

当填土为黏土或砂土时，其最大干密度一般宜用夯实试验确定，当无试验资料时，可按下式计算：

$$\rho_{dmax}=\eta\frac{\rho_w d_s}{1+0.01w_{0p}d_s}$$

式中 ρ_{dmax}——压实填土的最大干密度（t/m^3）；

η——经验系数，对于黏土取 0.95；粉质黏土取 0.96；粉土取 0.97；

ρ_w——水的密度（t/m^3）；

d_s——土的相对密度（比重），一般黏土取 2.74～2.76；粉质黏土取2.72～2.73；粉土取 2.70～2.71；砂土取 2.65～2.69；

w_{0p}——土的最优含水量（%），可按当地经验或取塑限 w_p+2 或根据试验确定，如无试验或按表 1-7 采用。

1.1.16 填土土料需补充水量的计算

填土时，土料含水量应控制在最优含水量范围内，当土料含水量很低时，应洒水进行润湿，每立方米铺好的土料需要补充的水量可按下式计算：

$$W=\frac{\rho_w'}{1+w}(w_{0p}-w)$$

式中 W——单位体积内需要补充的水量（kg/m^3）；

w_{0p}——土的最优含水量（%），可按当地经验或取塑限 w_p+2 或根据试验确定，如无试验或按表 1-7 采用；

w——土的天然含水量（%）；

ρ_w'——含水量为 w 时的土的密度（kg/m^3）。

1.2 数据速查

1.2.1 土的基本物理性质指标

表 1-1　　　　土的基本物理性质指标

指标名称	符号	单位	物理意义	表达式以及常用换算公式
密度	ρ	t/m^3	单位体积土的质量，又称质量密度	$\rho=\frac{m}{V}$；$\rho=\rho_d(1+w)$ $\rho=\frac{d_s+s_r e}{1+e}\rho_w$
容重	γ	kN/m^3	单位体积土所受的重力，又称重力密度	$\gamma=\frac{W}{V}$或$\gamma=\rho g$ $\gamma=\frac{d_s(1+0.01w)}{1+e}$
相对密度	d_s	—	土粒单位体积的质量与4℃时蒸馏水的密度之比	$d_s=\frac{m_s}{V_s\rho_w}$；$d_s=\frac{S_r e}{w}$；$d_s=\frac{m_s}{V_s\rho_w}$
干密度	ρ_d	t/m^3	土的单位体积内颗粒的质量	$\rho_d=\frac{m_s}{V}$；$\rho_d=\frac{\rho}{1+w}$；$\rho_d=\frac{d_s}{1+e}$
干容重	γ_d	kN/m^3	土的单位体积内颗粒的重力	$\gamma_d=\frac{W_s}{V}$或$\rho_d g$；$\gamma_d=\frac{1}{1+w}\gamma$ $\gamma_d=\frac{d_s}{1+e}$
含水量	w	%	土中水的质量与颗粒质量之比	$w=\frac{n_w}{m_s}\times 100$；$w=\frac{S_r e}{d_s}\times 100$ $w=\left(\frac{\gamma}{\gamma_d}-1\right)\times 100$
饱和密度	ρ_{sat}	t/m^3	土中孔隙完全被水充满时土的密度	$\rho_{sat}=\frac{m_s+V_v\rho_w}{V}$ $\rho_{sat}=\rho_d+\frac{e}{1+e}$；$\rho_{sat}=\frac{d_s+e}{1+e}\rho_w$
饱和容重	γ_{sat}	kN/m^3	土中孔隙完全被水充满时土的容重	$\gamma_{sat}=\rho_{sat}g$ $\gamma_{sat}=\frac{W_s+V_v\gamma_w}{V}$；$\gamma_{sat}=\frac{d_s+e}{1+e}\gamma_w$
有效容重	γ'	kN/m^3	在地下水位以下，土体受到水的浮力作用时土的容重，又称浮容重	$\gamma'=\gamma_{sat}-\gamma_w$；$\gamma'=\frac{(d_s-1)\gamma_w}{1+e}$ $\gamma'=\frac{m_s-V_s\rho_w}{V}g$
孔隙比	e		土中孔隙体积与土粒体积之比	$e=\frac{V_v}{V_s}$；$e=\frac{d_s\rho_w}{\rho_d}-1$；$e=\frac{n}{1-n}$

续表

指标名称	符号	单位	物理意义	表达式以及常用换算公式
孔隙率	n	%	土中孔隙体积与土的总体积之比	$n=\frac{V_v}{V}\times 100$；$n=\frac{e}{1+e}\times 100$ $n=\left(1-\frac{\gamma_d}{d_s\gamma_w}\right)\times 100$
饱和度	S_t		土中水的体积与孔隙体积之比	$S_t=\frac{V_w}{V_v}$；$S_t=\frac{wd_s}{e}$；$S_t=\frac{w\rho_d}{n}$ $S_t=\frac{w(\rho_s/\rho_w)}{e}$
表中符号意义	m——土的总质量（$m=m_s+m_w$）； m_s——土的固体颗粒的质量； m_w——土中水的质量； m_a——土中气体的质量，$m_a\approx 0$； V——土的总体积（$V=V_s+V_w+V_a$）； V_s——土中固体颗粒的体积； V_w——土中水所占的体积； V_a——土中空气所占的体积； V_v——土中空隙体积（$V_v=V_n+V_w$）； W——土的总重力（量）； W_s——土的固体颗粒的重力（量）； W_w——土中水的重力（量）； ρ_w——蒸馏水的密度，一般 $\rho_w=1\text{t/m}^3$； γ_w——水的容重，近似取 $\gamma_w=10\text{kN/m}^3$； g——重力加速度，取 $g=10\text{m/s}^2$			

1.2.2 土的压缩性等级的划分

表 1-2　　土的压缩性等级的划分

压缩系数 a/MPa^{-1}	$a_{1-2}<0.1$	$0.1\leqslant a_{1-2}<0.5$	$a_{1-2}\geqslant 0.5$
压缩性等级	低压缩性	中压缩性	高压缩性

1.2.3 用压缩模量划分压缩性等级

表 1-3　　用压缩模量划分压缩性等级

室内压缩模量 E_s/MPa	压缩性等级	室内压缩模量 E_s/MPa	压缩性等级
<2	特高压缩性	7.6～11	中压缩性
2～4	高压缩性	11.1～15	中低压缩性
4.1～7.5	中高压缩性	>15	低压缩性

1.2.4 地基土的变形模量 E_0 值

表 1-4　　地基土的变形模量 E_0 值

土的种类	E_0		土的种类	E_0	
砾石及卵石	65～54			密实的	中密的
碎石	65～29		干的粉土	16.0	12.5
砂石	42～14		湿的粉土	12.5	9.0
	密实的	中密的	饱和的粉土	9.0	5.0
粗砂、砾砂	48.0	36.0		坚硬	塑性状态
中砂	42.0	31.0	粉土	59～16	16～4
干的细砂	36.0	25.0	粉质黏土	39～16	16～4
湿的及饱和的细砂	31.0	19.0	淤泥	3	
干的粉砂	21.0	17.5	泥炭	2～4	
湿的粉砂	17.5	14.0	处于流动状态的黏性土、粉土	3	
饱和的粉砂	14.0	19.0			

1.2.5 一般土的可松性系数参考数值

表 1-5　　一般土的可松性系数参考数值

土的名称	体积增加百分比		可松性系数	
	最初	最后	K_1	K_2
砂土、粉土	8～17	1～2.5	1.08～1.17	1.01～1.03
种植土、淤泥、淤泥质土	20～30	3～4	1.20～1.30	1.03～1.04
粉质黏土、潮湿黄土、砂土（或粉土）混碎（卵）石、填土	14～28	1.5～5	1.14～1.28	1.02～1.05
黏土、砾石土、干黄土、黄土（或粉质黏土）混碎（卵）石、压实填土	24～30	4～7	1.24～1.30	1.04～1.07
黏土、黏土混碎（卵）石、卵石土、密实黄土	26～32	6～9	1.26～1.32	1.06～1.09
泥灰岩	33～37	11～15	1.33～1.37	1.11～1.15
软质岩石、次硬质岩石	30～45	10～20	1.30～1.45	1.10～1.20
硬质岩石	45～50	20～30	1.45～1.50	1.20～1.30

1.2.6 常用方格网点计算公式

表 1-6　　常用方格网点计算公式

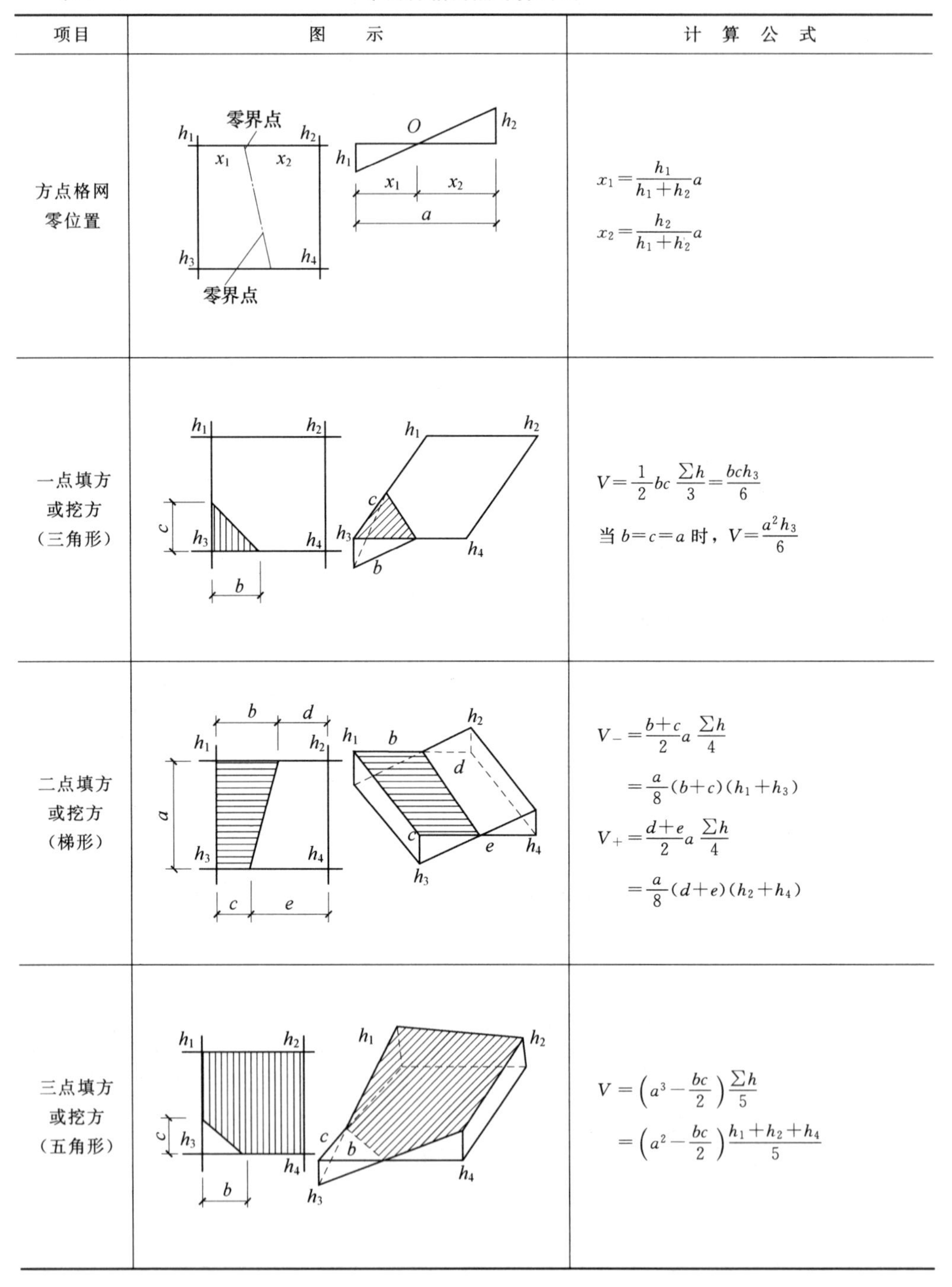

项目	图　　示	计　算　公　式
方点格网零位置		$x_1=\frac{h_1}{h_1+h_2}a$ $x_2=\frac{h_2}{h_1+h_2}a$
一点填方或挖方（三角形）		$V=\frac{1}{2}bc\frac{\sum h}{3}=\frac{bch_3}{6}$ 当 $b=c=a$ 时，$V=\frac{a^2h_3}{6}$
二点填方或挖方（梯形）		$V_-=\frac{b+c}{2}a\frac{\sum h}{4}$ $=\frac{a}{8}(b+c)(h_1+h_3)$ $V_+=\frac{d+e}{2}a\frac{\sum h}{4}$ $=\frac{a}{8}(d+e)(h_2+h_4)$
三点填方或挖方（五角形）		$V=\left(a^3-\frac{bc}{2}\right)\frac{\sum h}{5}$ $=\left(a^2-\frac{bc}{2}\right)\frac{h_1+h_2+h_4}{5}$

续表

项目	图　　示	计　算　公　式
四点填方或挖方（正方形）	h_1 h_2 h_3 h_4 h_1 h_2 h_3 h_4	$V=\frac{a^2}{4}\sum h$ $=\frac{a^2}{4}(h_1+h_2+h_3+h_4)$

注：表内计算公式中 a 为方格网的边长（m）；b、c、d、e 为零点到一角的边长（m）；h_1、h_2、h_3、h_4 为各角点的施工高程，用绝对值代入；V 为挖方或填方的体积（m^3）；x_1、x_2 为角点至零点的距离（m）。

1.2.7　土的最优含水量

表 1-7　　土的最优含水量

土　的　种　类	变　动　范　围	
	最优含水量/%（质量比）	最大干密度/(t/m^3)
砂土	8～12	1.80～1.88
粉土	16～22	1.61～1.80
粉质黏土	12～15	1.85～1.95
黏土	19～23	1.58～1.70

1.2.8　岩石坚硬程度的划分

表 1-8　　岩石坚硬程度的划分

坚硬程度类别	坚硬岩	较硬岩	较软岩	软岩	极软岩
饱和单轴抗压强度标准值 f_{rk}/MPa	$f_{rk}>60$	$60\geqslant f_{rk}>30$	$30\geqslant f_{rk}>15$	$15\geqslant f_{rk}>5$	$f_{rk}\leqslant 5$

1.2.9　岩石坚硬程度的定性划分

表 1-9　　岩石坚硬程度的定性划分

名　称		定　性　鉴　定	代表性岩石
硬质岩	坚硬岩	锤击声清脆，有回弹，振手，难击碎，基本无吸水反应	未风化-微风化的花岗岩、闪长岩、辉绿岩、玄武岩、安山岩、片麻岩、石英岩、硅质砾岩、石英砂岩、硅质石灰岩等
	较硬岩	锤击声较清脆，有轻微回弹，稍振手，较难击碎，有轻微吸水反应	①微风化的坚硬岩 ②未风化-微风化的大理岩、板岩、石灰岩、白云岩、钙质砂岩等

续表

名称		定性鉴定	代表性岩石
软质岩	较软岩	锤击声不清脆，无回弹，较易击碎，浸水后指甲可刻出印痕	①中等风化-强风化的坚硬岩或较硬岩 ②未风化-微风化的凝灰岩、千枚岩、砂质泥岩、泥灰岩等
	软岩	锤击声哑，无回弹，有凹痕，易击碎，浸水后手可掰开	①强风化的坚硬岩和较硬岩 ②中等风化-强风化的较软岩 ③未风化-微风化的页岩、泥质砂岩、泥岩等
极软岩		锤击声哑，无回弹，有较深凹痕，手可捏碎，浸水后可捏成轩	①全风化的各种岩石 ②各种半成岩

1.2.10 岩体完整程度的划分

表 1-10　岩体完整程度的划分

名称	结构面组数	完整性指数	控制性结构面平均间距/m	代表性结构类型
完整	1～2	＞0.75	＞1.0	整状结构
较完整	2～3	0.75～0.55	0.4～1.0	块状结构
较破碎	＞3	0.55～0.35	0.2～0.4	镶嵌状结构
破碎	＞3	0.35～0.15	＜0.2	碎裂状结构
极破碎	无序	＜0.15	—	散体状结构

注：完整性指数为岩体纵波波速与岩块纵波波速之比的平方。选定岩体、岩块测定波速时应有代表性。

1.2.11 碎石土的分类

表 1-11　碎石土的分类

土的名称	颗粒形状	粒组含量
漂石 块石	圆形及亚圆形为主 棱角形为主	粒径大于 200mm 的颗粒含量超过全重 50%
卵石 碎石	圆形及亚圆形为主 棱角形为主	粒径大于 20mm 的颗粒含量超过全重 50%
圆砾 角砾	圆形及亚圆形为主 棱角形为主	粒径大于 2mm 的颗粒含量超过全重 50%

注：分类时应根据粒组含量栏从上到下以最先符合者确定。

1.2.12 碎石土的密实度

表 1-12　　碎石土的密实度

重型圆锥动力触探锤击数 $N_{63.5}$	密实度
$N_{63.5} \leqslant 5$	松散
$5 < N_{63.5} \leqslant 10$	稍密
$10 < N_{63.5} \leqslant 20$	中密
$N_{63.5} > 20$	密实

注：1. 本表适用于平均粒径小于或等于50mm且最大粒径不超过100mm的卵石、碎石、圆砾、角砾；对于平均粒径大于50mm或最大粒径大于100mm的碎石土，可按表1-13鉴别其密实度。
2. 表内 $N_{63.5}$ 为经综合修正后的平均值。

1.2.13 碎石土密实度野外鉴别方法

表 1-13　　碎石土密实度野外鉴别方法

密实度	骨架颗粒含量和排列	可挖性	可钻性
密实	骨架颗粒含量大于总重的70%，呈交错排列，连续接触	锹镐挖掘困难，用撬棍方能松动，井壁一般较稳定	钻进极困难，冲击钻探时，钻杆、吊锤跳动剧烈，孔壁较稳定
中密	骨架颗粒含量等于总重的60%～70%，呈交错排列，大部分接触	锹镐可挖掘，井壁有掉块现象，从井壁取出大颗粒处，能保持颗粒凹面形状	钻进较困难，冲击钻探时，钻杆、吊锤跳动不剧烈，孔壁有坍塌现象
稍密	骨架颗粒含量等于总重的55%～60%，排列混乱，大部分不接触	锹可以挖掘，井壁易坍塌，从井壁取出大颗粒后，砂土立即坍落	钻进较容易，冲击钻探时，钻杆稍有跳动，孔壁易坍塌
松散	骨架颗粒含量小于总重的55%，排列十分混乱，绝大部分不接触	锹易挖掘，井壁极易坍塌	钻进很容易，冲击钻探时，钻杆无跳动，孔壁极易坍塌

注：1. 骨架颗粒系指与表1-11相对应粒径的颗粒。
2. 碎石土的密实度应按表列各项要求综合确定。

1.2.14 砂土的分类

表 1-14　　砂土的分类

土的名称	粒组含量
砾砂	粒径大于2mm的颗粒含量占全重25%～50%
粗砂	粒径大于0.5mm的颗粒含量超过全重50%
中砂	粒径大于0.25mm的颗粒含量超过全重50%
细砂	粒径大于0.075mm的颗粒含量超过全重85%
粉砂	粒径大于0.075mm的颗粒含量超过全重50%

注：分类时应根据粒组含量栏从上到下以最先符合者确定。

1.2.15 砂土的密实度

表 1-15　　砂 土 的 密 实 度

标准贯入试验锤击数 N	密　实　度
$N \leqslant 10$	松散
$10 < N \leqslant 15$	稍密
$15 < N \leqslant 30$	中密
$N > 30$	密实

注：当用静力触探探头阻力判定砂土的密实度时，可根据当地经验确定。

1.2.16 黏性土的分类

表 1-16　　黏性土的分类

塑　性　指　数 I_p	土　的　名　称
$I_p > 17$	黏土
$10 < I_p \leqslant 17$	粉质黏土

注：塑性指数由相应于 76g 的圆锥体沉入土样中深度为 10mm 时测定的液限计算而得。

1.2.17 黏性土的状态

表 1-17　　黏 性 土 的 状 态

液性指数 I_L	状　　态
$I_L \leqslant 0$	坚硬
$0 < I_L \leqslant 0.25$	硬塑
$0.25 < I_L \leqslant 0.75$	可塑
$0.75 < I_L \leqslant 1$	软塑
$I_L > 1$	流塑

注：当用静力触探探头阻力判定黏性土的状态时，可根据当地经验确定。

2

地基工程

2.1 公式速查

2.1.1 季节性冻土地基的场地冻结深度的计算

季节性冻土地基的场地冻结深度应按下式进行计算：

$$z_d = z_0 \psi_{zs} \psi_{zw} \psi_{ze}$$

式中 z_d——场地冻结深度（m），当有实测资料时按 $z_d = h' - \Delta z$ 计算；

h'——最大冻深出现时场地最大冻土层厚度（m）；

Δz——最大冻深出现时场地地表冻胀量（m）；

z_0——标准冻结深度（m），当无实测资料时，按《建筑地基基础设计规范》（GB 50007—2011）附录 F 采用；

ψ_{zs}——土的类别对冻结深度的影响系数，按表 2－2 采用；

ψ_{zw}——土的冻胀性对冻结深度的影响系数，按表 2－3 采用；

ψ_{ze}——环境对冻结深度的影响系数，按表 2－4 采用。

2.1.2 季节性冻土地区基础最小埋置深度的计算

季节性冻土地区基础埋置深度宜大于场地冻结深度。对于深厚季节冻土地区，当建筑基础底面土层为不冻胀、弱冻胀、冻胀土时，基础埋置深度可以小于场地冻结深度，基础底面下允许冻土层最大厚度应根据当地经验确定。没有地区经验时可按表 2－6 查取。此时，基础最小埋置深度 d_{min} 可按下式计算：

$$d_{min} = z_d - h_{max}$$

式中 d_{min}——基础最小埋置深度（m）；

z_d——场地冻结深度（m），当有实测资料时按 $z_d = h' - \Delta z$ 计算；

h'——最大冻深出现时场地最大冻土层厚度（m）；

Δz——最大冻深出现时场地地表冻胀量（m）；

h_{max}——基础底面下允许冻土层最大厚度（m）。

2.1.3 基础底面压力的计算

基础底面的压力，可按下列公式确定。

（1）当轴心荷载作用时：

$$p_k \leqslant f_a$$

$$p_k = \frac{F_k + G_k}{A}$$

式中 p_k——相应于作用的标准组合时，基础底面处的平均压力值（kPa）；

f_a——修正后的地基承载力特征值（kPa）；

F_k——相应于作用的标准组合时，上部结构传至基础顶面的竖向力值（kN）；

G_k——基础自重和基础上的土重（kN）；

A——基础底面面积（m^2）。

（2）当偏心荷载作用时：

$$p_{kmax} \leqslant 1.2 f_a$$

$$p_{kmax} = \frac{F_k + G_k}{A} + \frac{M_k}{W}$$

$$p_{kmin} = \frac{F_k + G_k}{A} - \frac{M_k}{W}$$

式中 p_{kmax}——相应于作用的标准组合时，基础底面边缘的最大压力值（kPa）；

f_a——修正后的地基承载力特征值（kPa）；

F_k——相应于作用的标准组合时，上部结构传至基础顶面的竖向力值（kN）；

G_k——基础自重和基础上的土重（kN）；

A——基础底面面积（m^2）；

M_k——相应于作用的标准组合时，作用于基础底面的力矩值（kN·m）；

W——基础底面的抵抗矩（m^3）。

（3）当基础底面形状为矩形且偏心距 $e > b/6$ 时（如图 2-1 所示），p_{kmax}应按下式计算：

$$p_{kmax} = \frac{2(F_k + G_k)}{3la}$$

式中 p_{kmax}——相应于作用的标准组合时，基础底面边缘的最大压力值（kPa）；

F_k——相应于作用的标准组合时，上部结构传至基础顶面的竖向力值（kN）；

G_k——基础自重和基础上的土重（kN）；

l——垂直于力矩作用方向的基础底面边长（m）；

a——合力作用点至基础底面最大压力边缘的距离（m）。

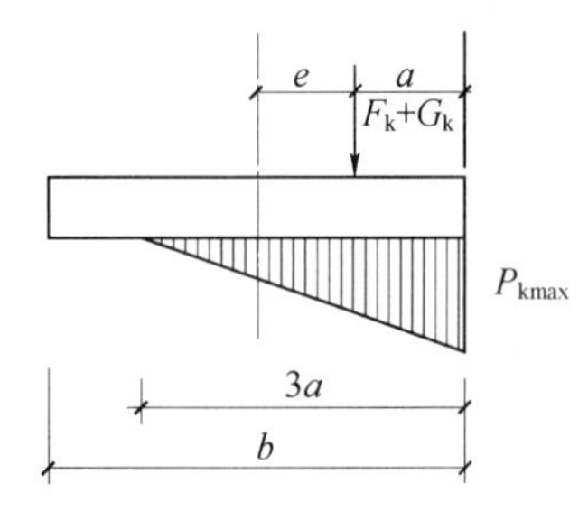

图 2-1 偏心荷载（$e > b/6$）下基底压力计算示意图

b——力矩作用方向基础底面边长

2.1.4 修正后地基承载力特征值的计算

当基础宽度大于 3m 或埋置深度大于 0.5m 时，从载荷试验或其他原位测试、经验值等方法确定的地基承载力特征值，尚应按下式修正：

$$f_a = f_{ak} + \eta_b \gamma (b-3) + \eta_d \gamma_m (d-0.5)$$

式中 f_a——修正后的地基承载力特征值（kPa）；

f_{ak}——地基承载力特征值（kPa）；

η_b、η_d——基础宽度和埋置深度的地基承载力修正系数，按基底下土的类别查表 2-7 取值；

γ——基础底面以下土的容重（kN/m^3），地下水位以下取浮容重；

b——基础底面宽度（m），当基础底面宽度小于 3m 时按 3m 取值，大于 6m 时按 6m 取值；

γ_m——基础底面以上土的加权平均容重（kN/m^3），位于地下水位以下的土层取有效容重；

d——基础埋置深度（m），宜自室外地面标高算起；在填方整平地区，可自填土地面标高算起，但填土在上部结构施工后完成时，应从天然地面标高算起。对于地下室，当采用箱形基础或筏基时，基础埋置深度自室外地面标高算起；当采用独立基础或条形基础时，应从室内地面标高算起。

2.1.5 由土的抗剪强度指标确定的地基承载力特征值的计算

当偏心距 e 小于或等于 0.033 倍基础底面宽度时，根据土的抗剪强度指标确定地基承载力特征值可按下式计算，并应满足变形要求：

$$f_a = M_b \gamma b + M_d \gamma_m d + M_c c_k$$

式中 f_a——由土的抗剪强度指标确定的地基承载力特征值（kPa）；

M_b、M_d、M_c——承载力系数，按表 2-8 确定；

b——基础底面宽度（m），大于 6m 时按 6m 取值，对于砂土小于 3m 时按 3m 取值；

γ——基础底面以下土的容重（kN/m^3），地下水位以下取浮容重；

γ_m——基础底面以上土的加权平均容重（kN/m^3），位于地下水位以下的土层取有效容重；

d——基础埋置深度（m），宜自室外地面标高算起；在填方整平地区，可自填土地面标高算起，但填土在上部结构施工后完成时，应从天然地面标高算起。对于地下室，当采用箱形基础或筏基时，基础埋置深度自室外地面标高算起；当采用独立基础或条形基础时，应从室内地面标高算起；

c_k——基底下一倍短边宽度的深度范围内土的黏聚力标准值（kPa）。

2.1.6 岩石地基承载力特征值的计算

对于完整、较完整、较破碎的岩石地基承载力特征值可按《建筑地基基础设计规范》（GB 50007—2011）附录 H 岩石地基载荷试验方法确定；对破碎、极破碎的岩石地基承载力特征值，可根据平板载荷试验确定。对完整、较完整和较破碎的岩石地基承载力特征值，也可根据室内饱和单轴抗压强度按下式进行计算：

$$f_a = \psi_r f_{rk}$$

$$f_{rk} = \psi f_{rm}$$

$$\psi = 1 - \left(\frac{1.704}{\sqrt{n}} + \frac{4.678}{n^2}\right)\delta$$

式中　f_a——岩石地基承载力特征值（kPa）；

f_{rk}——岩石饱和单轴抗压强度标准值（kPa）；

ψ_r——折减系数，根据岩体完整程度以及结构面的间距、宽度、产状和组合，由地方经验确定。无经验时，对完整岩体可取0.5；对较完整岩体可取0.2～0.5；对较破碎岩体可取0.1～0.2；

f_{rm}——岩石饱和单轴抗压强度平均值（kPa）；

ψ——统计修正系数；

n——试样个数；

δ——变异系数。

2.1.7　软弱下卧层地基承载力的验算

当地基受力层范围内有软弱下卧层时，应按下式验算软弱下卧层的地基承载力：

$$p_z + p_{cz} \leqslant f_{az}$$

式中　p_{cz}——软弱下卧层顶面处土的自重压力值（kPa）；

f_{az}——较弱下卧层顶面处经深度修正后的地基承载力特征值（kPa）；

p_z——相应于作用的标准组合时，软弱下卧层顶面处的附加压力值（kPa）{▲条形基础；■矩形基础}

▲　条形基础

$$p_z = \frac{b(p_k - p_c)}{b + 2z\tan\theta}$$

式中　b——矩形基础或条形基础底边的宽度（m）；

p_k——相应于作用的标准组合时，基础底面处的平均压力值（kPa）；

p_c——基础底面处土的自重压力值（kPa）；

z——基础底面至软弱下卧层顶面的距离（m）；

θ——地基压力扩散线与垂直线的夹角（°），可按表2-9采用。

■　矩形基础

$$p_z = \frac{lb(p_k - p_c)}{(b + 2z\tan\theta)(l + 2z\tan\theta)}$$

式中　b——矩形基础或条形基础底边的宽度（m）；

l——矩形基础底边的长度（m）；

p_k——相应于作用的标准组合时，基础底面处的平均压力值（kPa）；

p_c——基础底面处土的自重压力值（kPa）；

z——基础底面至软弱下卧层顶面的距离（m）；

θ——地基压力扩散线与垂直线的夹角（°），可按表2-9采用。

2.1.8　地基最终变形量的计算

计算地基变形时，地基内的应力分布，可采用各向同性均质线性变形体理论。

其最终变形量可按下式进行计算：

$$s=\psi_s s'=\psi_s\sum_{i=1}^{n}\frac{p_0}{E_{si}}(z_i\,\overline{\alpha}_i-z_{i-1}\,\overline{\alpha}_{i-1})$$

式中　s——地基最终变形量（mm）；

s'——按分层总和法计算出的地基变形量（mm）；

ψ_s——沉降计算经验系数，根据地区沉降观测资料及经验确定，无地区经验时可根据变形计算深度范围内压缩模量的当量值（$\overline{E}_s$）、基底附加压力按表 2－11 取值；

n——地基变形计算深度范围内所划分的土层数（如图 2－2 所示）；

p_0——相应于作用的准永久组合时基础底面处的附加压力（kPa）；

E_{si}——基础底面下第 i 层土的压缩模量（MPa），应取土的自重压力至土的自重压力与附加压力之和的压力段计算；

z_i、z_{i-1}——基础底面至第 i 层土、第 $i-1$ 层土底面的距离（m）；

$\overline{\alpha}_i$、$\overline{\alpha}_{i-1}$——基础底面计算点至第 i 层土、第 $i-1$ 层土底面范围内平均附加应力系数，可按表 2－12～表 2－16 采用。

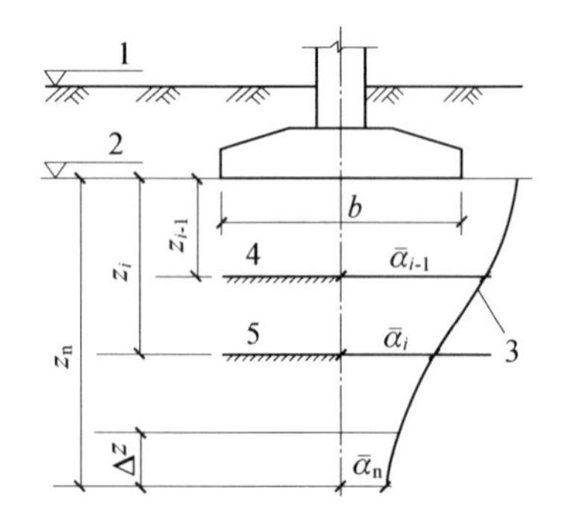

图 2－2　基础沉降计算的分层示意图

1——天然地面标高；2——基底标高；3——平均附加应力系数$\overline{\alpha}$曲线；4——$i-1$ 层；5——i 层

2.1.9　地基变形计算深度范围内压缩模量的当量值的计算

变形计算深度范围内压缩模量的当量值（$\overline{E}_s$），应按下式计算：

$$\overline{E}_s=\frac{\sum A_i}{\sum\frac{A_i}{E_{si}}}$$

式中　A_i——第 i 层土附加应力系数沿土层厚度的积分值；

E_{si}——基础底面下第 i 层土的压缩模量（MPa），应取土的自重压力至土的自重压力与附加压力之和的压力段计算。

2.1.10　地基变形深度的计算

地基变形计算深度 z_n（如图 2-2 所示），应符合下式的规定。当计算深度下部仍有较软土层时，应继续计算。

$$\Delta s'_n \leqslant 0.025\sum_{i=1}^{n}\Delta s'_i$$

式中　$\Delta s'_i$——在计算深度范围内，第 i 层土的计算变形值（mm）；

$\Delta s'_n$——在由计算深度向上取厚度为 Δz 的土层计算变形值（mm），Δz 如图 2-2 所示，并按表 2-17 确定。

2.1.11　地基土回弹变形量的计算

当建筑物地下室基础埋置较深时，地基土的回弹变形量可按下式进行计算：

$$s_c = \psi_c\sum_{i=1}^{n}\frac{p_c}{E_{ci}}(z_i\bar{\alpha}_i - z_{i-1}\bar{\alpha}_{i-1})$$

式中　s_c——地基的回弹变形量（mm）；

ψ_c——回弹量计算的经验系数，无地区经验时可取 1.0；

p_c——基坑底面以上土的自重压力（kPa），地下水位以下应扣除浮力；

E_{ci}——土的回弹模量（kPa），按现行国家标准《土工试验方法标准（2007 年版）》（GB/T 50123—1999）中土的固结试验回弹曲线的不同应力段计算；

z_i、z_{i-1}——基础底面至第 i 层土、第 $i-1$ 层土底面的距离（m）；

$\bar{\alpha}_i$、$\bar{\alpha}_{i-1}$——基础底面计算点至第 i 层土、第 $i-1$ 层土底面范围内平均附加应力系数，可按表 2-12～表 2-16 采用。

2.1.12　地基土回弹再压缩变形量的计算

回弹再压缩变形量计算可采用再加荷的压力小于卸荷土的自重压力段内再压缩变形线性分布的假定，按下式进行计算：

$$s'_c=\begin{cases} r'_0 s_c \dfrac{p}{p_c R'_0} & p < R'_0 p_c \\ s_c\left[r'_0 + \dfrac{r'_{R'=1.0} - r'_0}{1-R'_0}\left(\dfrac{p}{p_c} - R'_0\right)\right] & R'_0 p_c \leqslant p \leqslant p_c \end{cases}$$

式中　s'_c——地基土回弹再压缩变形量（mm）；

s_c——地基的回弹变形量（mm）；

r'_0——临界再压缩比率，相应于再压缩比率与再加荷比关系曲线上两段线性交点对应的再压缩比率，由土的固结回弹再压缩试验确定；

p_c——基坑底面以上土的自重压力（kPa），地下水位以下应扣除浮力；

R'_0——临界再加荷比，相应在再压缩比率与再加荷比关系曲线上两段线性交点对应的再加荷比，由土的固结回弹再压缩试验确定；

$r'_{R'=1.0}$——对应于再加荷比 $R'=1.0$ 时的再压缩比率，由土的固结回弹再压缩试验确定，其值等于回弹再压缩变形增大系数；

p——再加荷的基底压力（kPa）。

2.1.13 圆弧滑动面法验算地基稳定性

地基稳定性可采用圆弧滑动面法进行验算。最危险的滑动面上诸力对滑动中心所产生的抗滑力矩与滑动力矩应符合下式要求：

$$M_R/M_S \geqslant 1.2$$

式中 M_S——滑动力矩（kN·m）；

M_R——抗滑力矩（kN·m）。

2.1.14 条形基础或矩形基础底面外边缘线至坡顶的水平距离的计算

对于条形基础或矩形基础，当垂直于坡顶边缘线的基础底面边长小于或等于 3m 时，其基础底面外边缘线至坡顶的水平距离（如图 2－3 所示）应符合下式要求，且不得小于 2.5m。

条形基础：

$$a \geqslant 3.5b - \frac{d}{\tan\beta}$$

式中 a——基础底面外边缘线至坡顶的水平距离（m）；

b——垂直于坡顶边缘线的基础底面边长（m）；

d——基础埋置深度（m）；

β——边坡坡角（°）。

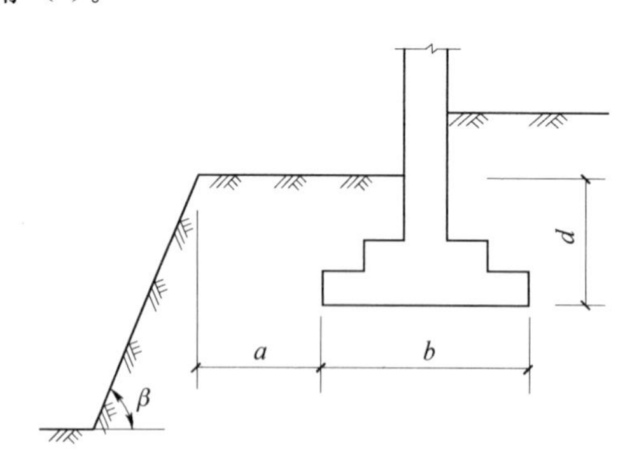

图 2－3 基础底面外边缘线至坡顶的水平距离示意图

矩形基础：

$$a \geqslant 2.5b - \frac{d}{\tan\beta}$$

式中 a——基础底面外边缘线至坡顶的水平距离（m）；

b——垂直于坡顶边缘线的基础底面边长（m）；

d——基础埋置深度（m）；

β——边坡坡角（°）。

2.1.15 基础抗浮稳定性的验算

建筑物基础存在浮力作用时应进行抗浮稳定性验算，对于简单的浮力作用情况，基础抗浮稳定性应符合下式要求：

$$\frac{G_k}{N_{w,k}} \geqslant K_w$$

式中 G_k——建筑物自重及压重之和（kN）；

$N_{w,k}$——浮力作用值（kN）；

K_w——抗浮稳定安全系数，一般情况下可取 1.05。

2.1.16 地基土的变形计算值

当地基中下卧基岩面为单向倾斜、岩面坡度大于 10%、基底下的土层厚度大于 1.5m 时，应按下列规定进行设计。

（1）当结构类型和地质条件符合表 2-18 的要求时，可不作地基变形验算。

（2）不满足上述条件时，应考虑刚性下卧层的影响，按下式计算地基的变形：

$$s_{gz} = \beta_{gz} s_z$$

式中 s_{gz}——具有刚性下卧层时，地基土的变形计算值（mm）；

β_{gz}——刚性下卧层对上覆土层的变形增大系数，按表 2-19 采用；

s_z——变形计算深度相当于实际土层厚度时按 2.1.8 计算确定的地基最终变形计算值（mm）。

2.1.17 压实填土的最大干密度的计算

压实填土的最大干密度和最优含水量，应采用击实试验确定，击实试验的操作应符合现行国家标准《土工试验方法标准（2007 年版）》（GB/T 50123—1999）的有关规定。对于碎石、卵石，或岩石碎屑等填料，其最大干密度可取 2100～2200kg/m³。对于黏性土或粉土填料，当无试验资料时，可按下式计算最大干密度：

$$\rho_{dmax} = \eta \frac{\rho_w d_s}{1 + 0.01 w_{op} d_s}$$

式中 ρ_{dmax}——压实填土的最大干密度（kg/m³）；

η——经验系数，粉质黏土取 0.96，粉土取 0.97；

ρ_w——水的密度（kg/m³）；

d_s——土粒相对密度；

w_{op}——最优含水量（%）。

2.1.18 滑坡推力的计算

当滑动面为折线形时，滑坡推力可按下列公式进行计算（如图 2-4 所示）：

$$F_n = F_{n-1}\psi + \gamma_t G_{nt} - G_{nn}\tan\varphi_n - c_n l_n$$

$$\psi = \cos(\beta_{n-1} - \beta_n) - \sin(\beta_{n-1} - \beta_n)\tan\varphi_n$$

式中 F_n、F_{n-1}——第 n 块、第 $n-1$ 块滑体的剩余下滑力（kN）；

ψ——传递系数；

γ_t——滑坡推力安全系数；

G_{nt}、G_{nn}——第 n 块滑体自重沿滑动面、垂直滑动面的分力（kN）；

φ_n——第 n 块滑体沿滑动面土的内摩擦角标准值（°）；

c_n——第 n 块滑体沿滑动面土的黏聚力标准值（kPa）；

l_n——第 n 块滑体沿滑动面的长度（m）；

β_n、β_{n-1}——第 n 块、第 $n-1$ 块滑体的倾角（°）。

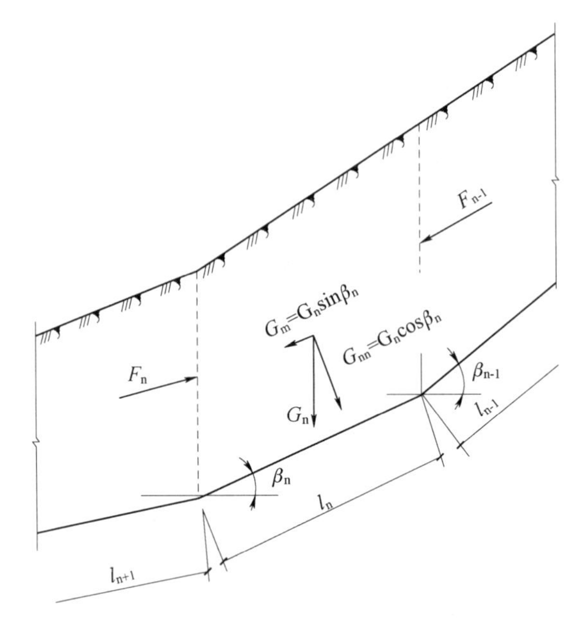

图 2-4 滑坡推力计算示意图

2.1.19 重力式挡土墙土压力的计算

对土质边坡，边坡主动土压力应按下式进行计算：当填土为无黏性土时，主动土压力系数可按库伦土压力理论确定；当支挡结构满足朗肯条件时，主动土压力系数可按朗肯土压力理论确定。黏性土或粉土的主动土压力也可采用楔体试算法图解求得，如图 2-5 所示。

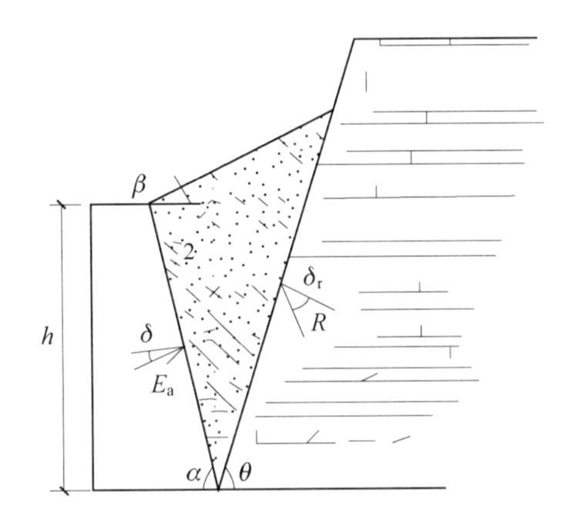

图 2－5　有限填土挡土墙土压力计算示意图

1——岩石边坡；2——填土

$$E_a=\frac{1}{2}\psi_a\gamma h^2 k_a$$

式中　E_a——主动土压力（kN）；

ψ_a——主动土压力增大系数，挡土墙高度小于 5m 时宜取 1.0，高度 5～8m 时宜取 1.1，高度大于 8m 时宜取 1.2；

γ——填土的容重（kN/m³）；

h——挡土结构的高度（m）；

k_a——主动土压力系数 { ▲根据稳定岩石坡面与填土间的摩擦角计算；■挡土墙在土压力作用下计算 }

▲　当支挡结构后缘有较陡峻的稳定岩石坡面，岩坡的坡角 $\theta>(45°+\varphi/2)$ 时，应按有限范围填土计算土压力，取岩石坡面为破裂面。根据稳定岩石坡面与填土间的摩擦角按下式计算主动土压力系数：

$$k_a=\frac{\sin(\alpha+\theta)\sin(\alpha+\beta)\sin(\theta-\delta_r)}{\sin^2\alpha\sin(\theta-\beta)\sin(\alpha-\delta+\theta-\delta_r)}$$

式中　θ——稳定岩石坡面倾角（°）；

α——挡土墙墙背的倾角（°）；

β——边坡对水平面的坡角（°）；

δ——填土与挡土墙墙背的摩擦角（°）；

δ_r——稳定岩石坡面与填土间的摩擦角（°），根据试验确定；当无试验资料时，可取 $\delta_r=0.33\varphi_k$，φ_k 为填土的内摩擦角标准值（°）。

■　挡土墙在土压力作用下，其主动压力系数 k_a 应按下列公式计算（如图 2－6 所示）：

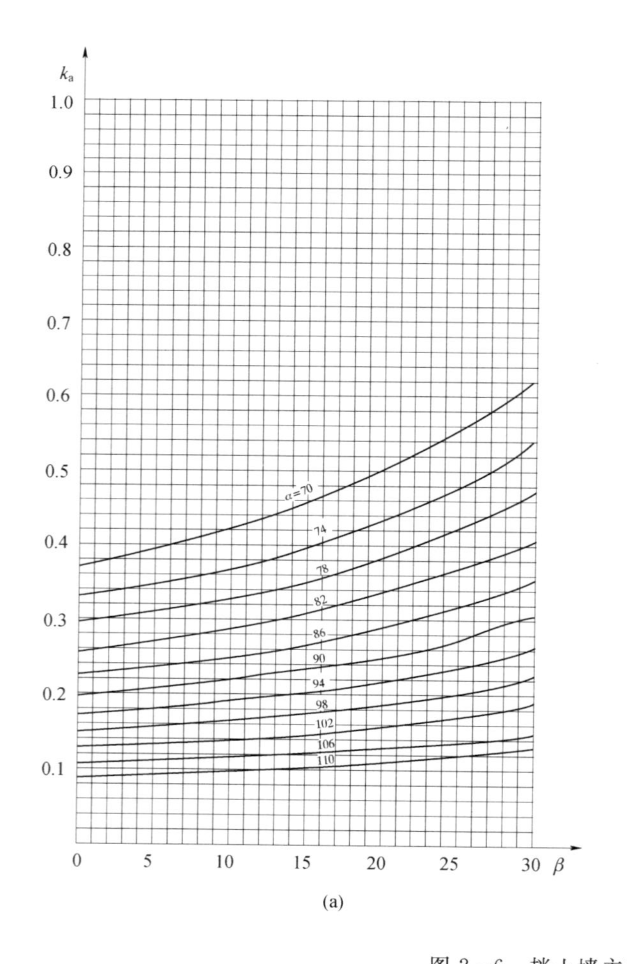

(a)

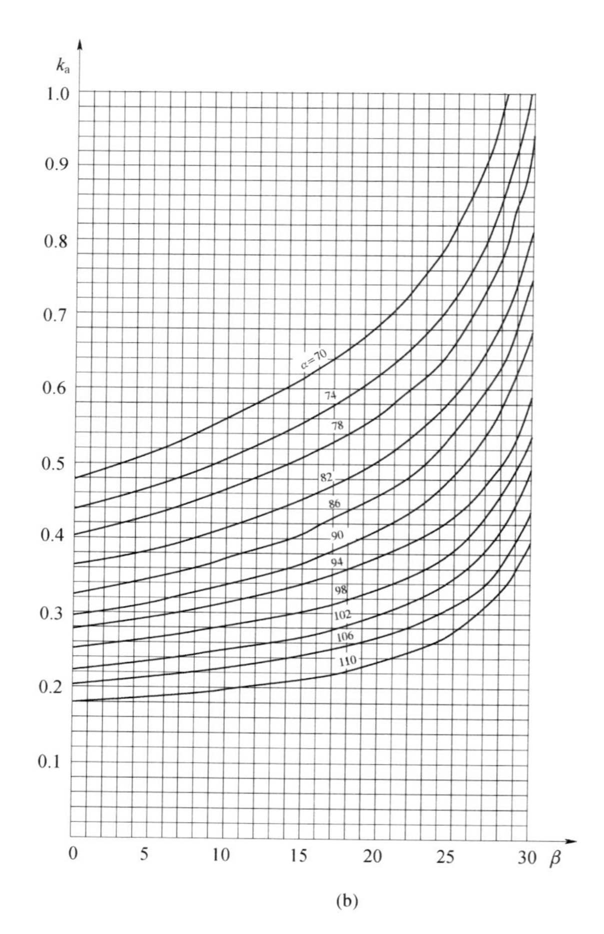

(b)

图 2-6　挡土墙主动土压力系数 k_a(一)

(a) Ⅰ类土土压力系数($\delta=\frac{1}{2}\varphi, q=0$);(b) Ⅱ类土土压力系数($\delta=\frac{1}{2}\varphi, q=0$)

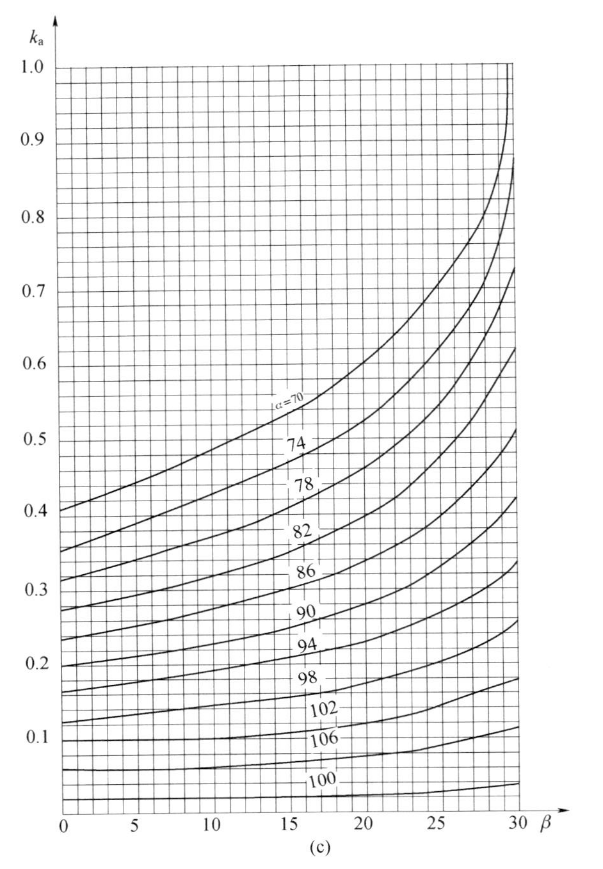

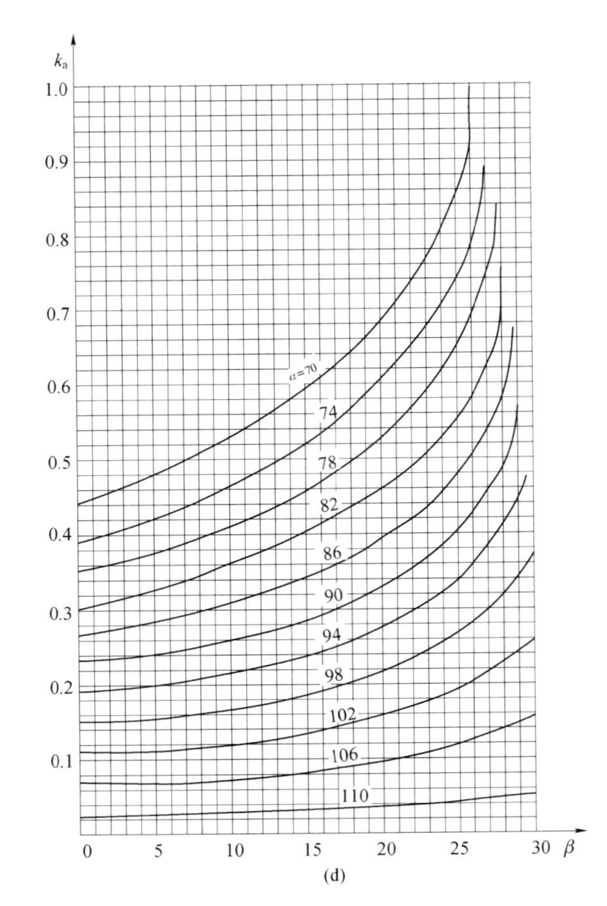

图 2-6　挡土墙主动土压力系数 k_a(二)

(c)Ⅲ类土土压力系数($\delta=\frac{1}{2}\varphi, q=0, H=5\text{m}$);(d)Ⅳ类土土压力系数($\delta=\frac{1}{2}\varphi, q=0, H=5\text{m}$)

$$k_a = \frac{\sin(\alpha+\beta)}{\sin^2\alpha\sin^2(\alpha+\beta-\varphi-\delta)}\{k_q[\sin(\alpha+\beta)\sin(\alpha-\delta)$$

$$+\sin(\varphi+\delta)\sin(\varphi-\beta)]+2\eta\sin\alpha\cos\varphi\cos(\alpha+\beta-\varphi-\delta)$$

$$-2[(k_q\sin(\alpha+\beta)\sin(\varphi-\beta)+\eta\sin\alpha\cos\varphi)$$

$$(k_q\sin(\alpha-\delta)\sin(\varphi+\delta)+\eta\sin\alpha\cos\varphi)]^{1/2}\}$$

$$k_q=1+\frac{2q}{\gamma h}\frac{\sin\alpha\cos\beta}{\sin(\alpha+\beta)}$$

$$\eta=\frac{2c}{\gamma h}$$

式中　q——地表均布荷载（kPa），以单位水平投影面上的荷载强度计算；

k_q——系数；

α——挡土板与水平面的夹角（°）；

β——板后坡面与水平面的夹角（°）；

φ——土的内摩擦角（°）；

δ——土对挡土板的摩擦角（°）；

η——经验系数，粉质黏土取 0.96，粉土取 0.97；

c——土的黏聚力（kN）；

γ——填土的容重（kN/m^3）；

h——挡土结构的高度（m）。

2.1.20　挡土墙抗滑移稳定性的验算

挡土墙抗滑移稳定性应按下列公式进行验算（如图 2-7 所示）：

$$\frac{(G_n+E_{an})\mu}{E_{at}-G_t}\geqslant 1.3$$

$$G_n=G\cos\alpha_0$$

$$G_t=G\sin\alpha_0$$

$$E_{at}=E_a\sin(\alpha-\alpha_0-\delta)$$

$$E_{an}=E_a\cos(\alpha-\alpha_0-\delta)$$

式中　E_a——主动土压力（kN）；

G_n——挡土墙每延米自重的垂直分力（kN）；

E_{an}——主动土压力的垂直分力（kN）；

G_t——挡土墙每延米自重的水平分力（kN）；

E_{at}——主动土压力的水平分力（kN）；

G——挡土墙每延米自重（kN）；

α_0——挡土墙基底的倾角（°）；

α——挡土墙墙背的倾角（°）；

δ——土对挡土墙墙背的摩擦角（°），可按表 2-24 选用：

μ——土对挡土墙基底的摩擦系数，由试验确定，也可按表 2－25 选用。

2.1.21 挡土墙抗倾覆稳定性的验算

挡土墙抗倾覆稳定性应按下列公式进行验算（图 2－8）：

$$\frac{Gx_0+E_{az}x_f}{E_{ax}z_f}\geqslant 1.6$$

$$E_{ax}=E_a\sin(\alpha-\delta)$$

$$E_{az}=E_a\cos(\alpha-\delta)$$

$$x_f=b-z\cot\alpha$$

$$z_f=z-b\tan\alpha_0$$

式中 z——土压力作用点至墙踵的高度（m）；

x_0——挡土墙重心至墙趾的水平距离（m）；

b——基底的水平投影宽度（m）。

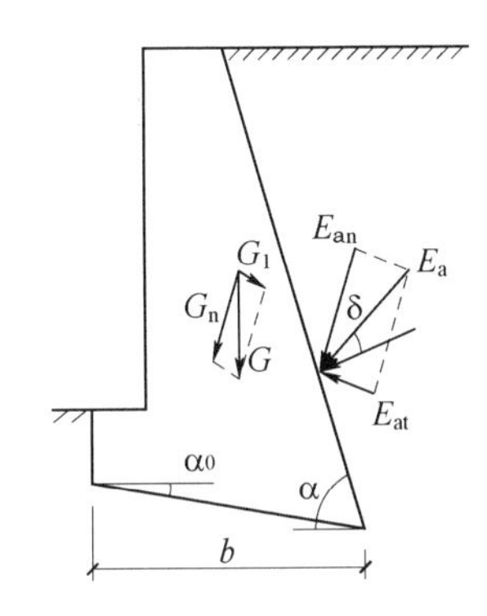

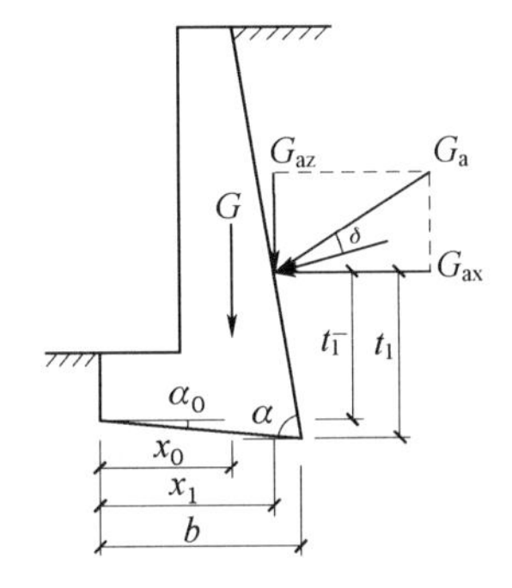

图 2－7 挡土墙抗滑稳定验算示意图　　图 2－8 挡土墙抗倾覆稳定验算示意图

2.1.22 岩石锚杆锚固段抗拔承载力的计算

岩石锚杆锚固段的抗拔承载力，应按照《建筑地基基础设计规范》（GB 50007—2011）附录 M 的试验方法经现场原位试验确定。对于永久性锚杆的初步设计或对于临时性锚杆的施工阶段设计，可按下式计算：

$$R_t=\xi f u_r h_r$$

式中 R_t——锚杆抗拔承载力特征值（kN）；

ξ——经验系数，对于永久性锚杆取 0.8，对于临时性锚杆取 1.0；

f——砂浆与岩石间的黏结强度特征值（kPa），由试验确定，当缺乏试验资料时，可按表 2－26 取用；

u_r——锚杆的周长（m）；

h_r——锚杆锚固段嵌入岩层中的长度（m），当长度超过 13 倍锚杆直径时，按 13 倍直径计算。

2.1.23 复合地基最终变形量的计算

复合地基的最终变形量可按下式计算：

$$s=\psi_{sp}s'$$

式中 s——复合地基最终变形量（mm）；

ψ_{sp}——复合地基沉降计算经验系数，根据地区沉降观测资料经验确定，无地区经验时可根据变形计算深度范围内压缩模量的当量值（$\overline{E}_s$）按表2-27取值；

s'——复合地基计算变形量（mm）。

2.1.24 复合地基变形计算深度范围内压缩模量的当量值的计算

变形计算深度范围内压缩模量的当量值（$\overline{E}_s$），应按下式计算：

$$\overline{E}_s=\frac{\sum_{i=1}^{n}A_i+\sum_{j=1}^{m}A_j}{\sum_{i=1}^{n}\frac{A_i}{E_{spi}}+\sum_{j=1}^{m}\frac{A_j}{E_{sj}}}$$

式中 E_{spi}——第 i 层复合土层的压缩模量（MPa）；

E_{sj}——加固土层以下的第 j 层土的压缩模量（MPa）；

A_i——第 i 层复合土层附加应力系数沿土层厚度的积分值；

A_j——加固土层以下的第 j 层土附加应力系数沿土层厚度的积分值。

2.1.25 复合土层压缩模量的计算

复合地基变形计算时，复合土层的压缩模量可按下列公式计算：

$$E_{spi}=\xi E_{si}$$

$$\xi=f_{spk}/f_{ak}$$

式中 E_{spi}——第 i 层复合土层的压缩模量（MPa）；

ξ——复合土层的压缩模量提高系数；

E_{si}——基础底面下第 i 层土的压缩模量（MPa），应取土的自重压力至土的自重压力与附加压力之和的压力段计算；

f_{spk}——复合地基承载力特征值（kPa）；

f_{ak}——基础底面下天然地基承载力特征值（kPa）。

2.1.26 等效均布地面荷载的计算

换算时，将柱基两侧地面荷载按每段为0.5倍基础宽度分成10个区段（图2-9），然后按下式计算等效均布地面荷载。当等效均布地面荷载为正值时，说明柱基将发生内倾；为负值时，将发生外倾。

$$q_{eq}=0.8\left[\sum_{i=0}^{10}\beta_i q_i-\sum_{i=0}^{10}\beta_i p_i\right]$$

式中 q_{eq}——等效均布地面荷载（kPa）；

β_i——第 i 区段的地面荷载换算系数，按表 2-30 查取；

q_i——柱内侧第 i 区段内的平均地面荷载（kPa）；

p_i——柱外侧第 i 区段内的平均地面荷载（kPa）。

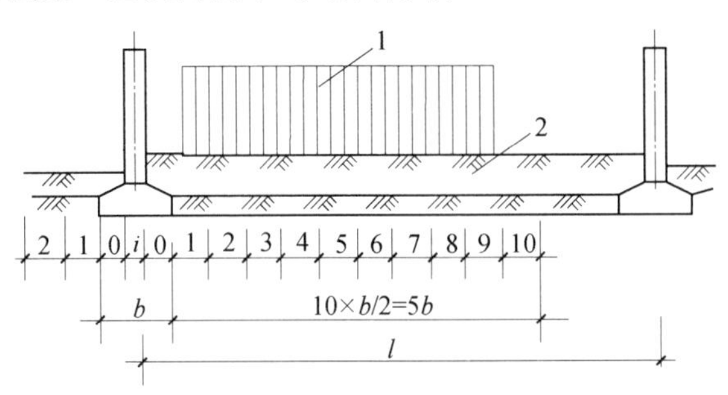

图 2-9 地面荷载区段划分

1——地面堆载；2——大面积填土

2.2 数据速查

2.2.1 可不作地基变形验算的设计等级为丙级的建筑物范围

表 2-1 可不作地基变形验算的设计等级为丙级的建筑物范围

<table>
<tr><td rowspan="2">地基主要受力层情况</td><td colspan="3">地基承载力特征值 f_{ak}/kPa</td><td>80≤f_{ak}<100</td><td>100≤f_{ak}<130</td><td>130≤f_{ak}<160</td><td>160≤f_{ak}<200</td><td>200≤f_{ak}<300</td></tr>
<tr><td colspan="3">各土层坡度/%</td><td>≤5</td><td>≤10</td><td>≤10</td><td>≤10</td><td>≤10</td></tr>
<tr><td rowspan="9">建筑类型</td><td colspan="3">砌体承重结构、框架结构（层数）</td><td>≤5</td><td>≤5</td><td>≤6</td><td>≤6</td><td>≤7</td></tr>
<tr><td rowspan="4">单层排架结构（6m 柱距）</td><td rowspan="2">单跨</td><td>吊车额定起重量/t</td><td>10～15</td><td>15～20</td><td>20～30</td><td>30～50</td><td>50～100</td></tr>
<tr><td>厂房跨度/m</td><td>≤18</td><td>≤24</td><td>≤30</td><td>≤30</td><td>≤30</td></tr>
<tr><td rowspan="2">多跨</td><td>吊车额定起重量/t</td><td>5～10</td><td>10～15</td><td>15～20</td><td>20～30</td><td>30～75</td></tr>
<tr><td>厂房跨度/m</td><td>≤18</td><td>≤24</td><td>≤30</td><td>≤30</td><td>≤30</td></tr>
<tr><td>烟囱</td><td colspan="2">高度/m</td><td>≤40</td><td>≤50</td><td colspan="2">≤75</td><td>≤100</td></tr>
<tr><td rowspan="2">水塔</td><td colspan="2">高度/m</td><td>≤20</td><td>≤30</td><td colspan="2">≤30</td><td>≤30</td></tr>
<tr><td colspan="2">容积/m^3</td><td>50～100</td><td>100～200</td><td>200～300</td><td>300～500</td><td>500～1000</td></tr>
</table>

注： 1. 地基主要受力层系指条形基础底面下深度为 $3b$（b 为基础底面宽度），独立基础下为 $1.5b$，且厚度均不小于 5m 的范围（二层以下一般的民用建筑除外）。

2. 地基主要受力层中如有承载力特征值小于 130kPa 的土层，表中砌体承重结构的设计，应符合《建筑地基基础设计规范》（GB 50007—2011）第 7 章的有关要求。

3. 表中砌体承重结构和框架结构均指民用建筑，对于工业建筑可按厂房高度、荷载情况折合成与其相当的民用建筑层数。

4. 表中吊车额定起重量、烟囱高度和水塔容积的数值系指最大值。

2.2.2　土的类别对冻结深度的影响系数

表 2－2　　土的类别对冻结深度的影响系数

土　的　类　别	影　响　系　数 ψ_{zs}
黏性土	1.00
细砂、粉砂、粉土	1.20
中、粗、砾砂	1.30
大块碎石土	1.40

2.2.3　土的冻胀性对冻结深度的影响系数

表 2－3　　土的冻胀性对冻结深度的影响系数

冻　胀　性	影　响　系　数 ψ_{zw}
不冻胀	1.00
弱冻胀	0.95
冻胀	0.90
强冻胀	0.85
特强冻胀	0.80

2.2.4　环境对冻结深度的影响系数

表 2－4　　环境对冻结深度的影响系数

周　围　环　境	影　响　系　数 ψ_{ze}
村、镇、旷野	1.00
城市近郊	0.95
城市市区	0.90

注：环境影响系数一项，当城市市区人口为 20 万～50 万时，按城市近郊取值；当城市市区人口大于 50 万小于或等于 100 万时，只计入市区影响；当城市市区人口超过 100 万时，除计入市区影响外，尚应考虑 5km 以内的郊区近郊影响系数。

2.2.5 地基土的冻胀性分类

表 2-5　　　　地基土的冻胀性分类

土的名称	冻前天然含水量 w /%	冻结期间地下水位距冻结面的最小距离 h_w/m	平均冻胀率 η /%	冻胀等级	冻胀类别
碎（卵）石，砾、粗、中砂（粒径小于0.075mm颗粒含量大于15%），细砂（粒径小于0.075mm颗粒含量大于10%）	$w \leqslant 12$	>1.0	$\eta \leqslant 1$	Ⅰ	不冻胀
		≤1.0	$1 < \eta \leqslant 3.5$	Ⅱ	弱冻胀
	$12 < w \leqslant 18$	>1.0			
		≤1.0	$3.5 < \eta \leqslant 6$	Ⅲ	冻胀
	$w > 18$	>0.5			
		≤0.5	$6 < \eta \leqslant 12$	Ⅳ	强冻胀
粉砂	$w \leqslant 14$	>1.0	$\eta \leqslant 1$	Ⅰ	不冻胀
		≤1.0	$1 < \eta \leqslant 3.5$	Ⅱ	弱冻胀
	$14 < w \leqslant 19$	>1.0			
		≤1.0	$3.5 < \eta \leqslant 6$	Ⅲ	冻胀
	$19 < w \leqslant 23$	>1.0			
		≤1.0	$6 < \eta \leqslant 12$	Ⅳ	强冻胀
	$w > 23$	不考虑	$\eta > 12$	Ⅴ	特强冻胀
粉土	$w \leqslant 19$	>1.5	$\eta \leqslant 1$	Ⅰ	不冻胀
		≤1.5	$1 < \eta \leqslant 3.5$	Ⅱ	弱冻胀
	$19 < w \leqslant 22$	>1.5			
		≤1.5	$3.5 < \eta \leqslant 6$	Ⅲ	冻胀
	$22 < w \leqslant 26$	>1.5			
		≤1.5	$6 < \eta \leqslant 12$	Ⅳ	强冻胀
	$26 < w \leqslant 30$	>1.5			
		≤1.5	$\eta > 12$	Ⅴ	特强冻胀
	$w > 30$	不考虑			
黏性土	$w \leqslant w_p + 2$	>2.0	$\eta \leqslant 1$	Ⅰ	不冻胀
		≤2.0	$1 < \eta \leqslant 3.5$	Ⅱ	弱冻胀
	$w_p + 2 < w \leqslant w_p + 5$	>2.0			
		≤2.0	$3.5 < v \leqslant 6$	Ⅲ	冻胀
	$w_p + 5 < w \leqslant w_p + 9$	>2.0			
		≤2.0	$6 < \eta \leqslant 12$	Ⅳ	强冻胀
	$w_p + 9 < w \leqslant w_p + 15$	>2.0			
		≤2.0	$\eta > 12$	Ⅴ	特强冻胀
	$w > w_p + 15$	不考虑			

注：1. w_p——塑限含水量（%）；w——在冻土层内冻前天然含水量的平均值（%）。
2. 盐渍化冻土不在表列。
3. 塑性指数大于22时，冻胀性降低一级。
4. 粒径小于0.005mm的颗粒含量大于60%时，为不冻胀土。
5. 碎石类土当充填物大于全部质量的40%时，其冻胀性按充填物土的类别判断。
6. 碎石土、砾砂、粗砂、中砂（粒径小于0.075mm颗粒含量不大于15%）、细砂（粒径小于0.075mm颗粒含量不大于10%）均按不冻胀考虑。

2.2.6 建筑基础底面下允许冻土层最大厚度

表 2-6　　建筑基础底面下允许冻土层最大厚度（m）

冻胀性	基础形式	采暖情况	基底平均压力/kPa					
			110	130	150	170	190	210
弱冻胀土	方形基础	采暖	0.90	0.95	1.00	1.10	1.15	1.20
		不采暖	0.70	0.80	0.95	1.00	1.05	1.10
	条形基础	采暖	>2.50	>2.50	>2.50	>2.50	>2.50	>2.50
		不采暖	2.20	2.50	>2.50	>2.50	>2.50	>2.50
冻胀土	方形基础	采暖	0.65	0.70	0.75	0.80	0.85	—
		不采暖	0.55	0.60	0.65	0.70	0.75	—
	条形基础	采暖	1.55	1.80	2.00	2.20	2.50	—
		不采暖	1.15	1.35	1.55	1.75	1.95	—

注：1. 本表只计算法向冻胀力，如果基侧存在切向冻胀力，应采取防切向力措施。

2. 基础宽度小于0.6m时不适用，矩形基础取短边尺寸按方形基础计算。

3. 表中数据不适用于淤泥、淤泥质土和欠固结土。

4. 计算基底平均压力时取永久作用的标准组合值乘以0.9，可以内插。

2.2.7 不同类别土的地基承载力修正系数

表 2-7　　不同类别土的地基承载力修正系数

土的类别		η_b	η_d
淤泥和淤泥质土		0	1.0
人工填土 e 或 I_L 大于或等于0.85的黏性土		0	1.0
红黏土	含水比 $\alpha_w>0.8$ 含水比 $\alpha_w\leqslant0.8$	0 0.15	1.2 1.4
大面积压实填土	压实系数大于0.95、黏粒含量 $\rho_c\geqslant10\%$ 的粉土 最大干密度大于 $2100kg/m^3$ 的级配砂石	0 0	1.5 2.0
粉土	黏粒含量 $\rho_c\geqslant10\%$ 的粉土 黏粒含量 $\rho_c<10\%$ 的粉土	0.3 0.5	1.5 2.0
e 及 I_L 均小于0.85的黏性土 粉砂、细砂（不包括很湿与饱和时的稍密状态） 中砂、粗砂、砾砂和碎石土		0.3 2.0 3.0	1.6 3.0 4.4

注：1. 强风化和全风化的岩石，可参照所风化成的相应土类取值，其他状态下的岩石不修正。

2. 地基承载力特征值按《建筑地基基础设计规范》（GB 50007—2011）附录D深层平板载荷试验确定时，η_d 取0。

3. 含水比是指土的天然含水量与液限的比值。

4. 大面积压实填土是指填土范围大于两倍基础宽度的填土。

2.2.8 承载力系数

表 2-8 承载力系数 M_b、M_d、M_c

土的内摩擦角标准值 φ_k（°）	M_b	M_d	M_c
0	0.00	1.00	3.14
2	0.03	1.12	3.32
4	0.06	1.25	3.51
6	0.10	1.39	3.71
8	0.14	1.55	3.93
10	0.18	1.73	4.17
12	0.23	1.94	4.42
14	0.29	2.17	4.69
16	0.36	2.43	5.00
18	0.43	2.72	5.31
20	0.51	3.06	5.66
22	0.61	3.44	6.04
24	0.80	3.87	6.45
26	1.10	4.37	6.90
28	1.40	4.93	7.40
30	1.90	5.59	7.95
32	2.60	6.35	8.55
34	3.40	7.21	9.22
36	4.20	8.25	9.97
38	5.00	9.44	10.80
40	5.80	10.84	11.73

注：φ_k——基底下一倍短边宽度的深度范围内土的内摩擦角标准值（°）。

2.2.9 地基压力扩散角

表 2-9 地基压力扩散角 θ

E_{s1}/E_{s2}	z/b	
	0.25	0.50
3	6°	23°
5	10°	25°
10	20°	30°

注：1. E_{s1}为上层土压缩模量；E_{s2}为下层土压缩模量；z为基础底面至软弱下卧层顶高的距离（m）；b为矩形基础或条形基础底边的宽度（m）。

2. $z/b<0.25$时，取$\theta=0°$，必要时，宜由试验确定；$z/b>0.50$时，θ值不变。

3. z/b在0.25与0.50之间可插值使用。

2.2.10 建筑物的地基变形允许值

表 2-10　　建筑物的地基变形允许值

变形特征		地基土类别	
		中、低压缩性土	高压缩性土
砌体承重结构基础的局部倾斜		0.002	0.003
工业与民用建筑相邻柱基的沉降差	框架结构	$0.002l$	$0.003l$
	砌体墙填充的边排柱	$0.0007l$	$0.001l$
	当基础不均匀沉降时不产生附加应力的结构	$0.005H_g$	$0.005l$
单层排架结构（柱距为6m）柱基的沉降量/mm		(120)	200
桥式吊车轨面的倾斜（按不调整轨道考虑）	纵向	0.004	
	横向	0.003	
多层和高层建筑的整体倾斜	$H_g \leqslant 24$	0.004	
	$24 < H_g \leqslant 60$	0.003	
	$60 < H_g \leqslant 100$	0.0025	
	$H_g > 100$	0.002	
体型简单的高层建筑基础的平均沉降量/mm		200	
高耸结构基础的倾斜	$H_g \leqslant 20$	0.008	
	$20 < H_g \leqslant 50$	0.006	
	$50 < H_g \leqslant 100$	0.005	
	$100 < H_g \leqslant 150$	0.004	
	$150 < H_g \leqslant 200$	0.003	
	$200 < H_g \leqslant 250$	0.002	
高耸结构基础的沉降量/mm	$H_g \leqslant 100$	400	
	$100 < H_g \leqslant 200$	300	
	$200 < H_g \leqslant 250$	200	

注：1. 本表数值为建筑物地基实际最终变形允许值。

2. 有括号者仅适用于中压缩性土。

3. l 为相邻柱基的中心距离（mm）；H_g 为自室外地面起算的建筑物高度（m）。

4. 倾斜指基础倾斜方向两端点的沉降差与其距离的比值。

5. 局部倾斜指砌体承重结构沿纵向6～10m内基础两点的沉降差与其距离的比值。

2.2.11 沉降计算经验系数

表 2-11 沉降计算经验系数 ψ_s

$\overline{E}_s$/MPa 基底附加压力	2.5	4.0	7.0	15.0	20.0
$p_0 \geqslant f_{ak}$	1.4	1.3	1.0	0.4	0.2
$p_0 \leqslant 0.75 f_{ak}$	1.1	1.0	0.7	0.4	0.2

注：E_s——基础底面下的压缩模量（MPa）；f_{ak}——地基承载力特征值（kPa）；p_0——相应于作用的准永久组合时基础底面处的附加压力（kPa）。

2.2.12 矩形面积上均布荷载作用下角点附加应力

表 2-12 矩形面积上均布荷载作用下角点附加应力 α

z/b	l/b											
	1.0	1.2	1.4	1.6	1.8	2.0	3.0	4.0	5.0	6.0	10.0	条形
0.0	0.250	0.250	0.250	0.250	0.250	0.250	0.250	0.250	0.250	0.250	0.250	0.250
0.2	0.249	0.249	0.249	0.249	0.249	0.249	0.249	0.249	0.249	0.249	0.249	0.249
0.4	0.240	0.242	0.243	0.243	0.244	0.244	0.244	0.244	0.244	0.244	0.244	0.244
0.6	0.223	0.228	0.230	0.232	0.232	0.233	0.234	0.234	0.234	0.234	0.234	0.234
0.8	0.200	0.207	0.212	0.215	0.216	0.218	0.220	0.220	0.220	0.220	0.220	0.220
1.0	0.175	0.185	0.191	0.195	0.198	0.200	0.203	0.204	0.204	0.204	0.205	0.205
1.2	0.152	0.163	0.171	0.176	0.179	0.182	0.187	0.188	0.189	0.189	0.189	0.189
1.4	0.131	0.142	0.151	0.157	0.161	0.164	0.171	0.173	0.174	0.174	0.174	0.174
1.6	0.112	0.124	0.133	0.140	0.145	0.148	0.157	0.159	0.160	0.160	0.160	0.160
1.8	0.097	0.108	0.117	0.124	0.129	0.133	0.143	0.146	0.147	0.148	0.148	0.148
2.0	0.084	0.095	0.103	0.110	0.116	0.120	0.131	0.135	0.136	0.137	0.137	0.137
2.2	0.073	0.083	0.092	0.098	0.104	0.108	0.121	0.125	0.126	0.127	0.128	0.128
2.4	0.064	0.073	0.081	0.088	0.093	0.098	0.111	0.116	0.118	0.118	0.119	0.119
2.6	0.057	0.065	0.072	0.079	0.084	0.089	0.102	0.107	0.110	0.111	0.112	0.112
2.8	0.050	0.058	0.065	0.071	0.076	0.080	0.094	0.100	0.102	0.104	0.105	0.105
3.0	0.045	0.052	0.058	0.064	0.069	0.073	0.087	0.093	0.096	0.097	0.099	0.099
3.2	0.040	0.047	0.053	0.058	0.063	0.067	0.081	0.087	0.090	0.092	0.093	0.094
3.4	0.036	0.042	0.048	0.053	0.057	0.061	0.075	0.081	0.085	0.086	0.088	0.089
3.6	0.033	0.038	0.043	0.048	0.052	0.056	0.069	0.076	0.080	0.082	0.084	0.084
3.8	0.030	0.035	0.040	0.044	0.048	0.052	0.065	0.072	0.075	0.077	0.080	0.080
4.0	0.027	0.032	0.036	0.040	0.044	0.048	0.060	0.067	0.071	0.073	0.076	0.076

续表

z/b	l/b											
	1.0	1.2	1.4	1.6	1.8	2.0	3.0	4.0	5.0	6.0	10.0	条形
4.2	0.025	0.029	0.033	0.037	0.041	0.044	0.056	0.063	0.067	0.070	0.072	0.073
4.4	0.023	0.027	0.031	0.034	0.038	0.041	0.053	0.060	0.064	0.066	0.069	0.070
4.6	0.021	0.025	0.028	0.032	0.035	0.038	0.049	0.056	0.061	0.063	0.066	0.067
4.8	0.019	0.023	0.026	0.029	0.032	0.035	0.046	0.053	0.058	0.060	0.064	0.064
5.0	0.018	0.021	0.024	0.027	0.030	0.033	0.043	0.050	0.055	0.057	0.061	0.062
6.0	0.013	0.015	0.017	0.020	0.022	0.024	0.033	0.039	0.043	0.046	0.051	0.052
7.0	0.009	0.011	0.013	0.015	0.016	0.018	0.025	0.031	0.035	0.038	0.043	0.045
8.0	0.007	0.009	0.010	0.011	0.013	0.014	0.020	0.025	0.028	0.031	0.037	0.039
9.0	0.006	0.007	0.008	0.009	0.010	0.011	0.016	0.020	0.024	0.026	0.032	0.035
10.0	0.005	0.006	0.007	0.007	0.008	0.009	0.013	0.017	0.020	0.022	0.028	0.032
12.0	0.003	0.004	0.005	0.005	0.006	0.006	0.009	0.012	0.014	0.017	0.022	0.026
14.0	0.002	0.003	0.003	0.004	0.004	0.005	0.007	0.009	0.011	0.013	0.018	0.023
16.0	0.002	0.002	0.003	0.003	0.003	0.004	0.005	0.007	0.009	0.010	0.014	0.020
18.0	0.001	0.002	0.002	0.002	0.003	0.003	0.004	0.006	0.007	0.008	0.012	0.018
20.0	0.001	0.001	0.002	0.002	0.002	0.002	0.004	0.005	0.006	0.007	0.010	0.016
25.0	0.001	0.001	0.001	0.001	0.001	0.002	0.002	0.003	0.004	0.004	0.007	0.013
30.0	0.001	0.001	0.001	0.001	0.001	0.001	0.002	0.002	0.003	0.002	0.005	0.011
35.0	0.000	0.000	0.001	0.001	0.001	0.001	0.001	0.002	0.002	0.002	0.004	0.009
40.0	0.000	0.000	0.000	0.000	0.001	0.001	0.001	0.001	0.001	0.002	0.003	0.008

注：l——基础长度（m）；b——基础宽度（m）；z——计算点离基础底面垂直距离（m）。

2.2.13 矩形面积上均布荷载作用下角点的平均附加应力系数

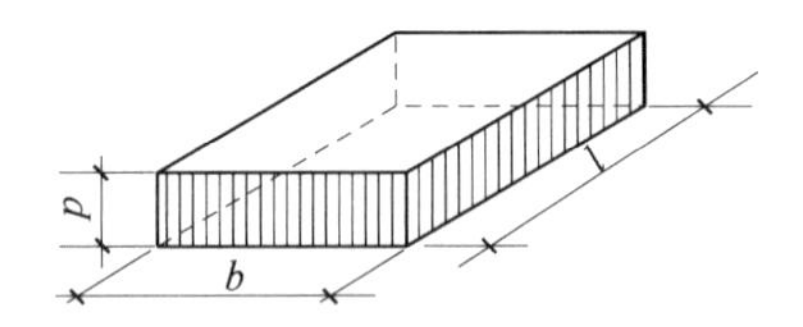

表 2-13　　矩形面积上均布荷载作用下角点的平均附加应力系数 $\bar{\alpha}$

z/b \ l/b	1.0	1.2	1.4	1.6	1.8	2.0	2.4	2.8	3.2	3.6	4.0	5.0	10.0
0.0	0.2500	0.2500	0.2500	0.2500	0.2500	0.2500	0.2500	0.2500	0.2500	0.2500	0.2500	0.2500	0.2500
0.2	0.2496	0.2497	0.2497	0.2498	0.2498	0.2498	0.2498	0.2498	0.2498	0.2498	0.2498	0.2498	0.2498
0.4	0.2474	0.2479	0.2481	0.2483	0.2483	0.2484	0.2485	0.2485	0.2485	0.2485	0.2485	0.2485	0.2485

续表

z/b \ l/b	1.0	1.2	1.4	1.6	1.8	2.0	2.4	2.8	3.2	3.6	4.0	5.0	10.0
0.6	0.2423	0.2437	0.2444	0.2448	0.2451	0.2452	0.2454	0.2455	0.2455	0.2455	0.2455	0.2455	0.2456
0.8	0.2346	0.2372	0.2387	0.2395	0.2400	0.2403	0.2407	0.2408	0.2409	0.2409	0.2410	0.2410	0.2410
1.0	0.2252	0.2291	0.2313	0.2326	0.2335	0.2340	0.2346	0.2349	0.2351	0.2352	0.2352	0.2353	0.2353
1.2	0.2149	0.2199	0.2229	0.2248	0.2260	0.2268	0.2278	0.2282	0.2285	0.2286	0.2287	0.2288	0.2289
1.4	0.2043	0.2102	0.2140	0.2164	0.2180	0.2191	0.2204	0.2211	0.2215	0.2217	0.2218	0.2220	0.2221
1.6	0.1939	0.2006	0.2049	0.2079	0.2099	0.2113	0.2130	0.2138	0.2143	0.2146	0.2148	0.2150	0.2152
1.8	0.1840	0.1912	0.1960	0.1994	0.2018	0.2034	0.2055	0.2066	0.2073	0.2077	0.2079	0.2082	0.2084
2.0	0.1746	0.1822	0.1875	0.1912	0.1938	0.1958	0.1982	0.1996	0.2004	0.2009	0.2012	0.2015	0.2018
2.2	0.1659	0.1737	0.1793	0.1833	0.1862	0.1883	0.1911	0.1927	0.1937	0.1943	0.1947	0.1952	0.1955
2.4	0.1578	0.1657	0.1715	0.1757	0.1789	0.1812	0.1843	0.1862	0.1873	0.1880	0.1885	0.1890	0.1895
2.6	0.1503	0.1583	0.1642	0.1686	0.1719	0.1745	0.1779	0.1799	0.1812	0.1820	0.1825	0.1832	0.1838
2.8	0.1433	0.1514	0.1574	0.1619	0.1654	0.1680	0.1717	0.1739	0.1753	0.1763	0.1769	0.1777	0.1784
3.0	0.1369	0.1449	0.1510	0.1556	0.1592	0.1619	0.1658	0.1682	0.1698	0.1708	0.1715	0.1725	0.1733
3.2	0.1310	0.1390	0.1450	0.1497	0.1533	0.1562	0.1602	0.1628	0.1645	0.1657	0.1664	0.1675	0.1685
3.4	0.1256	0.1334	0.1394	0.1441	0.1478	0.1508	0.1550	0.1577	0.1595	0.1607	0.1616	0.1628	0.1639
3.6	0.1205	0.1282	0.1342	0.1389	0.1427	0.1456	0.1500	0.1528	0.1548	0.1561	0.1570	0.1583	0.1595
3.8	0.1158	0.1234	0.1293	0.1340	0.1378	0.1408	0.1452	0.1482	0.1502	0.1516	0.1526	0.1541	0.1554
4.0	0.1114	0.1189	0.1248	0.1294	0.1332	0.1362	0.1408	0.1438	0.1459	0.1474	0.1485	0.1500	0.1516
4.2	0.1073	0.1147	0.1205	0.1251	0.1289	0.1319	0.1365	0.1396	0.1418	0.1434	0.1445	0.1462	0.1479
4.4	0.1035	0.1107	0.1164	0.1210	0.1248	0.1279	0.1325	0.1357	0.1379	0.1396	0.1407	0.1425	0.1444
4.6	0.1000	0.1070	0.1127	0.1172	0.1209	0.1240	0.1287	0.1319	0.1342	0.1359	0.1371	0.1390	0.1410
4.8	0.0967	0.1036	0.1091	0.1136	0.1173	0.1204	0.1250	0.1283	0.1307	0.1324	0.1337	0.1357	0.1379
5.0	0.0935	0.1003	0.1057	0.1102	0.1139	0.1169	0.1216	0.1249	0.1273	0.1291	0.1304	0.1325	0.1348
5.2	0.0906	0.0972	0.1026	0.1070	0.1106	0.1136	0.1183	0.1217	0.1241	0.1259	0.1273	0.1295	0.1320
5.4	0.0878	0.0943	0.0996	0.1039	0.1075	0.1105	0.1152	0.1186	0.1211	0.1229	0.1243	0.1265	0.1292
5.6	0.0852	0.0916	0.0968	0.1010	0.1046	0.1076	0.1122	0.1156	0.1181	0.1200	0.1215	0.1238	0.1266
5.8	0.0828	0.0890	0.0941	0.0983	0.1018	0.1047	0.1094	0.1128	0.1153	0.1172	0.1187	0.1211	0.1240
6.0	0.0805	0.0866	0.0916	0.0957	0.0991	0.1021	0.1067	0.1101	0.1126	0.1146	0.1161	0.1185	0.1216
6.2	0.0783	0.0842	0.0891	0.0932	0.0966	0.0995	0.1041	0.1075	0.1101	0.1120	0.1136	0.1161	0.1193
6.4	0.0762	0.0820	0.0869	0.0909	0.0942	0.0971	0.1016	0.1050	0.1076	0.1096	0.1111	0.1137	0.1171
6.6	0.0742	0.0799	0.0847	0.0886	0.0919	0.0948	0.0993	0.1027	0.1053	0.1073	0.1088	0.1114	0.1149

续表

z/b \ l/b	1.0	1.2	1.4	1.6	1.8	2.0	2.4	2.8	3.2	3.6	4.0	5.0	10.0
6.8	0.0723	0.0779	0.0826	0.0865	0.0898	0.0926	0.0970	0.1004	0.1030	0.1050	0.1066	0.1092	0.1129
7.0	0.0705	0.0761	0.0806	0.0844	0.0877	0.0904	0.0949	0.0982	0.1008	0.1028	0.1044	0.1071	0.1109
7.2	0.0688	0.0742	0.0787	0.0825	0.0857	0.0884	0.0928	0.0962	0.0987	0.1008	0.1023	0.1051	0.1090
7.4	0.0672	0.0725	0.0769	0.0806	0.0838	0.0865	0.0908	0.0942	0.0967	0.0988	0.1004	0.1031	0.1071
7.6	0.0656	0.0709	0.0752	0.0789	0.0820	0.0846	0.0889	0.0922	0.0948	0.0968	0.0984	0.1012	0.1054
7.8	0.0642	0.0693	0.0736	0.0771	0.0802	0.0828	0.0871	0.0904	0.0929	0.0950	0.0966	0.0994	0.1036
8.0	0.0627	0.0678	0.0720	0.0755	0.0785	0.0811	0.0853	0.0886	0.0912	0.0932	0.0948	0.0976	0.1020
8.2	0.0614	0.0663	0.0705	0.0739	0.0769	0.0795	0.0837	0.0869	0.0894	0.0914	0.0931	0.0959	0.1004
8.4	0.0601	0.0649	0.0690	0.0724	0.0754	0.0779	0.0820	0.0852	0.0878	0.0893	0.0914	0.0943	0.0938
8.6	0.0588	0.0636	0.0676	0.0710	0.0739	0.0764	0.0805	0.0836	0.0862	0.0882	0.0898	0.0927	0.0973
8.8	0.0576	0.0623	0.0663	0.0696	0.0724	0.0749	0.0790	0.0821	0.0846	0.0866	0.0882	0.0912	0.0959
9.2	0.0554	0.0599	0.0637	0.0670	0.0697	0.0721	0.0761	0.0792	0.0817	0.0837	0.0853	0.0882	0.0931
9.6	0.0533	0.0577	0.0614	0.0645	0.0672	0.0696	0.0734	0.0765	0.0789	0.0809	0.0825	0.0855	0.0905
10.0	0.0514	0.0556	0.0592	0.0622	0.0649	0.0672	0.0710	0.0739	0.0763	0.0783	0.0799	0.0829	0.0880
10.4	0.0496	0.0537	0.0572	0.0601	0.0627	0.0649	0.0686	0.0716	0.0739	0.0759	0.0775	0.0804	0.0857
10.8	0.0479	0.0519	0.0553	0.0581	0.0606	0.0628	0.0664	0.0693	0.0717	0.0736	0.0751	0.0781	0.0834
11.2	0.0463	0.0502	0.0535	0.0563	0.0587	0.0609	0.0644	0.0672	0.0695	0.0714	0.0730	0.0759	0.0813
11.6	0.0448	0.0486	0.0518	0.0545	0.0569	0.0590	0.0625	0.0652	0.0675	0.0694	0.0709	0.0738	0.0793
12.0	0.0435	0.0471	0.0502	0.0529	0.0552	0.0573	0.0606	0.0634	0.0656	0.0674	0.0690	0.0719	0.0774
12.8	0.0409	0.0444	0.0474	0.0499	0.0521	0.0541	0.0573	0.0599	0.0621	0.0639	0.0654	0.0682	0.0739
13.6	0.0387	0.0420	0.0448	0.0472	0.0493	0.0512	0.0543	0.0568	0.0589	0.0607	0.0621	0.0649	0.0707
14.4	0.0367	0.0398	0.0425	0.0448	0.0468	0.0486	0.0516	0.0540	0.0561	0.0577	0.0592	0.0619	0.0677
15.2	0.0349	0.0379	0.0404	0.0426	0.0446	0.0463	0.0492	0.0515	0.0535	0.0551	0.0565	0.0592	0.0650
16.0	0.0332	0.0361	0.0385	0.0407	0.0425	0.0442	0.0469	0.0492	0.0511	0.0527	0.0540	0.0567	0.0625
18.0	0.0297	0.0323	0.0345	0.0364	0.0381	0.0396	0.0422	0.0442	0.0460	0.0475	0.0487	0.0512	0.0570
20.0	0.0269	0.0292	0.0312	0.0330	0.0345	0.0359	0.0383	0.0402	0.0418	0.0432	0.0444	0.0468	0.0524

注：l——基础长度（m）；b——基础底面宽度（m）；z——计算点离基础底面垂直距离（m）。

2.2.14 矩形面积上三角形分布荷载作用下的附加应力系数与平均附加应力系数

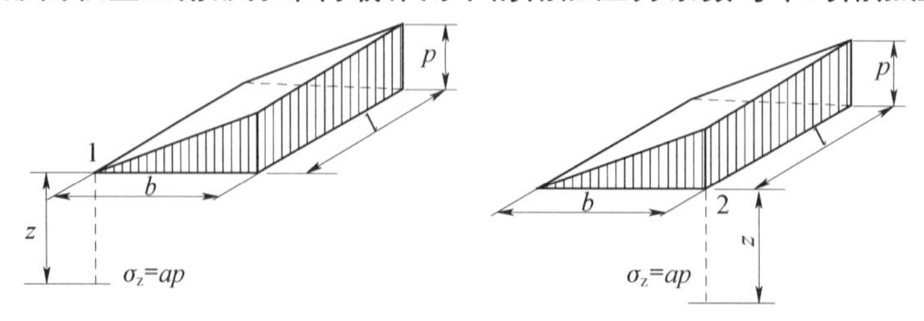

表 2-14　　矩形面积上三角形分布荷载作用下的附加应力系数 α 与平均附加应力系数 $\bar{\alpha}$

l/b / 点 / 系数 / z/b	0.2				0.4				0.6				l/b / 点 / 系数 / z/b
点	1		2		1		2		1		2		点
系数	α	$\bar{\alpha}$	α	$\bar{\alpha}$	α	$\bar{\alpha}$	α	$\bar{\alpha}$	α	$\bar{\alpha}$	α	$\bar{\alpha}$	系数
0.0	0.0000	0.0000	0.2500	0.2500	0.0000	0.0000	0.2500	0.2500	0.0000	0.0000	0.2500	0.2500	0.0
0.2	0.0223	0.0112	0.1821	0.2161	0.0280	0.0140	0.2115	0.2308	0.0296	0.0148	0.2165	0.2333	0.2
0.4	0.0269	0.0179	0.1094	0.1810	0.0420	0.0245	0.1604	0.2084	0.0487	0.0270	0.1781	0.2153	0.4
0.6	0.0259	0.0207	0.0700	0.1505	0.0448	0.0308	0.1165	0.1851	0.0560	0.0355	0.1405	0.1966	0.6
0.8	0.0232	0.0217	0.0480	0.1277	0.0421	0.0340	0.0853	0.1640	0.0553	0.0405	0.1093	0.1787	0.8
1.0	0.0201	0.0217	0.0346	0.1104	0.0375	0.0351	0.0638	0.1461	0.0508	0.0430	0.0852	0.1624	1.0
1.2	0.0171	0.0212	0.0260	0.0970	0.0324	0.0351	0.0491	0.1312	0.0450	0.0439	0.0673	0.1480	1.2
1.4	0.0145	0.0204	0.0202	0.0865	0.0278	0.0344	0.0386	0.1187	0.0392	0.0436	0.0540	0.1356	1.4
1.6	0.0123	0.0195	0.0160	0.0779	0.0238	0.0333	0.0310	0.1082	0.0339	0.0427	0.0440	0.1247	1.6
1.8	0.0105	0.0186	0.0130	0.0709	0.0204	0.0321	0.0254	0.0993	0.0294	0.0415	0.0363	0.1153	1.8
2.0	0.0090	0.0178	0.0108	0.0650	0.0176	0.0308	0.0211	0.0917	0.0255	0.0401	0.0304	0.1071	2.0
2.5	0.0063	0.0157	0.0072	0.0538	0.0125	0.0276	0.0140	0.0769	0.0183	0.0365	0.0205	0.0908	2.5
3.0	0.0046	0.0140	0.0051	0.0458	0.0092	0.0248	0.0100	0.0661	0.0135	0.0330	0.0148	0.0786	3.0
5.0	0.0018	0.0097	0.0019	0.0289	0.0036	0.0175	0.0038	0.0424	0.0054	0.0236	0.0056	0.0476	5.0
7.0	0.0009	0.0073	0.0010	0.0211	0.0019	0.0133	0.0019	0.0311	0.0028	0.0180	0.0029	0.0352	7.0
10.0	0.0005	0.0053	0.0004	0.0150	0.0009	0.0097	0.0010	0.0222	0.0014	0.0133	0.0014	0.0253	10.0

l/b / 点 / 系数 / z/b	0.8				1.0				1.2				l/b / 点 / 系数 / z/b
点	1		2		1		2		1		2		点
系数	α	$\bar{\alpha}$	α	$\bar{\alpha}$	α	$\bar{\alpha}$	α	$\bar{\alpha}$	α	$\bar{\alpha}$	α	$\bar{\alpha}$	系数
0.0	0.0000	0.0000	0.2500	0.2500	0.0000	0.0000	0.2500	0.2500	0.0000	0.0000	0.2500	0.2500	0.0
0.2	0.0301	0.0151	0.2178	0.2339	0.0304	0.0152	0.2182	0.2341	0.0305	0.0153	0.2184	0.2342	0.2
0.4	0.0517	0.0280	0.1844	0.2175	0.0531	0.0285	0.1870	0.2184	0.0539	0.0288	0.1881	0.2187	0.4
0.6	0.0621	0.0376	0.1520	0.2011	0.0654	0.0388	0.1575	0.2030	0.0673	0.0394	0.1602	0.2039	0.6
0.8	0.0637	0.0440	0.1232	0.1852	0.0688	0.0459	0.1311	0.1883	0.0720	0.0470	0.1355	0.1899	0.8
1.0	0.0602	0.0476	0.0996	0.1704	0.0666	0.0502	0.1086	0.1746	0.0708	0.0518	0.1143	0.1769	1.0
1.2	0.0546	0.0492	0.0817	0.1571	0.0615	0.0525	0.0901	0.1621	0.0664	0.0546	0.0962	0.1649	1.2
1.4	0.0483	0.0495	0.0661	0.1451	0.0554	0.0534	0.0751	0.1507	0.0606	0.0559	0.0817	0.1541	1.4
1.6	0.0424	0.0490	0.0547	0.1345	0.0492	0.0533	0.0628	0.1405	0.0545	0.0561	0.0696	0.1443	1.6
1.8	0.0371	0.0480	0.0457	0.1252	0.0435	0.0525	0.0534	0.1313	0.0487	0.0556	0.0596	0.1354	1.8
2.0	0.0324	0.0467	0.0387	0.1169	0.0384	0.0513	0.0456	0.1232	0.0434	0.0547	0.0513	0.1274	2.0
2.5	0.0236	0.0429	0.0265	0.1000	0.0284	0.0478	0.0318	0.1063	0.0326	0.0513	0.0365	0.1107	2.5
3.0	0.0176	0.0392	0.0192	0.0871	0.0214	0.0439	0.0233	0.0931	0.0249	0.0476	0.0270	0.0976	3.0
5.0	0.0071	0.0285	0.0074	0.0576	0.0088	0.0324	0.0091	0.0624	0.0104	0.0356	0.0108	0.0661	5.0
7.0	0.0038	0.0219	0.0038	0.0427	0.0047	0.0251	0.0047	0.0465	0.0056	0.0277	0.0056	0.0496	7.0
10.0	0.0019	0.0162	0.0019	0.0308	0.0023	0.0186	0.0024	0.0336	0.0028	0.0207	0.0028	0.0359	10.0

续表

l/b 点 系数 z/b	1.4				1.6				1.8				l/b 点 系数 z/b
	1		2		1		2		1		2		
	α	$\bar{\alpha}$	α	$\bar{\alpha}$	α	$\bar{\alpha}$	α	$\bar{\alpha}$	α	$\bar{\alpha}$	α	$\bar{\alpha}$	
0.0	0.0000	0.0000	0.2500	0.2500	0.0000	0.0000	0.2500	0.2500	0.0000	0.0000	0.2500	0.2500	0.0
0.2	0.0305	0.0153	0.2185	0.2343	0.0306	0.0153	0.2185	0.2343	0.0306	0.0153	0.2185	0.2343	0.2
0.4	0.0543	0.0289	0.1886	0.2189	0.0545	0.0290	0.1889	0.2190	0.0546	0.0290	0.1891	0.2190	0.4
0.6	0.0684	0.0397	0.1616	0.2043	0.0690	0.0399	0.1625	0.2046	0.0694	0.0400	0.1630	0.2017	0.6
0.8	0.0739	0.0476	0.1381	0.1907	0.0751	0.0480	0.1396	0.1912	0.0759	0.0482	0.1405	0.1915	0.8
1.0	0.0735	0.0528	0.1176	0.1781	0.0753	0.0534	0.1202	0.1789	0.0766	0.0538	0.1215	0.1794	1.0
1.2	0.0698	0.0560	0.1007	0.1666	0.0721	0.0568	0.1037	0.1678	0.0738	0.0574	0.1055	0.1684	1.2
1.4	0.0614	0.0575	0.0864	0.1562	0.0672	0.0586	0.0897	0.1576	0.0692	0.0594	0.0921	0.1585	1.4
1.6	0.0586	0.0580	0.0743	0.1467	0.0616	0.0594	0.0780	0.1484	0.0639	0.0603	0.0806	0.1494	1.6
1.8	0.0528	0.0578	0.0644	0.1381	0.0560	0.0593	0.0681	0.1400	0.0585	0.0604	0.0709	0.1413	1.8
2.0	0.0474	0.0570	0.0560	0.1303	0.0507	0.0587	0.0596	0.1324	0.0533	0.0599	0.0625	0.1338	2.0
2.5	0.0362	0.0540	0.0405	0.1139	0.0393	0.0560	0.0440	0.1163	0.0419	0.0575	0.0469	0.1180	2.5
3.0	0.0280	0.0503	0.0303	0.1008	0.0307	0.0525	0.0333	0.1033	0.0331	0.0541	0.0359	0.1052	3.0
5.0	0.0120	0.0382	0.0123	0.0690	0.0135	0.0403	0.0139	0.0714	0.0148	0.0421	0.0454	0.0734	5.0
7.0	0.0064	0.0299	0.0066	0.0520	0.0073	0.0318	0.0074	0.0541	0.0081	0.0333	0.0083	0.0558	7.0
10.0	0.0033	0.0224	0.0032	0.0379	0.0037	0.0239	0.0037	0.0395	0.0041	0.0252	0.0042	0.0409	10.0

l/b 点 系数 z/b	2.0				3.0				4.0				l/b 点 系数 z/b
	1		2		1		2		1		2		
	α	$\bar{\alpha}$	α	$\bar{\alpha}$	α	$\bar{\alpha}$	α	$\bar{\alpha}$	α	$\bar{\alpha}$	α	$\bar{\alpha}$	
0.0	0.0000	0.0000	0.2500	0.2500	0.0000	0.0000	0.2500	0.2500	0.0000	0.0000	0.2500	0.2500	0.0
0.2	0.0306	0.0153	0.2185	0.2343	0.0306	0.0153	0.2186	0.2343	0.0306	0.0153	0.2186	0.2343	0.2
0.4	0.0547	0.0290	0.1892	0.2191	0.0548	0.0290	0.1894	0.2192	0.0549	0.0291	0.1894	0.2192	0.4
0.6	0.0696	0.0401	0.1633	0.2048	0.0701	0.0402	0.1638	0.2050	0.0702	0.0402	0.1639	0.2050	0.6
0.8	0.0764	0.0483	0.1412	0.1917	0.0773	0.0486	0.1423	0.1920	0.0776	0.0487	0.1424	0.1920	0.8
1.0	0.0774	0.0540	0.1225	0.1797	0.0790	0.0545	0.1244	0.1803	0.0794	0.0546	0.1248	0.1803	1.0
1.2	0.0749	0.0577	0.1069	0.1689	0.0774	0.0584	0.1096	0.1697	0.0779	0.0586	0.1103	0.1699	1.2
1.4	0.0707	0.0599	0.0937	0.1591	0.0739	0.0609	0.0973	0.1603	0.0748	0.0612	0.0982	0.1605	1.4
1.6	0.0656	0.0609	0.0826	0.1502	0.0697	0.0623	0.0870	0.1517	0.0708	0.0626	0.0882	0.1521	1.6
1.8	0.0604	0.0611	0.0730	0.1422	0.0652	0.0628	0.0782	0.1441	0.0666	0.0633	0.0797	0.1445	1.8
2.0	0.0553	0.0608	0.0649	0.1348	0.0607	0.0629	0.0707	0.1371	0.0624	0.0634	0.0726	0.1377	2.0
2.5	0.0440	0.0586	0.0491	0.1193	0.0504	0.0614	0.0559	0.1223	0.0529	0.0623	0.0585	0.1233	2.5
3.0	0.0352	0.0554	0.0380	0.1067	0.0419	0.0589	0.0451	0.1104	0.0449	0.0600	0.0482	0.1116	3.0
5.0	0.0161	0.0435	0.0167	0.0749	0.0214	0.0480	0.0221	0.0797	0.0248	0.0500	0.0256	0.0817	5.0
7.0	0.0089	0.0347	0.0091	0.0572	0.0124	0.0391	0.0126	0.0619	0.0152	0.0414	0.0154	0.0642	7.0
10.0	0.0046	0.0263	0.0046	0.0403	0.0066	0.0302	0.0066	0.0462	0.0084	0.0325	0.0083	0.0485	10.0

续表

l/b	6.0				8.0				10.0				l/b
点	1		2		1		2		1		2		点
z/b 系数	α	$\bar{\alpha}$	α	$\bar{\alpha}$	α	$\bar{\alpha}$	α	$\bar{\alpha}$	α	$\bar{\alpha}$	α	$\bar{\alpha}$	系数 z/b
0.0	0.0000	0.0000	0.2500	0.2500	0.0000	0.0000	0.2500	0.2500	0.0000	0.0000	0.2500	0.2500	0.0
0.2	0.0306	0.0153	0.2186	0.2343	0.0306	0.0153	0.2186	0.2343	0.0306	0.0153	0.2186	0.2343	0.2
0.4	0.0549	0.0291	0.1894	0.2192	0.0549	0.0291	0.1894	0.2192	0.0549	0.0291	0.1894	0.2192	0.4
0.6	0.0702	0.0402	0.1640	0.2050	0.0702	0.0402	0.1640	0.2050	0.0702	0.0402	0.1640	0.2050	0.6
0.8	0.0776	0.0487	0.1426	0.1921	0.0776	0.0487	0.1426	0.1921	0.0776	0.0487	0.1426	0.1921	0.8
1.0	0.0795	0.0546	0.1250	0.1804	0.0796	0.0546	0.1250	0.1804	0.0796	0.0546	0.1250	0.1804	1.0
1.2	0.0782	0.0587	0.1105	0.1700	0.0783	0.0587	0.1105	0.1700	0.0783	0.0587	0.1105	0.1700	1.2
1.4	0.0752	0.0613	0.0986	0.1606	0.0752	0.0613	0.0987	0.1606	0.0753	0.0613	0.0987	0.1606	1.4
1.6	0.0714	0.0628	0.0887	0.1523	0.0715	0.0628	0.0888	0.1523	0.0715	0.0628	0.0889	0.1523	1.6
1.8	0.0673	0.0635	0.0805	0.1447	0.0675	0.0635	0.0806	0.1448	0.0675	0.0635	0.0808	0.1448	1.8
2.0	0.0634	0.0637	0.0734	0.1380	0.0636	0.0638	0.0736	0.1380	0.0636	0.0638	0.0738	0.1380	2.0
2.5	0.0543	0.0627	0.0601	0.1237	0.0547	0.0628	0.0604	0.1238	0.0548	0.0628	0.0605	0.1239	2.5
3.0	0.0469	0.0607	0.0504	0.1123	0.0474	0.0609	0.0509	0.1124	0.0476	0.0609	0.0511	0.1125	3.0
5.0	0.0283	0.0515	0.0290	0.0833	0.0296	0.0519	0.0303	0.0837	0.0301	0.0521	0.0309	0.0839	5.0
7.0	0.0186	0.0435	0.0190	0.0663	0.0204	0.0442	0.0207	0.0671	0.0212	0.0445	0.0216	0.0674	7.0
10.0	0.0111	0.0349	0.0111	0.0509	0.0128	0.0359	0.0130	0.0520	0.0139	0.0364	0.0141	0.0526	10.0

注：l——基础长度（m）；b——基础底面宽度（m）；z——计算点离基础底面垂直距离（m）。

2.2.15 圆形面积上均布荷载作用下中点的附加应力系数与平均附加应力系数

表 2-15　圆形面积上均布荷载作用下中点的附加应力系数 α 与平均附加应力系数 $\bar{\alpha}$

z/r	圆形		z/r	圆形	
	α	$\bar{\alpha}$		α	$\bar{\alpha}$
0.0	1.000	1.000	0.8	0.756	0.923
0.1	0.999	1.000	0.9	0.701	0.901
0.2	0.992	0.998	1.0	0.647	0.878
0.3	0.976	0.993	1.1	0.595	0.855
0.4	0.949	0.986	1.2	0.547	0.831
0.5	0.911	0.974	1.3	0.502	0.808
0.6	0.864	0.960	1.4	0.461	0.784
0.7	0.811	0.942	1.5	0.424	0.762

续表

z/r	圆形		z/r	圆形	
	α	$\overline{\alpha}$		α	$\overline{\alpha}$
1.6	0.390	0.739	3.4	0.117	0.463
1.7	0.360	0.718	3.5	0.111	0.453
1.8	0.332	0.697	3.6	0.106	0.443
1.9	0.307	0.677	3.7	0.101	0.434
2.0	0.285	0.658	3.8	0.096	0.425
2.1	0.264	0.640	3.9	0.091	0.417
2.2	0.245	0.623	4.0	0.087	0.409
2.3	0.229	0.606	4.1	0.083	0.401
2.4	0.210	0.590	4.2	0.079	0.393
2.5	0.200	0.574	4.3	0.076	0.386
2.6	0.187	0.560	4.4	0.073	0.379
2.7	0.175	0.546	4.5	0.070	0.372
2.8	0.165	0.532	4.6	0.067	0.365
2.9	0.155	0.519	4.7	0.064	0.359
3.0	0.146	0.507	4.8	0.062	0.353
3.1	0.138	0.495	4.9	0.059	0.347
3.2	0.130	0.484	5.0	0.057	0.341
3.3	0.124	0.473			

注： z——计算点离基础底面垂点距离（m）；r——圆形半径（m）。

2.2.16 圆形面积上三角形分布荷载作用下边点的附加应力系数与平均附加应力系数

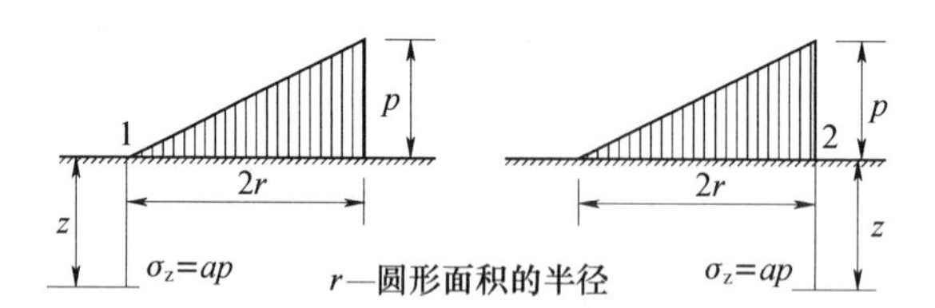

表 2-16　圆形面积上三角形分布荷载作用下边点的附加应力系数 α 与平均附加应力系数 $\overline{\alpha}$

z/r ＼ 系数 ＼ 点	1		2	
	α	$\overline{\alpha}$	α	$\overline{\alpha}$
0.0	0.000	0.000	0.500	0.500
0.1	0.016	0.008	0.465	0.483
0.2	0.031	0.016	0.433	0.466

续表

系数 z/r \ 点	1		2	
	α	$\bar{\alpha}$	α	$\bar{\alpha}$
0.3	0.044	0.023	0.403	0.450
0.4	0.054	0.030	0.376	0.435
0.5	0.063	0.035	0.349	0.420
0.6	0.071	0.041	0.324	0.406
0.7	0.078	0.045	0.300	0.393
0.8	0.083	0.050	0.279	0.380
0.9	0.088	0.054	0.258	0.368
1.0	0.091	0.057	0.238	0.356
1.1	0.092	0.061	0.221	0.344
1.2	0.093	0.063	0.205	0.333
1.3	0.092	0.065	0.190	0.323
1.4	0.091	0.067	0.177	0.313
1.5	0.089	0.069	0.165	0.303
1.6	0.087	0.070	0.154	0.294
1.7	0.085	0.071	0.144	0.286
1.8	0.083	0.072	0.134	0.278
1.9	0.080	0.072	0.126	0.270
2.0	0.078	0.073	0.117	0.263
2.1	0.075	0.073	0.110	0.255
2.2	0.072	0.073	0.104	0.249
2.3	0.070	0.073	0.097	0.242
2.4	0.067	0.073	0.091	0.236
2.5	0.064	0.072	0.086	0.230
2.6	0.062	0.072	0.081	0.225
2.7	0.059	0.071	0.078	0.219
2.8	0.057	0.071	0.074	0.214
2.9	0.055	0.070	0.070	0.209
3.0	0.052	0.070	0.067	0.204
3.1	0.050	0.069	0.064	0.200
3.2	0.048	0.069	0.061	0.196
3.3	0.046	0.068	0.059	0.192
3.4	0.045	0.067	0.055	0.188

续表

z/r \ 系数 \ 点	1		2	
	α	$\bar{\alpha}$	α	$\bar{\alpha}$
3.5	0.043	0.067	0.053	0.184
3.6	0.041	0.066	0.051	0.180
3.7	0.040	0.065	0.048	0.177
3.8	0.038	0.065	0.046	0.173
3.9	0.037	0.064	0.043	0.170
4.0	0.036	0.063	0.041	0.167
4.2	0.033	0.062	0.038	0.161
4.4	0.031	0.061	0.034	0.155
4.6	0.029	0.059	0.031	0.150
4.8	0.027	0.058	0.029	0.145
5.0	0.025	0.057	0.027	0.140

注： z——计算点离基础底面垂直距离（m）；r——圆形半径。

2.2.17 地基变形计算深度

表 2-17　　地基变形计算深度 Δz

b/m	≤2	2<b≤4	4<b≤8	b>8
Δz/m	0.3	0.6	0.8	1.0

注： b——基础底面宽度（m）。

2.2.18 下卧基岩表面允许坡度值

表 2-18　　下卧基岩表面允许坡度值

地基土承载力特征值 f_{ak}/kPa	四层及四层以下的砌体承重结构，三层及三层以下的框架结构	具有 150kN 和 150kN 以下吊车的一般单层排架结构	
		带墙的边柱和山墙	无墙的中柱
≥150	≤15%	≤15%	≤30%
≥200	≤25%	≤30%	≤50%
≥300	≤40%	≤50%	≤70%

2.2.19 刚性下卧层对上覆土层的变形增大系数

表 2-19　　具有刚性下卧层时地基变形增大系数 β_{gz}

h/b	0.5	1.0	1.5	2.0	2.5
β_{gz}	1.26	1.17	1.12	1.09	1.00

注： h——基底下的土层厚度；b——基础底面宽度。

2.2.20 压实填土地基压实系数控制值

表 2-20　　压实填土地基压实系数控制值

结构类型	填土部位	压实系数（λ_c）	控制含水量/%
砌体承重及框架结构	在地基主要受力层范围内	≥0.97	$w_{op}\pm2$
	在地基主要受力层范围以下	≥0.95	
排架结构	在地基主要受力层范围内	≥0.96	
	在地基主要受力层范围以下	≥0.94	

注：1. 压实系数（λ_c）为填土的实际干密度（ρ_d）与最大干密度（ρ_{dmax}）之比；w_{op}为最优含水量。

2. 地坪垫层以下及基础底面标高以上的压实填土，压实系数不应小于0.94。

2.2.21 压实填土的边坡坡度允许值

表 2-21　　压实填土的边坡坡度允许值

填土类型	边坡坡度允许值（高宽比）		压实系数（λ_c）
	坡高在8m以内	坡高为8～15m	
碎石、卵石	1：1.50～1：1.25	1：1.75～1：1.50	0.94～0.97
砂夹石（碎石、卵石占全重30%～50%）	1：1.50～1：1.25	1：1.75～1：1.50	
土夹石（碎石、卵石占全重30%～50%）	1：1.50～1：1.25	1：2.00～1：1.50	
粉质黏土，黏粒含量ρ_c≥10%的粉土	1：1.75～1：1.50	1：2.25～1：1.75	

2.2.22 岩溶发育程度

表 2-22　　岩溶发育程度

等级	岩溶场地条件
岩溶强发育	地表有较多岩溶塌陷、漏斗、洼地、泉眼 溶沟、溶槽、石芽密布，相邻钻孔间存在临空面且基岩面高差大于5m 地下有暗河、伏流 钻孔见洞隙率大于30%或线岩溶率大于20% 溶槽或串珠状竖向溶洞发育深度达20m以上
岩溶中等发育	介于强发育和微发育之间
岩溶微发育	地表无岩溶塌陷、漏斗 溶沟、溶槽较发育 相邻钻孔间存在临空面且基岩面相对高差小于2m 钻孔见洞隙率小于10%或线岩溶率小于5%

2.2.23 土质边坡坡度允许值

表 2-23　　土质边坡坡度允许值

土的类别	密实度或状态	坡度允许值（高宽比）	
		坡高在 5m 以内	坡高为 5～10m
碎石土	密实	1∶0.35～1∶0.50	1∶0.50～1∶0.75
	中密	1∶0.50～1∶0.75	1∶0.75～1∶1.00
	稍密	1∶0.75～1∶1.00	1∶1.00～1∶1.25
黏性土	坚硬	1∶0.75～1∶1.00	1∶1.00～1∶1.25
	硬塑	1∶1.00～1∶1.25	1∶1.25～1∶1.50

注：1. 表中碎石土的充填物为坚硬或硬塑状态的黏性土。
2. 对于砂土或充填物为砂土的碎石土，其边坡坡度允许值均按自然休止角确定。

2.2.24 土对挡土墙墙背的摩擦角

表 2-24　　土对挡土墙墙背的摩擦角 δ

挡土墙情况	摩　擦　角 δ
墙背平滑、排水不良	$(0\sim0.33)\varphi_k$
墙背粗糙、排水良好	$(0.33\sim0.50)\varphi_k$
墙背很粗糙、排水良好	$(0.50\sim0.67)\varphi_k$
墙背与填土间不可能滑动	$(0.67\sim1.00)\varphi_k$

注：φ_k 为墙背填土的内摩擦角。

2.2.25 土对挡土墙基底的摩擦系数

表 2-25　　土对挡土墙基底的摩擦系数 μ

土　的　类　别		摩擦系数 μ
黏性土	可塑	0.25～0.30
	硬塑	0.30～0.35
	坚硬	0.35～0.45
粉土		0.30～0.40
中砂、粗砂、砾砂		0.40～0.50
碎石土		0.40～0.60
软质岩		0.40～0.60
表面粗糙的硬质岩		0.65～0.75

注：1. 对易风化的软质岩和塑性指数 I_P 大于 22 的黏性土，基底摩擦系数应通过试验确定。
2. 对碎石土，可根据其密实程度、填充物状况、风化程度等确定。

2.2.26 砂浆与岩石间的黏结强度特征值

表 2-26　　砂浆与岩石间的黏结强度特征值　　(单位：MPa)

岩石坚硬程度	软　岩	较 软 岩	硬 质 岩
黏结程度	<0.2	0.2～0.4	0.4～0.6

注：水泥砂浆强度为30MPa或细石混凝土强度等级为C30。

2.2.27 复合地基沉降计算经验系数

表 2-27　　复合地基沉降计算经验系数 ψ_{sp}

$\overline{E}_s$/MPa	4.0	7.0	15.0	20.0	35.0
ψ_{sp}	1.0	0.7	0.4	0.25	0.2

注：E_s——基础底面下的压缩模量（MPa）。

2.2.28 房屋沉降缝的宽度

表 2-28　　房屋沉降缝的宽度

房　屋　层　数	沉降缝宽度/mm
二、三	50～80
四、五	80～120
五层以上	不小于120

2.2.29 相邻建筑物基础间的净距

表 2-29　　相邻建筑物基础间的净距（m）

被影响建筑的长高比 / 影响建筑的预估平均沉降量 s/mm	$2.0\leqslant\frac{L}{H_f}<3.0$	$3.0\leqslant\frac{L}{H_f}<5.0$
70～150	2～3	3～6
160～250	3～6	6～9
260～400	6～9	9～12
>400	9～12	不小于12

注：1. 表中 L 为建筑物长度或沉降缝分隔的单元长度（m）；H_f 为自基础底面标高算起的建筑物高度（m）。
2. 当被影响建筑的长高比为 $1.5<L/H_f<2.0$ 时，其间净距可适当缩小。

2.2.30 地面荷载换算系数

表 2-30　　地面荷载换算系数 β_i

区段	0	1	2	3	4	5	6	7	8	9	10
$\frac{a}{5b}\geqslant 1$	0.30	0.29	0.22	0.15	0.10	0.08	0.06	0.04	0.03	0.02	0.01
$\frac{a}{5b}<1$	0.52	0.40	0.30	0.13	0.08	0.05	0.02	0.01	0.01	—	—

注：a、b 见表 2-31。

2.2.31 地基附加沉降量允许值

表 2-31　　地基附加沉降量（mm）允许值 $[s'_g]$

b \ a	6	10	20	30	40	50	60	70
1	40	45	50	55	55	—	—	—
2	45	50	55	60	60	—	—	—
3	50	55	60	65	70	75	—	—
4	55	60	65	70	75	80	85	90
5	65	70	75	80	85	90	95	100

注：表中 a 为地面荷载的纵向长度（m）；b 为车间跨度方向基础底面边长（m）。

3

基础工程

3.1 公式速查

3.1.1 无筋扩展基础高度的计算

无筋扩展基础（如图 3-1 所示）高度应满足下式的要求：

$$H_0 \geqslant \frac{b-b_0}{2\tan\alpha}$$

式中 b——基础底面宽度（m）；

b_0——基础顶面的墙体宽度或柱脚宽度（m）；

H_0——基础高度（m）；

$\tan\alpha$——基础台阶宽高比，即 $b_2 : H_0$，其允许值可按表 3-1 选用；

b_2——基础台阶宽度（m）。

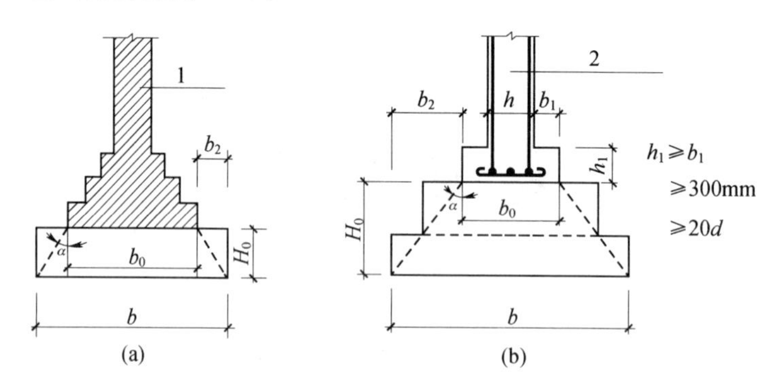

图 3-1 无筋扩展基础构造示意图

d——柱中纵向钢筋直径

1——承重墙；2——钢筋混凝土柱

3.1.2 钢筋混凝土柱和剪力墙纵向受力钢筋抗震锚固长度的计算

抗震设防烈度为 6 度、7 度、8 度和 9 度地区的建筑工程，纵向受力钢筋的抗震锚固长度（l_{aE}）应按下式计算。

（1）一、二级抗震等级纵向受力钢筋的抗震锚固长度（l_{aE}）应按下式计算：

$$l_{aE}=1.15l_a$$

式中 l_a——纵向受拉钢筋的锚固长度（m）。

（2）三级抗震等级纵向受力钢筋的抗震锚固长度（l_{aE}）应按下式计算：

$$l_{aE}=1.05l_a$$

式中 l_a——纵向受拉钢筋的锚固长度（m）。

（3）四级抗震等级纵向受力钢筋的抗震锚固长度（l_{aE}）应按下式计算：

$$l_{aE}=l_a$$

式中 l_a——纵向受拉钢筋的锚固长度（m）。

3.1.3 柱下独立基础受冲切承载力的计算

柱下独立基础的受冲切承载力应按下列公式验算：

$$F_l \leqslant 0.7\beta_{hp} f_t a_m h_0$$

$$a_m = (a_t + a_b)/2$$

$$F_l = p_j A_l$$

式中 β_{hp}——受冲切承载力截面高度影响系数，当 h 不大于 800mm 时，β_{hp} 取 1.0；当 h 大于或等于 2000mm 时，β_{hp} 取 0.9，其间按线性内插法取用；

f_t——混凝土轴心抗拉强度设计值（kPa）；

h_0——基础冲切破坏锥体的有效高度（m）；

a_m——冲切破坏锥体最不利一侧计算长度（m）；

a_t——冲切破坏锥体最不利一侧斜截面的上边长（m），当计算柱与基础交接处的受冲切承载力时，取柱宽；当计算基础变阶处的受冲切承载力时，取上阶宽；

a_b——冲切破坏锥体最不利一侧斜截面在基础底面积范围内的下边长（m），当冲切破坏锥体的底面落在基础底面以内［图 3-2（a）、（b）］，计算柱与基础交接处的受冲切承载力时，取柱宽加两倍基础有效高度；当计算基础变阶处的受冲切承载力时，取上阶宽加两倍该处的基础有效高度；

p_j——扣除基础自重及其上土重后相应于作用的基本组合时的地基土单位面积净反力（kPa），对偏心受压基础可取基础边缘处最大地基土单位面积净反力；

A_l——冲切验算时取用的部分基底面积（m^2）［图 3-2（a）、（b）中的阴影面积 $ABCDEF$］；

F_l——相应于作用的基本组合时作用在 A_l 上的地基土净反力设计值（kPa）。

3.1.4 柱与基础交接处截面受剪承载力的验算

当基础底面短边尺寸小于或等于柱宽加两倍基础有效高度时，应按下列公式验算柱与基础交接处截面受剪承载力：

$$V_s \leqslant 0.7\beta_{hs} f_t A_0$$

$$\beta_{hs} = (800/h_0)^{1/4}$$

式中 V_s——相应于作用的基本组合时，柱与基础交接处的剪力设计值（kN），如图 3-3 所示中的阴影面积乘以基底平均净反力；

β_{hs}——受剪切承载力截面高度影响系数，当 $h_0 < 800$mm 时，取 $h_0 = 800$mm；当 $h_0 > 2000$mm 时，取 $h_0 = 2000$mm；

f_t——混凝土轴心抗拉强度设计值（kPa）；

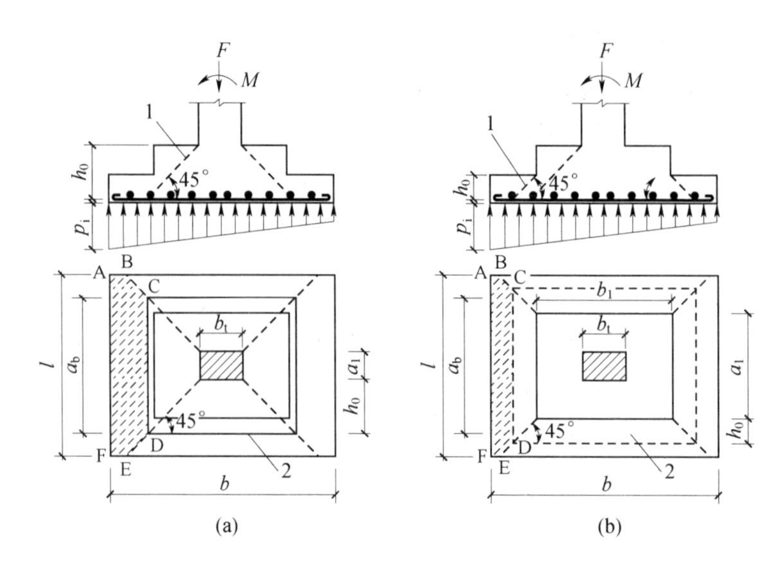

图 3-2　计算阶形基础的受冲切承载力截面位置

（a）柱与基础交接处；（b）基础变阶处

1——冲切破坏锥体最不利一侧的斜截面；2——冲切破坏锥体的底面线

h_0——基础冲切破坏锥体的有效高度（m）；

A_0——验算截面处基础的有效截面面积（m^2）。当验算截面为阶形或锥形时，可将其截面折算成矩形截面，截面的折算宽度和截面的有效高度按《建筑地基基础设计规范》（GB 50007—2011）附录 U 计算。

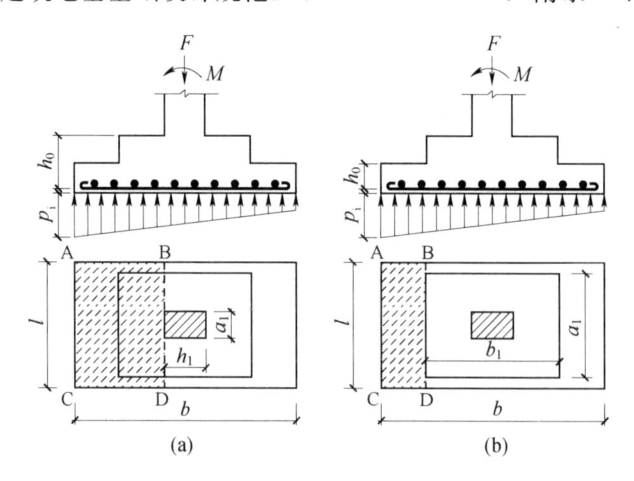

图 3-3　验算阶形基础受剪切承载力示意图

（a）柱与基础交接处；（b）基础变阶处

3.1.5 柱下矩形独立基础任意截面的底板弯矩设计值的计算

在轴心荷载或单向偏心荷载作用下，当台阶的宽高比小于或等于 2.5 且偏心距小于或等于 1/6 基础宽度时，柱下矩形独立基础任意截面的底板弯矩可按下列简化方法进行计算（如图 3-4 所示）：

$$M_{\mathrm{I}}=\frac{1}{12}a_1^2\left[(2l+a')\left(p_{\max}+p-\frac{2G}{A}\right)+(p_{\max}-p)l\right]$$

$$M_{\mathrm{II}}=\frac{1}{48}(l-a')^2(2b+b')\left(p_{\max}+p_{\min}-\frac{2G}{A}\right)$$

式中 M_{I}、M_{II}——相应于作用的基本组合时，任意截面Ⅰ-Ⅰ、Ⅱ-Ⅱ处的弯矩设计值（kN·m）；

a_1——任意截面Ⅰ-Ⅰ至基底边缘最大反力处的距离（m）；

l、b——基础底面的边长（m）；

a'、b'——导轨架截面的长宽（m）；

$p_{\max}$、$p_{\min}$——相应于作用的基本组合时的基础底面边缘最大和最小地基反力设计值（kPa）；

p——相应于作用的基本组合时在任意截面Ⅰ-Ⅰ处基础底面地基反力设计值（kPa）；

G——考虑作用分项系数的基础自重及其上的土自重（kN）；当组合值由永久作用控制时，作用分项系数可取 1.35；

A——基础底面面积（m^2）。

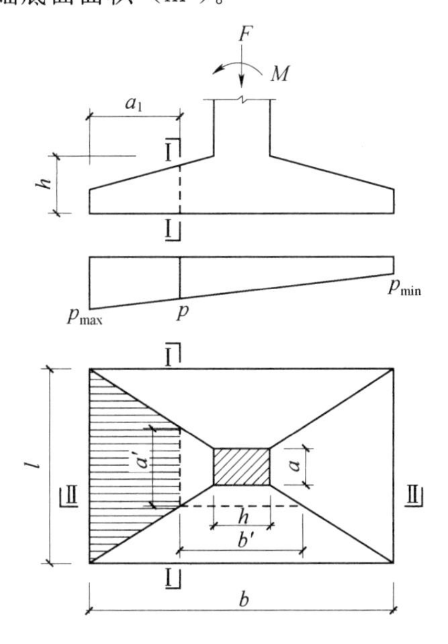

图 3-4 矩形基础底板的计算示意图

3.1.6 高层建筑筏形基础偏心距的计算

筏形基础的平面尺寸，应根据工程地质条件、上部结构的布置、地下结构底层平面以及荷载分布等因素按《建筑地基基础设计规范》（GB 50007—2011）第 5 章有关规定确定。对单幢建筑物，在地基土比较均匀的条件下，基底平面形心宜与结构竖向永久荷载重心重合。当不能重合时，在作用的准永久组合下，偏心距 e 宜符合下式规定：

$$e \leqslant 0.1W/A$$

式中 W——与偏心距方向一致的基础底面边缘抵抗矩（m^3）；

A——基础底面积（m^2）。

3.1.7 平板式筏基柱下冲切验算

平板式筏基柱下冲切验算时，应考虑作用在冲切临界截面重心上的不平衡弯矩产生的附加剪力。对基础边柱和角柱冲切验算时，其冲切力应分别乘以 1.1 和 1.2 的增大系数。距柱边 $h_0/2$ 处冲切临界截面的最大剪应力 τ_{max} 应按下式进行计算（如图 3－5 所示）。板的最小厚度不应小于 500mm。

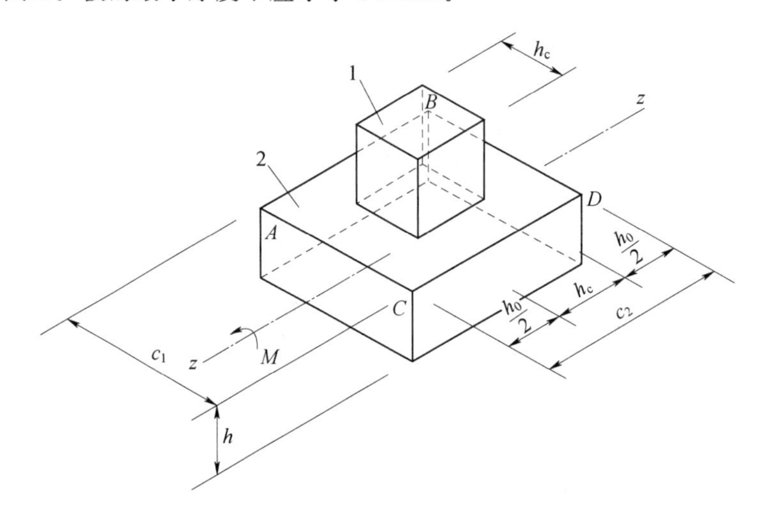

图 3－5 内柱冲切临界截面示意图

1——筏板；2——柱

$$\tau_{max} = \frac{F_l}{u_m h_0} + \alpha_s \frac{M_{unb} c_{AB}}{I_s}$$

$$\tau_{max} \leqslant 0.7(0.4 + 1.2/\beta_s)\beta_{hp} f_t$$

$$\alpha_s = 1 - \frac{1}{1 + \frac{2}{3}\sqrt{\left(\frac{c_1}{c_2}\right)}}$$

式中 F_l——相应于作用的基本组合时的冲切力（kN），对内柱取轴力设计值减去筏板冲切破坏锥体内的基底净反力设计值；对边柱和角柱，取轴力设计值减去筏板冲切临界截面范围内的基底净反力设计值；

h_0——筏板的有效高度（m）；

M_{unb}——作用在冲切临界截面重心上的不平衡弯矩设计值（kN·m）；

β_s——柱截面长边与短边的比值，当 $\beta_s<2$ 时，β_s 取 2，当 $\beta_s>4$ 时，β_s 取 4；

β_{hp}——受冲切承载力截面高度影响系数，当 $h\leqslant800$mm 时，取 $\beta_{hp}=1.0$；当 $h\geqslant2000$mm 时，取 $\beta_{hp}=0.9$，其间按线性内插法取值；

f_t——混凝土轴心抗拉强度设计值（kPa）；

α_s——不平衡弯矩通过冲切临界截面上的偏心剪力来传递的分配系数；

u_m——距柱边缘不小于 $h_0/2$ 处冲切临界截面的最小周长（m）{▲内柱 ■边柱 ★角柱}；

c_{AB}——沿弯矩作用方向，冲切临界截面重心至冲切临界截面最大剪应力点的距离（m）{▲内柱 ■边柱 ★角柱}；

I_s——冲切临界截面对其重心的极惯性矩（m^4）{▲内柱 ■边柱 ★角柱}；

c_1——与弯矩作用方向一致的冲切临界截面的边长（m）{▲内柱 ■边柱 ★角柱}；

c_2——垂直于 c_1 的冲切临界截面的边长（m）{▲内柱 ■边柱 ★角柱}。

▲ 对于内柱，应按下列公式进行计算（如图 3-6 所示）：

$$u_m=2c_1+2c_2$$

$$I_s=\frac{c_1h_0^3}{6}+\frac{c_1^3h_0}{6}+\frac{c_2h_0c_1^2}{2}$$

$$c_1=h_c+h_0$$

$$c_2=b_c+h_0$$

$$c_{AB}=\frac{c_1}{2}$$

式中 h_c——与弯矩作用方向一致的柱截面的边长（m）；

h_0——筏板的有效高度（m）；

b_c——垂直于 h_c 的柱截面边长（m）。

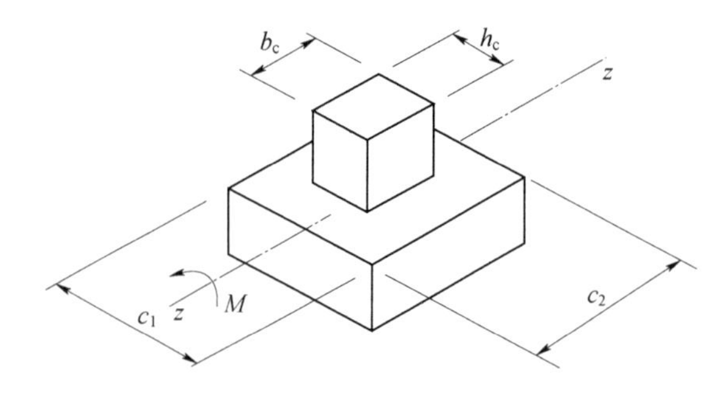

图 3-6 内柱

■ 对于边柱，应按下式进行计算（如图 3-7 所示）。下面公式适用于柱外侧齐筏板边缘的边柱。对外伸式筏板，边柱柱下筏板冲切临界截面的计算模式应根据边柱外侧筏板的悬挑长度和柱子的边长确定。当边柱外侧的悬挑长度小于或等于（$h_0+0.5b_c$）时，冲切临界截面可计算至垂直于自由边的板端，计算 c_1 及 I_s 值时应计及边柱外侧的悬挑长度；当边柱外侧筏板的悬挑长度大于（$h_0+0.5b_c$）时，边柱柱下筏板冲切临界截面的计算模式同内柱。

$$u_m=2c_1+c_2$$

$$I_s=\frac{c_1h_0^3}{6}+\frac{c_1^3h_0}{6}+2h_0c_1\left(\frac{c_1}{2}-\overline{X}\right)^2+c_2h_0\overline{X}^2$$

$$c_1=h_c+\frac{h_0}{2}$$

$$c_2=b_c+h_0$$

$$c_{AB}=c_1-\overline{X}$$

$$\overline{X}=\frac{c_1^2}{2c_1+c_2}$$

式中 h_c——与弯矩作用方向一致的柱截面的边长（m）；

h_0——筏板的有效高度（m）；

b_c——垂直于 h_c 的柱截面边长（m）；

$\overline{X}$——冲切临界截面重心位置（m）。

★ 对于角柱，应按下式进行计算（如图 3-8 所示）。如下面公式适用于柱两相邻外侧齐筏板边缘的角柱。对外伸式筏板，角柱柱下筏板冲切临界截面的计算模式应根据角柱外侧筏板的悬挑长度和柱子的边长确定。当角柱两相邻外侧筏板的悬挑长度分别小于或等于（$h_0+0.5b_c$）和（$h_0+0.5h_c$）时，冲切临界截面可计算至垂直于自由边的板端，计算 c_1、c_2 及 I_s 值应计及角柱外侧筏板的悬挑长度；当角柱两相邻外侧筏板的悬挑长度大于（$h_0+0.5b_c$）和（$h_0+0.5h_c$）时，角柱柱下筏板冲切临界截面的计算模式同内柱。

$$u_m=c_1+c_2$$

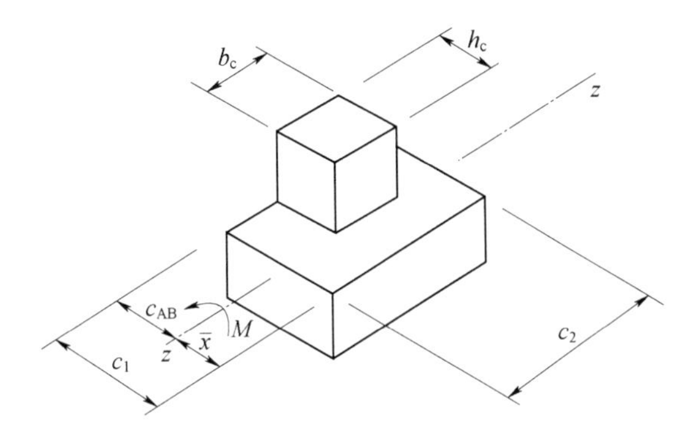

图 3-7　边柱

$$I_s=\frac{c_1h_0^3}{12}+\frac{c_1^3h_0}{12}+c_1h_0\left(\frac{c_1}{2}-\overline{X}\right)^2+c_2h_0\overline{X}^2$$

$$c_1=h_c+\frac{h_0}{2}$$

$$c_2=b_c+\frac{h_0}{2}$$

$$c_{AB}=c_1-\overline{X}$$

$$\overline{X}=\frac{c_1^2}{2c_1+2c_2}$$

式中　h_c——与弯矩作用方向一致的柱截面的边长（m）；

h_0——筏板的有效高度（m）；

b_c——垂直于 h_c 的柱截面边长（m）；

$\overline{X}$——冲切临界截面重心位置（m）。

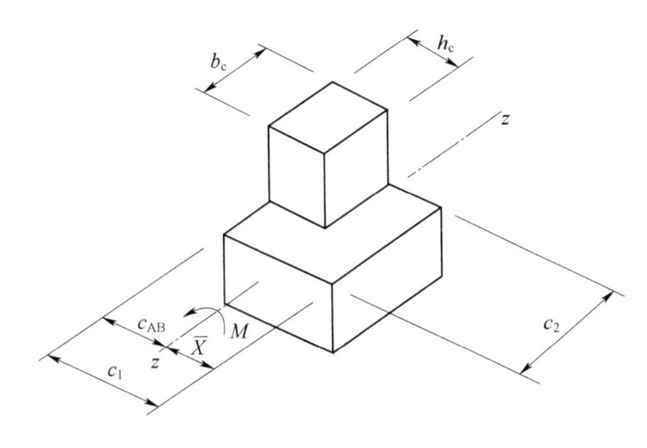

图 3-8　角柱

3.1.8　平板式筏基受冲切承载力的计算

平板式筏基内筒下的板厚应满足受冲切承载力的要求，按下式进行计算：

$$F_l/u_m h_0 \leqslant 0.7\beta_{hp} f_t/\eta$$

式中 F_l——相应于作用的基本组合时，内筒所承受的轴力设计值减去内筒下筏板冲切破坏锥体内的基底净反力设计值（kN）；

u_m——距内筒外表面 $h_0/2$ 处冲切临界截面的周长（m）（如图 3-9 所示）；

h_0——距内筒外表面 $h_0/2$ 处筏板的截面有效高度（m）；

β_{hp}——受冲切承载力截面高度影响系数，当 $h \leqslant 800$mm 时，取 $\beta_{hp}=1.0$；当 $h \geqslant 2000$mm 时，取 $\beta_{hp}=0.9$，其间按线性内插法取值；

f_t——混凝土轴心抗拉强度设计值（kPa）；

η——内筒冲切临界截面周长影响系数，取 1.25。

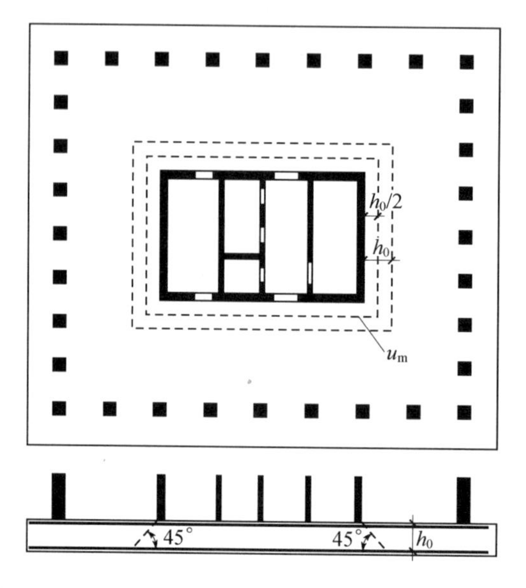

图 3-9 筏板受内筒冲切的临界截面位置

3.1.9 平板式筏基受剪承载力的计算

平板式筏基受剪承载力应按下式验算，当筏板的厚度大于 2000mm 时，宜在板厚中间部位设置直径不小于 12mm、间距不大于 300mm 的双向钢筋网。

$$V_s \leqslant 0.7\beta_{hs} f_t b_w h_0$$

$$\beta_{hs} = (800/h_0)^{1/4}$$

式中 V_s——相应于作用的基本组合时，基底净反力平均值产生的距内筒或柱边缘 h_0 处筏板单位宽度的剪力设计值（kN）；

β_{hs}——受剪切承载力截面高度影响系数，当 $h_0 < 800$mm 时，取 $h_0=800$mm；当 $h_0 > 2000$mm 时，取 $h_0=2000$mm；

f_t——混凝土轴心抗拉强度设计值（kPa）；

b_w——筏板计算截面单位宽度（m）；

h_0——距内筒或柱边缘 h_0 处筏板的截面有效高度（m）。

3.1.10 梁板式筏基底板受冲切承载力的计算

梁板式筏基底板受冲切承载力应按下式进行计算：

$$F_l \leqslant 0.7\beta_{hp} f_t u_m h_0$$

$$h_0 = \frac{(l_{n1}+l_{n2}) - \sqrt{(l_{n1}+l_{n2})^2 - \dfrac{4p_n l_{n1} l_{n2}}{p_n + 0.7\beta_{hp} f_t}}}{4}$$

式中 F_l——作用的基本组合时，图 3-10 中阴影部分面积上的基底平均净反力设计值（kN）；

β_{hp}——受冲切承载力截面高度影响系数，当 $h \leqslant 800$mm 时，取 $\beta_{hp}=1.0$；当 $h \geqslant 2000$mm 时，取 $\beta_{hp}=0.9$，其间按线性内插法取值；

f_t——混凝土轴心抗拉强度设计值（kPa）；

u_m——距基础梁边 $h_0/2$ 处冲切临界截面的周长（m）（如图 3-10 所示）；

h_0——距内筒或柱边缘 h_0 处筏板的截面有效高度（m）；

l_{n1}、l_{n2}——计算板格的短边和长边的净长度（m）；

p_n——扣除底板及其上填土自重后，相应于作用的基本组合时的基底平均净反力设计值（kPa）。

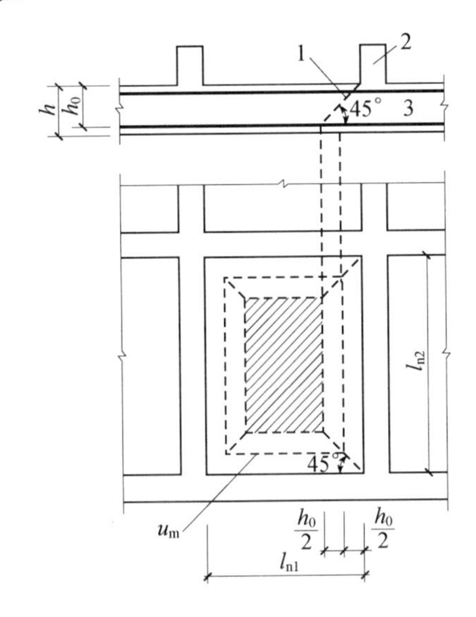

图 3-10 底板的冲切计算示意图

1——冲切破坏锥体的斜截面；2——梁；3——底板

3.1.11 梁板式筏基双向底板斜截面受剪承载力的计算

梁板式筏基双向底板斜截面受剪承载力应按下式进行计算：

$$V_s \leqslant 0.7\beta_{hs} f_t (l_{n2} - 2h_0) h_0$$

$$h_0 = \frac{(l_{n1} + l_{n2}) - \sqrt{(l_{n1} + l_{n2})^2 - \dfrac{4p_n l_{n1} l_{n2}}{p_n + 0.7\beta_{hp} f_t}}}{4}$$

式中 V_s——距梁边缘 h_0 处，作用在如图 3-11 所示中阴影部分面积上的基底平均净反力产生的剪力设计值（kN）；

β_{hs}——受剪切承载力截面高度影响系数，当 $h_0 < 800$mm 时，取 $h_0 = 800$mm；当 $h_0 > 2000$mm 时，取 $h_0 = 2000$mm；

β_{hp}——受冲切承载力截面高度影响系数，当 $h \leqslant 800$mm 时，取 $\beta_{hp} = 1.0$；当 $h \geqslant 2000$mm 时，取 $\beta_{hp} = 0.9$，其间按线性内插法取值；

f_t——混凝土轴心抗拉强度设计值（kPa）；

h_0——距内筒或柱边缘 h_0 处筏板的截面有效高度（m）；

l_{n1}、l_{n2}——计算板格的短边和长边的净长度（m）；

p_n——扣除底板及其上填土自重后，相应于作用的基本组合时的基底平均净反力设计值（kPa）。

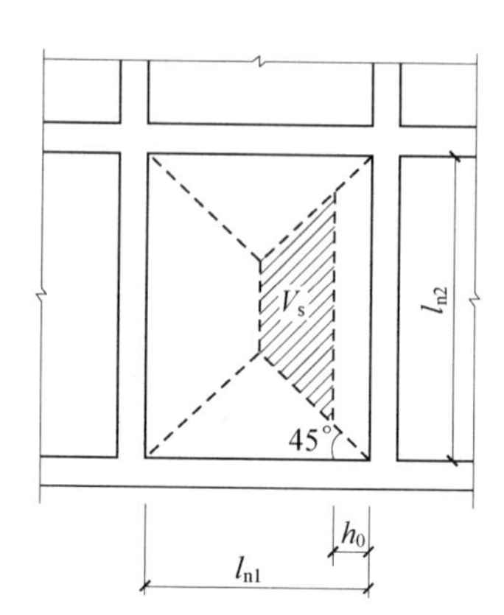

图 3-11 底板剪切计算示意图

3.1.12 锚杆基础中单根锚杆所承受的拔力的计算

锚杆基础中单根锚杆所承受的拔力，应按下列公式验算：

$$N_{ti} = \frac{F_k + G_k}{n} - \frac{M_{xk} y_i}{\sum y_i^2} - \frac{M_{yk} x_i}{\sum x_i^2}$$

$$N_{tmax} \leqslant R_t$$

$$R_t \leqslant 0.8\pi d_1 l f$$

式中 F_k——相应于作用的标准组合时，作用在基础顶面上的竖向力（kN）；

G_k——基础自重及其上的土自重（kN）；

M_{xk}、M_{yk}——按作用的标准组合计算作用在基础底面形心的力矩值（kN·m）；

x_i、y_i——第 i 根锚杆至基础底面形心的 y、x 轴线的距离（m）；

N_{ti}——相应于作用的标准组合时，第 i 根锚杆所承受的拔力值（kN）；

N_{tmax}——单根锚杆所受的最大拔力值（kN）；

R_t——单根锚杆抗拔承载力特征值（kN）；
d_1——锚杆孔直径（m）；
l——锚杆的有效锚固长度（m）；
f——砂浆与岩石间的黏结强度特征值（kPa），可按表2-26选用。

3.2 数据速查

3.2.1 无筋扩展基础台阶宽高比的允许值

表3-1　无筋扩展基础台阶宽高比的允许值

基础材料	质量要求	台阶宽高比的允许值		
		$p_k \leqslant 100$	$100 < p_k \leqslant 200$	$200 < p_k \leqslant 300$
混凝土基础	C15混凝土	1∶1.00	1∶1.00	1∶1.25
毛石混凝土基础	C15混凝土	1∶1.00	1∶1.25	1∶1.50
砖基础	砖不低于MU10、砂浆不低于M5	1∶1.50	1∶1.50	1∶1.50
毛石基础	砂浆不低于M5	1∶1.25	1∶1.50	—
灰土基础	体积比为3∶7或2∶8的灰土，其最小干密度： 粉土1550kg/m³ 粉质黏土1500kg/m³ 黏土1450kg/m³	1∶1.25	1∶1.50	—
三合土基础	体积比为1∶2∶4～1∶3∶6（石灰∶砂∶骨料），每层约虚铺220mm，夯至150mm	1∶1.50	1∶2.00	—

注：1. p_k为作用的标准组合时基础底面处的平均压力值（kPa）。
2. 阶梯形毛石基础的每阶伸出宽度，不宜大于200mm。
3. 当基础由不同材料叠合组成时，应对接触部分作抗压验算。
4. 混凝土基础单侧扩展范围内基础底面处的平均压力值超过300kPa时，尚应进行抗剪验算；对基底反力集中于立柱附近的岩石地基，应进行局部受压承载力验算。

3.2.2 柱的插入深度

表3-2　柱的插入深度h_1　（单位：mm）

矩形或工字形柱				双肢柱
$h < 500$	$500 \leqslant h < 800$	$800 \leqslant h \leqslant 1000$	$h > 1000$	
h～$1.2h$	h	$0.9h$ 且$\geqslant 800$	$0.8h$ $\geqslant 1000$	(1/3～2/3) h_a (1.5～1.8) h_b

注：1. h为柱截面长边尺寸；h_a为双肢柱全截面长边尺寸；h_b为双肢柱全截面短边尺寸。
2. 柱轴心受压或小偏心受压时，h_1可适当减小，偏心距大于$2h$时，h_1应适当加大。

3.2.3 基础的杯底厚度和杯壁厚度

表 3-3　　基础的杯底厚度和杯壁厚度

柱截面长边尺寸 h/mm	杯底厚度 a_1/mm	杯壁厚度 t/mm
$h<500$	≥150	150～200
$500\leqslant h<800$	≥200	≥200
$800\leqslant h<1000$	≥200	≥300
$1000\leqslant h<1500$	≥250	≥350
$1500\leqslant h<2000$	≥300	≥400

注：1. 双肢柱的杯底厚度值，可适当加大。
2. 当有基础梁时，基础梁下的杯壁厚度，应满足其支承宽度的要求。
3. 柱子插入杯口部分的表面应凿毛，柱子与杯口之间的空隙，应用比基础混凝土强度等级高一级的细石混凝土充填密实，当达到材料设计强度的70%以上时，方能进行上部吊装。

3.2.4 杯壁构造配筋

表 3-4　　杯 壁 构 造 配 筋

柱截面长边尺寸/mm	$h<1000$	$1000\leqslant h<1500$	$1500\leqslant h<2000$
钢筋直径/mm	8～10	10～12	12～16

注：表中钢筋置于杯口顶部，每边两根（图 3-12）。

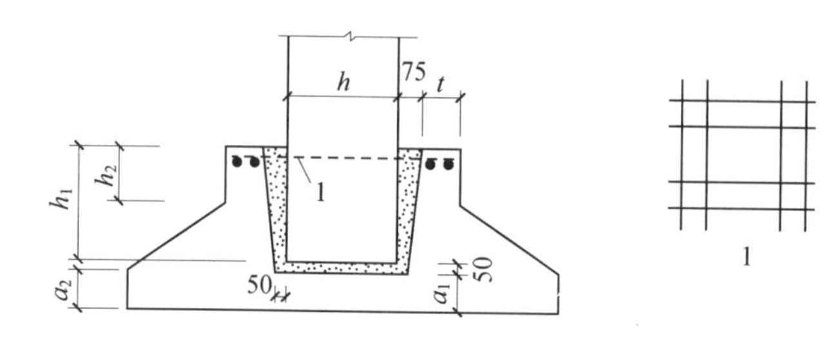

图 3-12　预制钢筋混凝土柱与杯口基础的连接示意图

注：$a_2\geqslant a_1$；1——焊接网

3.2.5 高杯口基础的杯壁厚度

表 3-5　　高杯口基础的杯壁厚度 t

h/mm	t/mm
$600<h\leqslant800$	≥250
$800<h\leqslant1000$	≥300
$1000<h\leqslant1400$	≥350
$1400<h\leqslant1600$	≥400

3.2.6 防水混凝土抗渗等级

表 3-6 防水混凝土抗渗等级

埋置深度 d/m	设计抗渗等级
$d<10$	P6
$10\leqslant d<20$	P8
$20\leqslant d<30$	P10
$d\geqslant 30$	P12

3.2.7 地下室墙与主体结构墙之间的最大间距

表 3-7 地下室墙与主体结构墙之间的最大间距 d

抗震设防烈度 7 度、8 度	抗震设防烈度 9 度
$d\leqslant 30$m	$d\leqslant 20$m

3.2.8 试桩、锚桩和基准桩之间的中心距离

表 3-8 试桩、锚桩和基准桩之间的中心距离

反力系统	试桩与锚桩（或压重平台支座墩边）	试桩与基准桩	基准桩与锚桩（或压重平台支座墩边）
锚桩横梁反力装置 压重平台反力装置	$\geqslant 4d$ 且>2.0m	$\geqslant 4d$ 且>2.0m	$\geqslant 4d$ 且>2.0m

注：d——试桩或锚桩的设计直径，取其较大者（如试桩或锚桩为扩底桩时，试桩与锚桩的中心距尚不应小于 2 倍扩大端直径）。

4

桩基础工程

4.1 公式速查

4.1.1 柱、墙、核心筒群桩中基桩或复合基桩的桩顶作用效应计算

对于一般建筑物和受水平力（包括力矩与水平剪力）较小的高层建筑群桩基础，应按下列公式计算柱、墙、核心筒群桩中基桩或复合基桩的桩顶作用效应：

1. 竖向力

轴心竖向力作用下：

$$N_k=\frac{F_k+G_k}{n}$$

式中 F_k——荷载效应标准组合下，作用于承台顶面的竖向力；

G_k——桩基承台和承台上土自重标准值，对稳定的地下水位以下部分应扣除水的浮力；

N_k——荷载效应标准组合轴心竖向力作用下，基桩或复合基桩的平均竖向力；

n——桩基中的桩数。

偏心竖向力作用下：

$$N_{ik}=\frac{F_k+G_k}{n}\pm\frac{M_{xk}y_i}{\sum y_j^2}\pm\frac{M_{yk}x_i}{\sum x_j^2}$$

式中 F_k——荷载效应标准组合下，作用于承台顶面的竖向力；

G_k——桩基承台和承台上土自重标准值，对稳定的地下水位以下部分应扣除水的浮力；

M_{xk}、M_{yk}——荷载效应标准组合下，作用于承台底面，绕通过桩群形心的 x、y 主轴的力矩；

x_i、x_j、y_i、y_j——第 i、j 基桩或复合基桩至 y、x 轴的距离；

n——桩基中的桩数；

N_{ik}——荷载效应标准组合偏心竖向力作用下，第 i 基桩或复合基桩的竖向力。

2. 水平力

$$H_{ik}=\frac{H_k}{n}$$

式中 H_k——荷载效应标准组合下，作用于桩基承台底面的水平力；

H_{ik}——荷载效应标准组合下，作用于第 i 基桩或复合基桩的水平力；

n——桩基中的桩数。

4.1.2 桩基竖向承载力的计算

桩基竖向承载力计算应符合下列要求：

1. 荷载效应标准组合

轴心竖向力作用下：

$$N_k \leqslant R$$

式中 N_k——荷载效应标准组合轴心竖向力作用下，基桩或复合基桩的平均竖向力；

R——基桩或复合基桩竖向承载力特征值。

偏心竖向力作用下，除满足上式外，尚应满足下式的要求：

$$N_{kmax} \leqslant 1.2R$$

式中 N_{kmax}——荷载效应标准组合偏心竖向力作用下，桩顶最大竖向力；

R——基桩或复合基桩竖向承载力特征值。

2. 地震作用效应和荷载效应标准组合

轴心竖向力作用下：

$$N_{Ek} \leqslant 1.25R$$

式中 N_{Ek}——地震作用效应和荷载效应标准组合下，基桩或复合基桩的平均竖向力；

R——基桩或复合基桩竖向承载力特征值。

偏心竖向力作用下，除满足上式外，尚应满足下式的要求：

$$N_{Ekmax} \leqslant 1.5R$$

式中 N_{Ekmax}——地震作用效应和荷载效应标准组合下，基桩或复合基桩的最大竖向力；

R——基桩或复合基桩竖向承载力特征值。

4.1.3 单桩竖向承载力特征值的计算

单桩竖向承载力特征值 R_a 应按下式确定：

$$R_a = \frac{1}{K} Q_{uk}$$

式中 Q_{uk}——单桩竖向极限承载力标准值；

K——安全系数，取 $K=2$。

4.1.4 考虑承台效应的复合基桩竖向承载力特征值的计算

考虑承台效应的复合基桩竖向承载力特征值 R 可按下列公式确定。

不考虑地震作用时：

$$R = R_a + \eta_c f_{ak} A_c$$

式中 η_c——承台效应系数，可按表 4－1 取值；

R_a——单桩竖向承载力特征值；

f_{ak}——承台下 1/2 承台宽度且不超过 5m 深度范围内各层土的地基承载力特征值按厚度加权的平均值；

A_c——计算基桩所对应的承台底净面积。

考虑地震作用时：

$$R=R_a+\frac{\zeta_a}{1.25}\eta_c f_{ak}A_c$$

$$A_c=(A-nA_{ps})/n$$

式中 η_c——承台效应系数，可按表4-1取值；

R_a——单桩竖向承载力特征值；

f_{ak}——承台下1/2承台宽度且不超过5m深度范围内各层土的地基承载力特征值按厚度加权的平均值；

A_c——计算基桩所对应的承台底净面积；

A_{ps}——桩身截面面积；

A——承台计算域面积对于柱下独立桩基，A为承台总面积；对于桩筏基础，A为柱、墙筏板的1/2跨距和悬臂边2.5倍筏板厚度所围成的面积；桩集中布置于单片墙下的桩筏基础，取墙两边各1/2跨距围成的面积，按条形承台计算η_c；

n——桩基中的桩数；

ζ_a——地基抗震承载力调整系数，应按现行国家标准《建筑抗震设计规范》(GB 50011—2010）采用。

4.1.5 根据单桥探头静力触探资料确定混凝土预制桩单桩竖向极限承载力标准值

当根据单桥探头静力触探资料确定混凝土预制桩单桩竖向极限承载力标准值时，如无当地经验，可按下式计算：

$$Q_{uk}=Q_{sk}+Q_{pk}=u\sum q_{sik}l_i+p_{sk}A_p$$

式中 Q_{sk}、Q_{pk}——总极限侧阻力标准值和总极限端阻力标准值；

u——桩身周长；

q_{sik}——用静力触探比贯入阻力值估算的桩周第i层土的极限侧阻力；

l_i——桩周第i层土的厚度；

α——桩端阻力修正系数，可按表4-2取值；

A_p——桩端面积；

p_{sk}——桩端附近的静力触探比贯入阻力标准值（平均值）

▲当$p_{sk1}\leqslant p_{sk2}$时

■当$p_{sk1}>p_{sk2}$时

▲ 当$p_{sk1}\leqslant p_{sk2}$时

$$p_{sk}=\frac{1}{2}(p_{sk1}+\beta p_{sk2})$$

式中 p_{sk1}——桩端全截面以上8倍桩径范围内的比贯入阻力平均值；

p_{sk2}——桩端全截面以下 4 倍桩径范围内的比贯入阻力平均值，如桩端持力层为密实的砂土层，其比贯入阻力平均值超过 20MPa 时，则需乘以表 4－3 中系数 C 予以折减后，再计算 p_{sk}；

p_{sk}/MPa	20～30	35	＞40
系数 C	5/6	2/3	1/2

注：本表可内插取值。

β——折减系数，按下表选用。

p_{sk2}/p_{sk1}	≤5	7.5	12.5	≥15
β	1	5/6	2/3	1/2

注：本表可内插取值。

■ 当 $p_{sk1}>p_{sk2}$ 时

$$p_{sk}=p_{sk2}$$

式中 p_{sk2}——桩端全截面以下 4 倍桩径范围内的比贯入阻力平均值，如桩端持力层为密实的砂土层，其比贯入阻力平均值超过 20MPa 时，则需乘以下表中系数 C 予以折减后，再计算 p_{sk}。

p_{sk}/MPa	20～30	35	＞40
系数 C	5/6	2/3	1/2

注：本表可内插取值。

4.1.6 根据双桥探头静力触探资料确定混凝土预制桩单桩竖向极限承载力标准值

当根据双桥探头静力触探资料确定混凝土预制桩单桩竖向极限承载力标准值时，对于黏性土、粉土和砂土，如无当地经验时可按下式计算：

$$Q_{uk}=Q_{sk}+Q_{pk}=u\sum l_i\beta_i f_{si}+q_c A_p$$

式中 Q_{sk}、Q_{pk}——总极限侧阻力标准值和总极限端阻力标准值；

u——桩身周长；

l_i——桩周第 i 层土的厚度；

f_{si}——第 i 层土的探头平均侧阻力（kPa）；

q_c——桩端平面上、下探头阻力，取桩端平面以上 $4d$（d 为桩的直径或边长）范围内按土层厚度的探头阻力加权平均值（kPa），然后再和桩端平面以下 $1d$ 范围内的探头阻力进行平均；

α——桩端阻力修正系数，对于黏性土、粉土取 2/3，饱和砂土取 1/2；

A_p——桩端面积；

β_i——第 i 层土桩侧阻力综合修正系数，对于黏性土、粉土，$\beta_i=10.01(f_{si})^{-0.55}$；对于砂土，$\beta_i=5.05(f_{si})^{-0.45}$。

注：双桥探头的圆锥底面积为 15cm²，锥角 60°，摩擦套筒高 21.85cm，侧面积 300cm²。

4.1.7 根据土的物理指标与承载力参数之间的经验关系确定单桩竖向极限承载力标准值

当根据土的物理指标与承载力参数之间的经验关系确定单桩竖向极限承载力标准值时，宜按下式估算：

$$Q_{uk}=Q_{sk}+Q_{pk}=u\sum q_{sik}l_i+q_{pk}A_p$$

式中 Q_{sk}、Q_{pk}——总极限侧阻力标准值和总极限端阻力标准值；

u——桩身周长；

l_i——桩周第 i 层土的厚度；

A_p——桩端面积；

q_{sik}——桩侧第 i 层土的极限侧阻力标准值，如无当地经验时，可按表 4-3 取值；

q_{pk}——极限端阻力标准值，如无当地经验时，可按表 4-4 取值。

4.1.8 根据土的物理指标与承载力参数之间的经验关系确定大直径单桩极限承载力标准值

根据土的物理指标与承载力参数之间的经验关系，确定大直径桩单桩极限承载力标准值时，可按下式计算：

$$Q_{uk}=Q_{sk}+Q_{pk}=u\sum \psi_{si}q_{sik}l_i+\psi_p q_{pk}A_p$$

式中 Q_{sk}、Q_{pk}——总极限侧阻力标准值和总极限端阻力标准值；

u——桩身周长，当人工挖孔桩桩周护壁为振捣密实的混凝土时，桩身周长可按护壁外直径计算；

q_{sik}——桩侧第 i 层土极限侧阻力标准值，如无当地经验值时，可按表 4-3取值，对于扩底桩斜面及变截面以上 $2d$ 长度范围不计侧阻力；

q_{pk}——桩径为 800mm 的极限端阻力标准值，对于干作业挖孔（清底干净）可采用深层载荷板试验确定；当不能进行深层载荷板试验时，可按表 4-5 取值；

ψ_{si}、ψ_p——大直径桩侧阻力、端阻力尺寸效应系数，按表 4-6 取值。

4.1.9 根据土的物理指标与承载力参数之间的经验关系确定钢管桩单桩竖向极限承载力标准值

当根据土的物理指标与承载力参数之间的经验关系确定钢管桩单桩竖向极限承载力标准值时，可按下列公式计算：

$$Q_{uk}=Q_{sk}+Q_{pk}=u\sum q_{sik}l_i+\lambda_p q_{pk}A_p$$

式中 Q_{sk}、Q_{pk}——总极限侧阻力标准值和总极限端阻力标准值；

q_{sik}、q_{pk}——按表 4-3、表 4-4 取与混凝土预制桩相同值；

u——桩身周长，当人工挖孔桩桩周护壁为振捣密实的混凝土时，桩身周长可按护壁外直径计算；

l_i——桩周第 i 层土的厚度；

A_p——桩端面积；

λ_p——桩端土塞效应系数，对于闭口钢管桩 $\lambda_p=1$，对于敞口钢管桩按下式取值 {▲当 $h_b/d<5$ 时；■当 $h_b/d\geqslant5$ 时

▲ 当 $h_b/d<5$ 时

$$\lambda_p=0.16h_b/d$$

■ 当 $h_b/d\geqslant5$ 时

$$\lambda_p=0.8$$

式中 h_b——桩端进入持力层深度；

d——钢管桩外径。

对于带隔板的半敞口钢管桩，应以等效直径 d_e 代替 d 确定 λ_p；$d_e=d/\sqrt{n}$；其中，n 为桩端隔板分割数（如图 4-1 所示）。

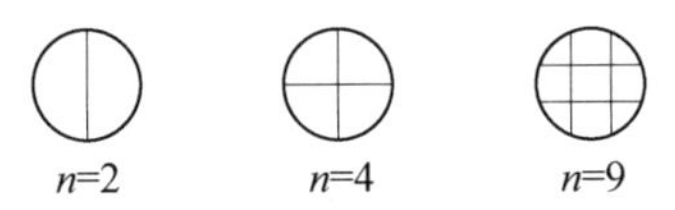

图 4-1 隔板分割

4.1.10 根据土的物理指标与承载力参数之间的经验关系确定敞口预应力混凝土空心桩单桩竖向极限承载力标准值

当根据土的物理指标与承载力参数之间的经验关系确定敞口预应力混凝土空心桩单桩竖向极限承载力标准值时，可按下列公式计算：

$$Q_{uk}=Q_{sk}+Q_{pk}=u\sum q_{sik}l_i+q_{pk}(A_j+\lambda_pA_{p1})$$

式中 Q_{sk}、Q_{pk}——总极限侧阻力标准值和总极限端阻力标准值；

q_{sik}、q_{pk}——按表 4-3、表 4-4 取与混凝土预制桩相同值；

u——桩身周长，当人工挖孔桩桩周护壁为振捣密实的混凝土时，桩身周长可按护壁外直径计算；

l_i——桩周第 i 层土的厚度；

A_j——空心桩桩端净面积，管桩：$A_j=\frac{\pi}{4}(d^2-d_1^2)$；空心方桩：$A_j=b^2-\frac{\pi}{4}d_1^2$；

A_{p1}——空心桩敞口面积，$A_{p1}=\frac{\pi}{4}d_1^2$；

d、b——空心桩外径、边长；

d_1——空心桩内径；

λ_p——桩端土塞效应系数 $\begin{cases} ▲当 h_b/d_1<5 时 \\ ■当 h_b/d_1 \geq 5 时 \end{cases}$

▲ 当 $h_b/d_1<5$ 时

$$\lambda_p = 0.16 h_b / d_1$$

式中 h_b——桩端进入持力层深度；

d_1——空心桩内径。

■ 当 $h_b/d_1 \geq 5$ 时

$$\lambda_p = 0.8$$

4.1.11 根据岩石单轴抗压强度确定单桩竖向极限承载力标准值

桩端置于完整、较完整基岩的嵌岩桩单桩竖向极限承载力，由桩周土总极限侧阻力和嵌岩段总极限阻力组成。当根据岩石单轴抗压强度确定单桩竖向极限承载力标准值时，可按下列公式计算：

$$Q_{uk} = Q_{sk} + Q_{rk} = u \sum q_{sik} l_i + \xi_r f_{rk} A_p$$

式中 Q_{sk}、Q_{rk}——土的总极限侧阻力标准值、嵌岩段总极限阻力标准值；

u——桩身周长，当人工挖孔桩桩周护壁为振捣密实的混凝土时，桩身周长可按护壁外直径计算；

q_{sik}——桩周第 i 层土的极限侧阻力，无当地经验时，可根据成桩工艺按表 4-3 取值；

l_i——桩周第 i 层土的厚度；

f_{rk}——岩石饱和单轴抗压强度标准值，黏土岩取天然湿度单轴抗压强度标准值；

A_p——桩端面积；

ζ_r——桩嵌岩段侧阻和端阻综合系数，与嵌岩深径比 h_r/d、岩石软硬程度和成桩工艺有关，可按表 4-7 采用；表中数值适用于泥浆护壁成桩，对于干作业成桩（清底干净）和泥浆护壁成桩后注浆，ζ_r 应取表列数值的 1.2 倍。

4.1.12 后注浆灌注桩单桩极限承载力标准值的计算

后注浆灌注桩的单桩极限承载力，应通过静载试验确定。在符合《建筑桩基技术规范》(JGJ 94—2008) 第 6.7 节后注浆技术实施规定的条件下，其后注浆单桩极限承载力标准值可按下式估算：

$$Q_{uk} = Q_{sk} + Q_{gsk} + Q_{gpk} = u \sum q_{sjk} l_j + u \sum \beta_{si} q_{sik} l_{gi} + \beta_p q_{pk} A_p$$

式中 Q_{sk}——后注浆非竖向增强段的总极限侧阻力标准值；

Q_{gsk}——后注浆竖向增强段的总极限侧阻力标准值；

Q_{gpk}——后注浆总极限端阻力标准值；

u——桩身周长；

l_j——后注浆非竖向增强段第 j 层土厚度；

l_{gi}——后注浆竖向增强段内第 i 层土厚度，对于泥浆护壁成孔灌注桩，当为单一桩端后注浆时，竖向增强段为桩端以上 12m；当为桩端、桩侧复式注浆时，竖向增强段为桩端以上 12m 及各桩侧注浆断面以上 12m，重叠部分应扣除；对于干作业灌注桩，竖向增强段为桩端以上、桩侧注浆断面上下各 6m；

q_{sik}、q_{sjk}、q_{pk}——后注浆竖向增强段第 i 土层初始极限侧阻力标准值、非竖向增强段第 j 土层初始极限侧阻力标准值、初始极限端阻力标准值；

A_p——桩端面积；

β_{si}、β_p——后注浆侧阻力、端阻力增强系数，无当地经验时，可按表 4－8 取值。对于桩径大于 800mm 的桩，应按表 4－6 进行侧阻和端阻尺寸效应修正。

4.1.13 软弱下卧层承载力的验算

对于桩距不超过 $6d$ 的群桩基础，桩端持力层下存在承载力低于桩端持力层承载力 1/3 的软弱下卧层时，可按下列公式验算软弱下卧层的承载力（如图 4－2 所示）：

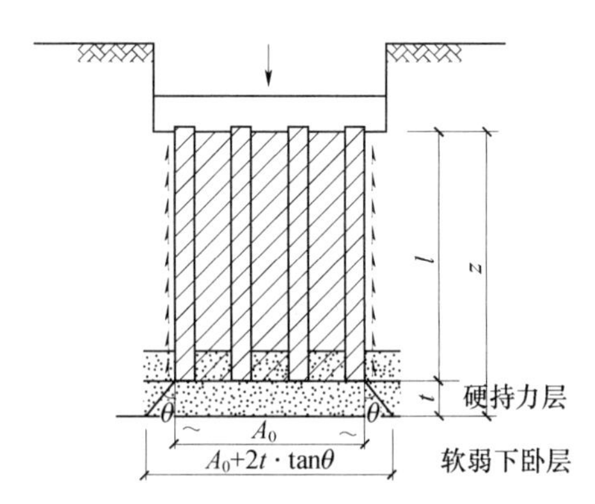

图 4－2　软弱下卧层承载力验算

$$\sigma_z+\gamma_m z\leqslant f_{az}$$

$$\sigma_z=\frac{(F_k+G_k)-3/2(A_0+B_0)\times\sum q_{sik}l_i}{(A_0+2t\times\tan\theta)(B_0+2t\times\tan\theta)}$$

式中　σ_z——作用于软弱下卧层顶面的附加应力；

γ_m——软弱层顶面以上各土层容重（地下水位以下取浮容重）按厚度加权平均值；

t——硬持力层厚度；

z——软弱下卧层深度；

f_{az}——软弱下卧层经深度 z 修正的地基承载力特征值；

F_k——荷载效应标准组合下，作用于承台顶面的竖向力；

G_k——桩基承台和承台上土自重标准值，对稳定的地下水位以下部分应扣除水的浮力；

A_0、B_0——桩群外缘矩形底面的长、短边边长；

q_{sik}——桩周第 i 层土的极限侧阻力标准值，无当地经验时，可根据成桩工艺按表 4－3 取值；

l_i——桩周第 i 层土的厚度；

θ——桩端硬持力层压力扩散角，按表 4－10 取值。

4.1.14 桩侧负摩阻力标准值的计算

中性点以上单桩桩周第 i 层土负摩阻力标准值，可按下列公式计算：

$$q_{si}^{n}=\xi_{ni}\sigma_i'$$

式中 q_{si}^{n}——第 i 层土桩侧负摩阻力标准值；当按上式计算值大于正摩阻力标准值时，取正摩阻力标准值进行设计；

ξ_{ni}——桩周第 i 层土负摩阻力系数，可按表 4－11 取值；

σ_i'——桩周第 i 层土平均竖向有效应力 { ▲当填土、自重湿陷性黄土湿陷、欠固结土层产生固结和地下水降低时；■当地面分布大面积荷载时 }

▲ 当填土、自重湿陷性黄土湿陷、欠固结土层产生固结和地下水降低时：

$$\sigma_i'=\sigma_{\gamma i}'$$

式中 $\sigma_{\gamma i}'$——由土自重引起的桩周第 i 层土平均竖向有效应力；桩群外围桩自地面算起，桩群内部桩自承台底算起。

■ 当地面分布大面积荷载时：

$$\sigma_i'=p+\sigma_{\gamma i}'$$

$$\sigma'_{\gamma i}=\sum_{e=1}^{i-1}\gamma_e\Delta z_e+\frac{1}{2}\gamma_i\Delta z_i$$

式中 $\sigma_{\gamma i}'$——由土自重引起的桩周第 i 层土平均竖向有效应力，桩群外围桩自地面算起，桩群内部桩自承台底算起；

γ_i、γ_e——第 i 计算土层和其上第 e 土层的容重，地下水位以下取浮容重；

Δz_i、Δz_e——第 i 层土、第 e 层土的厚度；

p——地面均布荷载。

4.1.15 桩侧负摩阻力引起的下拉荷载的计算

考虑群桩效应的基桩下拉荷载可按下式计算：

$$Q_g^n = \eta_n u \sum_{i=1}^{n} q_{si}^n l_i$$

$$\eta_n = s_{ax} s_{ay} \bigg/ \left[\pi d \left(\frac{q_s^n}{\gamma_m} + \frac{d}{4} \right) \right]$$

式中　n——中性点以上土层数；

q_{si}^n——第 i 层土桩侧负摩阻力标准值；

l_i——中性点以上第 i 土层的厚度；

η_n——负摩阻力群桩效应系数；对于单桩基础或按上式计算的群桩效应系数 $\eta_n > 1$ 时，取 $\eta_n = 1$。

u——桩身周长；

d——桩身设计直径；

s_{ax}、s_{ay}——纵、横向桩的中心距；

q_s^n——中性点以上桩周土层厚度加权平均负摩阻力标准值；

γ_m——中性点以上桩周土层厚度加权平均容重（地下水位以下取浮容重）。

4.1.16　承受拔力的桩基抗拔承载力的验算

承受拔力的桩基，应按下列公式同时验算群桩基础呈整体破坏和呈非整体破坏时基桩的抗拔承载力：

$$N_k \leqslant T_{gk}/2 + G_{gp}$$

$$N_k \leqslant T_{uk}/2 + G_p$$

$$T_{uk} = \sum \lambda_i q_{sik} u_i l_i$$

$$T_{gk} = \frac{1}{n} u_l \sum \lambda_i q_{sik} l_i$$

式中　N_k——按荷载效应标准组合计算的基桩拔力；

T_{gk}——群桩呈整体破坏时基桩的抗拔极限承载力标准值；

T_{uk}——群桩呈非整体破坏时基桩的抗拔极限承载力标准值；

G_{gp}——群桩基础所包围体积的桩土总自重除以总桩数，地下水位以下取浮容重；

G_p——基桩自重，地下水位以下取浮容重，对于扩底桩应按表 4-13 确定桩、土柱体周长，计算桩、土自重；

l_i——中性点以上第 i 土层的厚度；

u_i——桩身周长，对于等直径桩取 $u = \pi d$；对于扩底桩按表 4-13 取值；

q_{sik}——桩侧表面第 i 层土的抗压极限侧阻力标准值，可按表 4-3 取值；

u_l——桩群外围周长；

n——中性点以上土层数；

λ_i——抗拔系数，可按下表取值。

土　类	λ　值
砂土	0.50～0.70
黏性土、粉土	0.70～0.80

注：桩长 l 与桩径 d 之比小于20时，λ取小值。

4.1.17　季节性冻土上轻型建筑短桩基础抗冻拔稳定性的验算

季节性冻土上轻型建筑的短桩基础，应按下列公式验算其抗冻拔稳定性：

$$\eta_f q_f u z_0 \leqslant T_{gk}/2+N_G+G_{gp}$$

$$\eta_f q_f u z_0 \leqslant T_{uk}/2+N_G+G_p$$

式中　η_f——冻深影响系数，按下表采用；

标准冻深/m	$z_0 \leqslant 2.0$	$2.0 < z_0 \leqslant 3.0$	$z_0 > 3.0$
η_f	1.0	0.9	0.8

q_f——切向冻胀力，按下表采用；

冻胀性分类 土类	弱冻胀	冻胀	强冻胀	特强冻胀
黏性土、粉土	30～60	60～80	80～120	120～150
砂土、砾（碎）石 （黏、粉粒含量大于15%）	<10	20～30	40～80	90～200

注：1. 表面粗糙的灌注桩，表中数值应乘以系数1.1～1.3。
2. 本表不适用于含盐量大于0.5%的冻土。

u——桩身周长；

z_0——季节性冻土的标准冻深；

G_{gp}——群桩基础所包围体积的桩土总自重除以总桩数，地下水位以下取浮容重；

G_p——基桩自重，地下水位以下取浮容重，对于扩底桩应按表4-13确定桩、土柱体周长，计算桩、土自重；

T_{gk}——标准冻深线以下群桩呈整体破坏时基桩抗拔极限承载力标准值；

T_{uk}——标准冻深线以下单桩抗拔极限承载力标准值；

N_G——基桩承受的桩承台底面以上建筑物自重、承台及其上土重标准值。

4.1.18　膨胀土上轻型建筑短桩基础抗拔稳定性的验算

膨胀土上轻型建筑的短桩基础，应按下列公式验算群桩基础呈整体破坏和非整体破坏的抗拔稳定性：

$$u\sum q_{ei} l_{ei} \leqslant T_{gk}/2+N_G+G_{gp}$$

$$u\sum q_{ei} l_{ei} \leqslant T_{uk}/2+N_G+G_p$$

$$T_{uk}=\sum\lambda_i q_{sik} u_i l_i$$

$$T_{gk}=\frac{1}{n}u_l\sum\lambda_i q_{sik} l_i$$

式中 T_{gk}——群桩呈整体破坏时，大气影响急剧层下稳定土层中基桩的抗拔极限承载力标准值；

T_{uk}——群桩呈非整体破坏时，大气影响急剧层下稳定土层中基桩的抗拔极限承载力标准值；

u——桩身周长；

G_{gp}——群桩基础所包围体积的桩土总自重除以总桩数，地下水位以下取浮容重；

G_p——基桩自重，地下水位以下取浮容重，对于扩底桩应按表 4-13 确定桩、土柱体周长，计算桩、土自重；

N_G——基桩承受的桩承台底面以上建筑物自重、承台及其上土重标准值；

q_{ei}——大气影响急剧层中第 i 层土的极限胀切力，由现场浸水试验确定；

l_{ei}——大气影响急剧层中第 i 层土的厚度；

l_i——中性点以上第 i 土层的厚度；

u_i——桩身周长，对于等直径桩取 $u=\pi d$；对于扩底桩按表 4-13 取值；

q_{sik}——桩侧表面第 i 层土的抗压极限侧阻力标准值，可按表 4-3 取值；

u_l——桩群外围周长；

n——中性点以上土层数；

λ_i——抗拔系数，可按下表取值。

土　类	λ　值
砂土	0.50～0.70
黏性土、粉土	0.70～0.80

注： 桩长 l 与桩径 d 之比小于 20 时，λ 取小值。

4.1.19 用角点法计算桩基任一点最终沉降量

对于桩中心距不大于 6 倍桩径的桩基，其最终沉降量计算可采用等效作用分层总和法。等效作用面位于桩端平面，等效作用面积为桩承台投影面积，等效作用附加压力近似取承台底平均附加压力。等效作用面以下的应力分布采用各向同性均质直线变形体理论。计算模式如图 4-3 所示，桩基任一点最终沉降量可用角点法按下式计算：

$$s=\psi\psi_e s'=\psi\psi_e\sum_{j=1}^{m}p_{0j}\sum_{i=1}^{n}\frac{z_{ij}\bar{\alpha}_{ij}-z_{(i-1)j}\bar{\alpha}_{(i-1)j}}{E_{si}}$$

$$\psi_e=C_0+\frac{n_b-1}{C_1(n_b-1)+C_2}$$

$$n_b = \sqrt{nB_c/L_c}$$

式中　s——桩基最终沉降量（mm）；

s'——采用布辛奈斯克（Boussinesq）解，按实体深基础分层总和法计算出的桩基沉降量（mm）；

ψ——桩基沉降计算经验系数，当无当地可靠经验时可按表 4-15 选用。对于采用后注浆施工工艺的灌注桩，桩基沉降计算经验系数应根据桩端持力土层类别，乘以 0.7（砂、砾、卵石）～0.8（黏性土、粉土）的折减系数；饱和土中采用预制桩（不含复打、复压、引孔沉桩）时，应根据桩距、土质、沉桩速率和顺序等因素，乘以 1.3～1.8 的挤土效应系数，土的渗透性低，桩距小，桩数多，沉桩速率快时取大值；

ψ_e——桩基等效沉降系数；

m——角点法计算点对应的矩形荷载分块数；

p_{0j}——第 j 块矩形底面在荷载效应准永久组合下的附加压力（kPa）；

n——桩基沉降计算深度范围内所划分的土层数；

E_{si}——等效作用面以下第 i 层土的压缩模量（MPa），采用地基土在自重压力至自重压力加附加压力作用时的压缩模量；

z_{ij}、$z_{(i-1)j}$——桩端平面第 j 块荷载作用面至第 i 层土、第 $i-1$ 层土底面的距离（m）；

$\bar{\alpha}_{ij}$、$\bar{\alpha}_{(i-1)j}$——桩端平面第 j 块荷载点至第 i 层土、第 $i-1$ 层土底面深度范围内平均附加应力系数可按表 2-12～表 2-16 选用；

n_b——矩形布桩时的短边布桩数，当布桩不规则时可按上式近似计算，$n_b>1$；$n_b=1$ 时，可按《建筑桩基技术规范》（JGJ 94—2008）式（5.5.14）计算；

C_0、C_1、C_2——根据群桩距径比 s_a/d、长径比 l/d 及基础长宽比 L_c/B_c，按表 4-16～表 4-20 确定；

L_c、B_c、n——矩形承台的长、宽及总桩数。

4.1.20　矩形桩基中点沉降量计算

计算矩形桩基中点沉降时，桩基沉降量可按下式简化计算：

$$s = \psi\psi_e s' = 4\psi\psi_e p_0 \sum_{i=1}^{n} \frac{z_i\bar{\alpha}_i - z_{i-1}\bar{\alpha}_{i-1}}{E_{si}}$$

$$\psi_e = C_0 + \frac{n_b - 1}{C_1(n_b - 1) + C_2}$$

$$n_b = \sqrt{nB_c/L_c}$$

式中　p_0——在荷载效应准永久组合下承台底的平均附加压力；

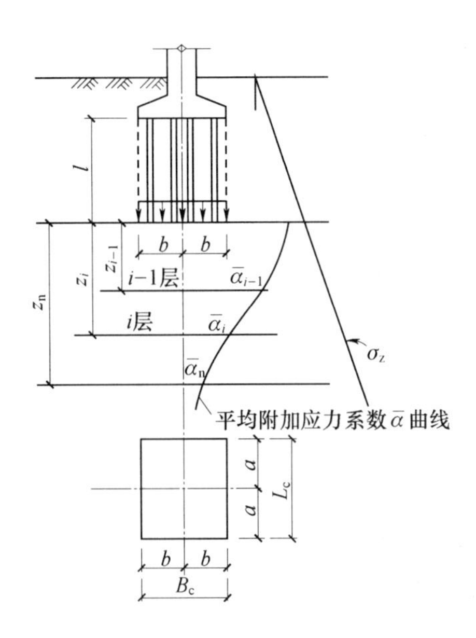

图 4－3　桩基沉降计算示意图

$\bar{\alpha}_i$、$\bar{\alpha}_{i-1}$——平均附加应力系数，根据矩形长宽比 a/b 及深宽比$\frac{z_i}{b}=\frac{2z_i}{B_c}$，$\frac{z_{i-1}}{b}=\frac{2z_{i-1}}{B_c}$，可按表 2－12～表 2－14 选用；

s——桩基最终沉降量（mm）；

s'——采用布辛奈斯克（Boussinesq）解，按实体深基础分层总和法计算出的桩基沉降量（mm）；

ψ——桩基沉降计算经验系数，当无当地可靠经验时可按表 4－15 选用。对于采用后注浆施工工艺的灌注桩，桩基沉降计算经验系数应根据桩端持力土层类别，乘以 0.7（砂、砾、卵石）～0.8（黏性土、粉土）的折减系数；饱和土中采用预制桩（不含复打、复压、引孔沉桩）时，应根据桩距、土质、沉桩速率和顺序等因素，乘以 1.3～1.8 的挤土效应系数，土的渗透性低，桩距小，桩数多，沉桩速率快时取大值；

ψ_e——桩基等效沉降系数；

n——桩基沉降计算深度范围内所划分的土层数；

z_i、z_{i-1}——承台底至第 i 层、第 $i-1$ 层土底面的距离；

E_{si}——等效作用面以下第 i 层土的压缩模量（MPa），采用地基土在自重压力至自重压力加附加压力作用时的压缩模量；

n_b——矩形布桩时的短边布桩数，当布桩不规则时可按上式近似计算，

$n_b>1$；$n_b=1$ 时，可按《建筑桩基技术规范》（JGJ 94—2008）式（5.5.14）计算；

C_0、C_1、C_2——根据群桩距径比 s_a/d、长径比 l/d 及基础长宽比 L_c/B_c，按表 4-16～表 4-20 确定；

L_c、B_c、n——矩形承台的长、宽及总桩数。

4.1.21 桩基等效距径比的计算

当布桩不规则时，等效距径比可按下列公式近似计算：

圆形桩

$$s_a/d=\sqrt{A}/(\sqrt{n}d)$$

式中 s_a——基桩中心距；

d——桩身设计直径；

n——矩形承台的总桩数；

A——桩基承台总面积。

方形桩

$$s_a/d=0.886\sqrt{A}/(\sqrt{n}b)$$

式中 s_a——基桩中心距；

d——桩身设计直径；

n——矩形承台的总桩数；

A——桩基承台总面积；

b——方形桩截面边长。

4.1.22 桩基沉降计算深度处附加应力的计算

桩基沉降计算深度 z_n 应按应力比法确定，即计算深度处的附加应力 σ_z 与土的自重应力 σ_c 应符合下列公式要求：

$$\sigma_z\leqslant 0.2\sigma_c$$

$$\sigma_z=\sum_{j=1}^{m}a_j p_{0j}$$

式中 σ_z——作用于桩基沉降计算深度处的附加应力；

σ_c——土的自重应力；

a_j——附加应力系数，可根据角点法划分的矩形长宽比及深宽比按《建筑桩基技术规范》（JGJ 94—2008）附录 D 选用；

p_{0j}——第 j 块矩形底面在荷载效应准永久组合下的附加压力（kPa）。

4.1.23 单桩、单排桩、桩中心距大于 6 倍桩径的疏桩基础的沉降计算

对于单桩、单排桩、桩中心距大于 6 倍桩径的疏桩基础的沉降计算应符合下列规定：

（1）承台底地基土不分担荷载的桩基。桩端平面以下地基中由基桩引起的附加应力，按《建筑桩基技术规范》（JGJ 94—2008）附录F计算确定。将沉降计算点水平面影响范围内各基桩对应力计算点产生的附加应力叠加，采用单向压缩分层总和法计算土层的沉降，并计入桩身压缩 s_e。桩基的最终沉降量可按下列公式计算：

$$s=\psi\sum_{i=1}^{n}\frac{\sigma_{zi}}{E_{si}}\Delta z_i+s_e$$

$$\sigma_{zi}=\sum_{j=1}^{m}\frac{Q_j}{l_j^2}[\alpha_j I_{p,ij}+(1-\alpha_j)I_{s,ij}]$$

$$s_e=\xi_e\frac{Q_j l_j}{E_c A_{ps}}$$

式中 m——以沉降计算点为圆心，0.6倍桩长为半径的水平面影响范围内的基桩数；

n——沉降计算深度范围内土层的计算分层数，分层数应结合土层性质，分层厚度不应超过计算深度的0.3倍；

σ_{zi}——水平面影响范围内各基桩对应力计算点桩端平面以下第 i 层土1/2厚度处产生的附加竖向应力之和；应力计算点应取与沉降计算点最近的桩中心点；

Δz_i——第 i 计算土层厚度（m）；

E_{si}——第 i 计算土层的压缩模量（MPa），采用土的自重压力至土的自重压力加附加压力作用时的压缩模量；

Q_j——第 j 桩在荷载效应准永久组合作用下（对于复合桩基应扣除承台底土分担荷载），桩顶的附加荷载（kN）；当地下室埋深超过5m时，取荷载效应准永久组合作用下的总荷载为考虑回弹再压缩的等代附加荷载；

l_j——第 j 桩桩长（m）；

A_{ps}——桩身截面面积；

α_j——第 j 桩总桩端阻力与桩顶荷载之比，近似取极限总端阻力与单桩极限承载力之比；

$I_{p,ij}$、$I_{s,ij}$——第 j 桩的桩端阻力和桩侧阻力对计算轴线第 i 计算土层1/2厚度处的应力影响系数，可按《建筑桩基技术规范》（JGJ 94—2008）附录F确定；

E_c——桩身混凝土的弹性模量；

s_e——计算桩身压缩；

ξ_e——桩身压缩系数，端承型桩，取 $\xi_e=1.0$；摩擦型桩，当 $l/d\leqslant30$ 时，取 $\xi_e=2/3$；$l/d\geqslant50$ 时，取 $\xi_e=1/2$；介于两者之间可线性插值；

ψ——沉降计算经验系数，无当地经验时，可取1.0。

（2）承台底地基土分担荷载的复合桩基。将承台底土压力对地基中某点产生的附加应力按《建筑桩基技术规范》（JGJ 94—2008）附录D计算，与基桩产生的附加应力叠加，采用与（1）相同方法计算沉降。其最终沉降量可按下列公式计算：

$$s=\psi\sum_{i=1}^{n}\frac{\sigma_{zi}+\sigma_{zci}}{E_{si}}\Delta z_i+s_e$$

$$\sigma_{zci}=\sum_{k=1}^{u}\alpha_{ki}\cdot p_{c,k}$$

$$\sigma_{zi}=\sum_{j=1}^{m}\frac{Q_j}{l_j^2}[\alpha_j I_{p,ij}+(1-\alpha_j)I_{s,ij}]$$

$$s_e=\xi_e\frac{Q_j l_j}{E_c A_{ps}}$$

式中 m——以沉降计算点为圆心，0.6倍桩长为半径的水平面影响范围内的基桩数；

n——沉降计算深度范围内土层的计算分层数，分层数应结合土层性质，分层厚度不应超过计算深度的0.3倍；

σ_{zi}——水平面影响范围内各基桩对应力计算点桩端平面以下第i层土1/2厚度处产生的附加竖向应力之和；应力计算点应取与沉降计算点最近的桩中心点；

σ_{zci}——承台压力对应力计算点桩端平面以下第i计算土层1/2厚度处产生的应力；可将承台板划分为u个矩形块，可按《建筑桩基技术规范》（JGJ 94—2008）附录D采用角点法计算；

Δz_i——第i计算土层厚度（m）；

E_{si}——第i计算土层的压缩模量（MPa），采用土的自重压力至土的自重压力加附加压力作用时的压缩模量；

Q_j——第j桩在荷载效应准永久组合作用下（对于复合桩基应扣除承台底土分担荷载），桩顶的附加荷载（kN）；当地下室埋深超过5m时，取荷载效应准永久组合作用下的总荷载为考虑回弹再压缩的等代附加荷载；

l_j——第j桩桩长（m）；

A_{ps}——桩身截面面积；

α_j——第j桩总桩端阻力与桩顶荷载之比，近似取极限总端阻力与单桩极限承载力之比；

$I_{p,ij}$、$I_{s,ij}$——第j桩的桩端阻力和桩侧阻力对计算轴线第i计算土层1/2厚度处的应力影响系数，可按《建筑桩基技术规范》（JGJ 94—2008）附录F确定；

E_c——桩身混凝土的弹性模量；

$p_{c,k}$——第k块承台底均布压力，可按$p_{c,k}=\eta_{c,k}f_{ak}$取值，其中$\eta_{c,k}$为第k块承台底板的承台效应系数，f_{ak}为承台底地基承载力特征值；

α_{ki}——第 k 块承台底角点处，桩端平面以下第 i 计算土层 1/2 厚度处的附加应力系数，可按《建筑桩基技术规范》（JGJ 94—2008）附录 D 确定；

s_e——计算桩身压缩；

ξ_e——桩身压缩系数，端承型桩，取 $\xi_e=1.0$；摩擦型桩，当 $l/d\leqslant30$ 时，取 $\xi_e=2/3$；$l/d\geqslant50$ 时，取 $\xi_e=1/2$；介于两者之间可线性插值；

ψ——沉降计算经验系数，无当地经验时，可取 1.0。

4.1.24 软土地基减沉复合疏桩基础承台面积和桩数的计算

当软土地基上多层建筑，地基承载力基本满足要求（以底层平面面积计算）时，可设置穿过软土层进入相对较好土层的疏布摩擦型桩，由桩和桩间土共同分担荷载。该种减沉复合疏桩基础，可按下列公式确定承台面积和桩数：

$$A_c=\xi\frac{F_k+G_k}{f_{ak}}$$

$$n\geqslant\frac{F_k+G_k-\eta_c f_{ak}A_c}{R_a}$$

式中 A_c——桩基承台总净面积；

f_{ak}——承台底地基承载力特征值；

ξ——承台面积控制系数，$\xi\geqslant0.60$；

F_k——荷载效应标准组合下，作用于承台顶面的竖向力；

G_k——桩基承台和承台上土自重标准值，对稳定的地下水位以下部分应扣除水的浮力；

R_a——单桩竖向承载力特征值；

n——基桩数；

η_c——桩基承台效应系数，可按表 4－1 取值。

4.1.25 减沉复合疏桩基础中心点沉降量的计算

减沉复合疏桩基础中点沉降可按下列公式计算：

$$s=\psi(s_s+s_{sp})$$

$$s_s=4p_0\sum_{i=1}^{m}\frac{z_i\bar{\alpha}_i-z_{(i-1)}\bar{\alpha}_{(i-1)}}{E_{si}}$$

$$s_{sp}=280\frac{\bar{q}_{su}}{\bar{E}_s}\frac{d}{(s_a/d)^2}$$

$$p_0=\eta_p\frac{F-nR_a}{A_c}$$

式中 s——桩基中心点沉降量；

s_a——由承台底地基土附加压力作用下产生的中点沉降（如图 4－4 所示）；

s_{sp}——由桩土相互作用产生的沉降；

p_0——按荷载效应准永久值组合计算的假想天然地基平均附加压力（kPa）；

E_{si}——承台底以下第 i 层土的压缩模量，应取自重压力至自重压力与附加压力段的模量值；

m——地基沉降计算深度范围的土层数；沉降计算深度按 $\sigma_z=0.1\sigma_c$ 确定，σ_z 可按 4.1.21 确定；

$\bar{q}_{su}$、$\overline{E}_s$——桩身范围内按厚度加权的平均桩侧极限摩阻力、平均压缩模量；

d——桩身直径，当为方形桩时，$d=1.27b$（b 为方形桩截面边长）；

s_a/d——等效距径比，可按 4.1.20 执行；

z_i、z_{i-1}——承台底至第 i 层、第 $i-1$ 层土底面的距离；

$\bar{\alpha}_i$、$\bar{\alpha}_{i-1}$——承台底至第 i 层、第 $i-1$ 层土层底范围内的角点平均附加应力系数；根据承台等效面积的计算分块矩形长宽比 a/b 及深宽比 $z_i/b=2z_i/B_c$，由《建筑桩基技术规范》(JGJ 94—2008) 附录 D 确定；其中承台等效宽度 $B_c=B\sqrt{A_c}/L$；B、L 为建筑物基础外缘平面的宽度和长度；

F——荷载效应准永久值组合下，作用于承台底的总附加荷载 (kN)；

η_p——基桩刺入变形影响系数；按桩端持力层土质确定，砂土为 1.0，粉土为 1.15，黏性土为 1.30；

n——基桩数；

R_a——单桩竖向承载力特征值；

A_c——桩基承台总净面积；

ψ——沉降计算经验系数，无当地经验时，可取 1.0。

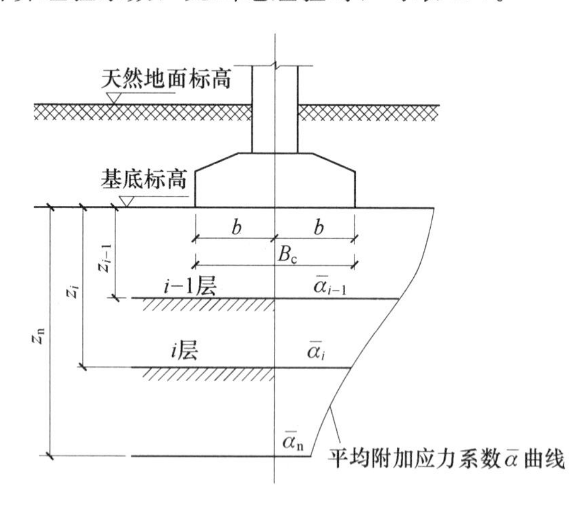

图 4-4　复合疏桩基础沉降计算的分层示意图

4.1.26　桩身配筋率小于 0.65%的灌注桩的单桩水平承载力特征值的计算

当缺少单桩水平静载试验资料时，可按下列公式估算桩身配筋率小于 0.65%的灌注桩的单桩水平承载力特征值：

$$R_{ha}=\frac{0.75\alpha\gamma_m f_t W_0}{\nu_M}(1.25+22\rho_g)\left(1\pm\frac{\zeta_N N_k}{\gamma_m f_t A_n}\right)$$

$$\alpha=\sqrt[5]{\frac{mb_0}{EI}}$$

式中 α——桩的水平变形系数；

R_{ha}——单桩水平承载力特征值，±号根据桩顶竖向力性质确定，压力取“+”，拉力取“－”；

γ_m——桩截面模量塑性系数，圆形截面 $\gamma_m=2$，矩形截面 $\gamma_m=1.75$；

f_t——桩身混凝土抗拉强度设计值；

ν_M——桩身最大弯矩系数，按表 4－21 取值，当单桩基础和单排桩基纵向轴线与水平力方向相垂直时，按桩顶铰接考虑；

ρ_g——桩身配筋率；

ζ_N——桩顶竖向力影响系数，竖向压力取 0.5；竖向拉力取 1.0；

N_k——在荷载效应标准组合下桩顶的竖向力（kN）；

m——桩侧土水平抗力系数的比例系数；

b_0——桩身的计算宽度（m），圆形桩，当直径 $d\leqslant 1$m 时，$b_0=0.9(1.5d+0.5)$；当直径 $d>1$m 时，$b_0=0.9(d+1)$；方形桩，当边宽 $b\leqslant 1$m 时，$b_0=1.5b+0.5$；当边宽 $b>1$m 时，$b_0=b+1$；

EI——桩身抗弯刚度，对于钢筋混凝土桩，$EI=0.85E_cI_0$；其中 E_c 为混凝土弹性模量，I_0 为桩身换算截面惯性矩，圆形截面为 $I_0=W_0d_0/2$；矩形截面为 $I_0=W_0b_0/2$；

W_0——桩身换算截面受拉边缘的截面模量，{▲圆形截面；■方形截面}；

A_n——桩身换算截面积，{▲圆形截面；■方形截面}

▲ 圆形截面

$$W_0=\frac{\pi d}{32}[d^2+2(\alpha_E-1)\rho_g d_0^2]$$

$$A_n=\frac{\pi d^2}{4}[1+(\alpha_E-1)\rho_g]$$

式中 d——桩直径；

d_0——扣除保护层厚度的桩直径；

ρ_g——桩身配筋率；

α_E——钢筋弹性模量与混凝土弹性模量的比值。

■ 方形截面

$$W_0=\frac{b}{6}[b^2+2(\alpha_E-1)\rho_g b_0^2]$$

$$A_n = b^2[1+(\alpha_E - 1)\rho_g]$$

式中 b——方形截面边长；

b_0——扣除保护层厚度的桩截面宽度；

ρ_g——桩身配筋率；

α_E——钢筋弹性模量与混凝土弹性模量的比值。

4.1.27 桩身配筋率不小于0.65%的灌注桩的单桩水平承载力特征值的计算

当桩的水平承载力由水平位移控制，且缺少单桩水平静载试验资料时，可按下式估算预制桩、钢桩、桩身配筋率不小于0.65%的灌注桩单桩水平承载力特征值：

$$R_{ha} = 0.75\frac{\alpha^3 EI}{\nu_x}\chi_{0a}$$

$$\alpha = \sqrt[5]{\frac{mb_0}{EI}}$$

式中 α——桩的水平变形系数；

EI——桩身抗弯刚度，对于钢筋混凝土桩，$EI=0.85E_cI_0$；其中 E_c 为混凝土弹性模量，I_0 为桩身换算截面惯性矩，圆形截面为 $I_0=W_0d_0/2$；矩形截面为 $I_0=W_0b_0/2$；

χ_{0a}——桩顶允许水平位移；

ν_x——桩顶水平位移系数，按表4-21取值，取值方法同 ν_M；

m——桩侧土水平抗力系数的比例系数；

b_0——桩身的计算宽度（m），圆形桩，当直径 $d\leqslant 1$m 时，$b_0=0.9(1.5d+0.5)$；当直径 $d>1$m 时，$b_0=0.9(d+1)$；方形桩，当边宽 $b\leqslant 1$m 时，$b_0=1.5b+0.5$；当边宽 $b>1$m 时，$b_0=b+1$。

4.1.28 群桩基础的基桩水平承载力特征值的计算

群桩基础（不含水平力垂直于单排桩基纵向轴线和力矩较大的情况）的基桩水平承载力特征值应考虑由承台、桩群、土相互作用产生的群桩效应，可按下列公式确定：

$$R_h = \eta_h R_{ha}$$

式中 R_{ha}——单桩水平承载力特征值，±号根据桩顶竖向力性质确定，压力取“+”，拉力取“－”；

η_h——群桩效应综合系数 { ▲考虑地震作用且 $s_a/d\leqslant 6$ 时；■其他情况 }

▲ 考虑地震作用且 $s_a/d\leqslant 6$ 时：

$$\eta_h = \eta_i\eta_r + \eta_l$$

$$\eta_i = \frac{\left(\frac{s_a}{d}\right)^{0.015n_2+0.45}}{0.15n_1+0.10n_2+1.9}$$

$$\eta_l = \frac{m\chi_{0a} B_c' h_c^2}{2n_1 n_2 R_{ha}}$$

$$\chi_{0a} = \frac{R_{ha}\nu_x}{\alpha^3 EI}$$

式中 η_i——桩的相互影响效应系数；

η_r——桩顶约束效应系数（桩顶嵌入承台长度 50～100mm 时），按表 4-22 取值；

η_l——承台侧向土水平抗力效应系数（承台外围回填土为松散状态时取 $\eta_l=0$）；

s_a/d——沿水平荷载方向的距径比；

n_1、n_2——沿水平荷载方向与垂直水平荷载方向每排桩中的桩数；

m——承台侧向土水平抗力系数的比例系数，当无试验资料时可按 4-23 表取值；

χ_{0a}——桩顶（承台）的水平位移允许值，当以位移控制时，可取 $\chi_{0a}=10mm$（对水平位移敏感的结构物取 $\chi_{0a}=6mm$）；当以桩身强度控制（低配筋率灌注桩）时，可近似按上式确定；

B_c'——承台受侧向土抗力一边的计算宽度（m）；

h_c——承台高度（m）；

R_{ha}——单桩水平承载力特征值，±号根据桩顶竖向力性质确定，压力取“+”，拉力取“-”；

ν_x——桩顶水平位移系数，按表 4-21 取值，取值方法同 ν_M；

α——桩的水平变形系数；

EI——桩身抗弯刚度，对于钢筋混凝土桩，$EI=0.85E_c I_0$；其中 E_c 为混凝土弹性模量，I_0 为桩身换算截面惯性矩：圆形截面为 $I_0=W_0 d_0/2$；矩形截面为 $I_0=W_0 b_0/2$。

■ 其他情况：

$$\eta_h = \eta_i \eta_r + \eta_l + \eta_b$$

$$\eta_b = \frac{\mu P_c}{n_1 n_2 R_{ha}}$$

$$B_c' = B_c + 1$$

$$P_c = \eta_c f_{ak}(A - nA_{ps})$$

式中 η_i——桩的相互影响效应系数；

η_r——桩顶约束效应系数（桩顶嵌入承台长度 50～100mm 时），按表 4-22 取值；

η_l——承台侧向土水平抗力效应系数（承台外围回填土为松散状态时取 $\eta_l=0$）；

η_b——承台底摩阻效应系数；

n_1、n_2——沿水平荷载方向与垂直水平荷载方向每排桩中的桩数；

B_c'——承台受侧向土抗力一边的计算宽度（m）；

B_c——承台宽度（m）；

μ——承台底与地基土间的摩擦系数，可按表 4 - 24 取值；

P_c——承台底地基土分担的竖向总荷载标准值；

R_{ha}——单桩水平承载力特征值，± 号根据桩顶竖向力性质确定，压力取“+”，拉力取“-”；

η_c——按表 4 - 1 确定；

f_{ak}——承台底地基承载力特征值；

n——基桩数；

A——承台总面积；

A_{ps}——桩身截面面积。

4.1.29 钢筋混凝土轴心受压桩正截面受压承载力的计算

钢筋混凝土轴心受压桩正截面受压承载力应符合下列规定。

（1）当桩顶以下 5d 范围的桩身螺旋式箍筋间距不大于 100mm，且符合《建筑桩基技术规范》（JGJ 94—2008）第 4.1.1 条规定时：

$$N \leqslant \psi_c f_c A_{ps} + 0.9 f_y' A_s'$$

式中 N——荷载效应基本组合下的桩顶轴向压力设计值；

ψ_c——基桩成桩工艺系数，混凝土预制桩、预应力混凝土空心桩，$\psi_c=0.85$；干作用非挤土灌注桩：$\psi_c=0.90$；泥浆护壁和套管护壁非挤土灌注桩、部分挤土灌注桩、挤土灌注桩，$\psi_c=0.7\sim0.8$；软土地区挤土灌注桩，$\psi_c=0.6$；

f_c——混凝土轴心抗压强度设计值；

f_y'——纵向主筋抗压强度设计值；

A_{ps}——桩身截面面积；

A_s'——纵向主筋截面面积。

（2）当桩身配筋不符合上述（1）规定时：

$$N \leqslant \psi_c f_c A_{ps}$$

式中 N——荷载效应基本组合下的桩顶轴向压力设计值；

ψ_c——基桩成桩工艺系数，混凝土预制桩、预应力混凝土空心桩，$\psi_c=0.85$；干作用非挤土灌注桩，$\psi_c=0.90$；泥浆护壁和套管护壁非挤土灌注桩、部分挤土灌注桩、挤土灌注桩，$\psi_c=0.7\sim0.8$；软土地区挤土灌注桩，$\psi_c=0.6$；

A_{ps}——桩身截面面积。

4.1.30 钢筋混凝土轴心抗拔桩正截面受拉承载力的计算

钢筋混凝土轴心抗拔桩的正截面受拉承载力应符合下式规定：

$$N \leqslant f_y A_s + f_{py} A_{py}$$

式中 N——荷载效应基本组合下桩顶轴向拉力设计值；

f_y、f_{py}——普通钢筋、预应力钢筋的抗拉强度设计值；

A_s、A_{py}——普通钢筋、预应力钢筋的截面面积。

4.1.31 钢筋混凝土轴心抗拔桩的裂缝控制计算

对于抗拔桩的裂缝控制计算应符合下列规定。

（1）对于严格要求不出现裂缝的一级裂缝控制等级预应力混凝土基桩，在荷载效应标准组合下混凝土不应产生拉应力，应符合下式要求：

$$\sigma_{ck} - \sigma_{pc} \leqslant 0$$

式中 σ_{ck}——荷载效应标准组合下正截面法向应力；

σ_{pc}——扣除全部应力损失后，桩身混凝土的预应力。

（2）对于一般要求不出现裂缝的二级裂缝控制等级预应力混凝土基桩，在荷载效应标准组合下的拉应力不应大于混凝土轴心受拉强度标准值，应符合下列公式要求：

在荷载效应标准组合下：

$$\sigma_{ck} - \sigma_{pc} \leqslant f_{tk}$$

式中 σ_{ck}——荷载效应标准组合下正截面法向应力；

σ_{pc}——扣除全部应力损失后，桩身混凝土的预应力；

f_{tk}——混凝土轴心抗拉强度标准值。

在荷载效应准永久组合下：

$$\sigma_{cq} - \sigma_{pc} \leqslant 0$$

式中 σ_{cq}——荷载效应准永久组合下正截面法向应力；

σ_{pc}——扣除全部应力损失后，桩身混凝土的预应力。

（3）对于允许出现裂缝的三级裂缝控制等级基桩，按荷载效应标准组合计算的最大裂缝宽度应符合下列规定：

$$w_{max} \leqslant w_{lim}$$

式中 w_{max}——按荷载效应标准组合计算的最大裂缝宽度，可按现行国家标准《混凝土结构设计规范》（GB 50010—2010）计算；

w_{lim}——最大裂缝宽度限值，按表 4 - 27 取用。

4.1.32 桩的最大锤击压应力的计算

对于裂缝控制等级为一级、二级的混凝土预制桩、预应力混凝土管桩，可按下列规定验算桩身的锤击压应力：

$$\sigma_p=\frac{\alpha\sqrt{2eE\gamma_pH}}{\left[1+\frac{A_c}{A_H}\sqrt{\frac{E_c\gamma_c}{E_H\gamma_H}}\right]\left[1+\frac{A}{A_c}\sqrt{\frac{E\gamma_p}{E_c\gamma_c}}\right]}$$

式中　σ_p——桩的最大锤击压应力；

α——锤型系数；自由落锤为1.0；柴油锤取1.4；

e——锤击效率系数；自由落锤为0.6；柴油锤取0.8；

A_H、A_c、A——锤、桩垫、桩的实际断面面积；

E_H、E_c、E——锤、桩垫、桩的纵向弹性模量；

γ_H、γ_c、γ_p——锤、桩垫、桩的容重；

H——锤落距。

4.1.33　柱下独立桩基承台正截面弯矩设计值的计算

（1）两桩条形承台和多桩矩形承台弯矩计算截面取在柱边和承台变阶处［图4-5（a）］，可按下列公式计算：

$$M_x=\sum N_iy_i$$

$$M_y=\sum N_ix_i$$

式中　M_x、M_y——绕X轴和绕Y轴方向计算截面处的弯矩设计值；

x_i、y_i——垂直Y轴和X轴方向自桩轴线到相应计算截面的距离；

N_i——不计承台及其上土重，在荷载效应基本组合下的第i基桩或复合基桩竖向反力设计值。

（2）三桩承台的正截面弯矩值应符合下列要求：

①等边三桩承台［图4-5（b）］

$$M=\frac{N_{max}}{3}\left(s_a-\frac{\sqrt{3}}{4}c\right)$$

式中　M——通过承台形心至各边边缘正交截面范围内板带的弯矩设计值；

N_{max}——不计承台及其上土重，在荷载效应基本组合下三桩中最大基桩或复合基桩竖向反力设计值；

s_a——桩中心距；

c——方柱边长，圆柱时$c=0.8d$（d为圆柱直径）。

②等腰三桩承台［图4-5（c）］

$$M_1=\frac{N_{max}}{3}\left(s_a-\frac{0.75}{\sqrt{4-\alpha^2}}c_1\right)$$

$$M_2=\frac{N_{max}}{3}\left(\alpha s_a-\frac{0.75}{\sqrt{4-\alpha^2}}c_2\right)$$

式中　M_1、M_2——通过承台形心至两腰边缘和底边边缘正交截面范围内板带的弯矩设计值；

N_{max}——不计承台及其上土重，在荷载效应基本组合下三桩中最大基桩或复合基桩竖向反力设计值；

s_a——长向桩中心距；

α——短向桩中心距与长向桩中心距之比，当 α 小于 0.5 时，应按变截面的二桩承台设计；

c_1、c_2——垂直于、平行于承台底边的柱截面边长。

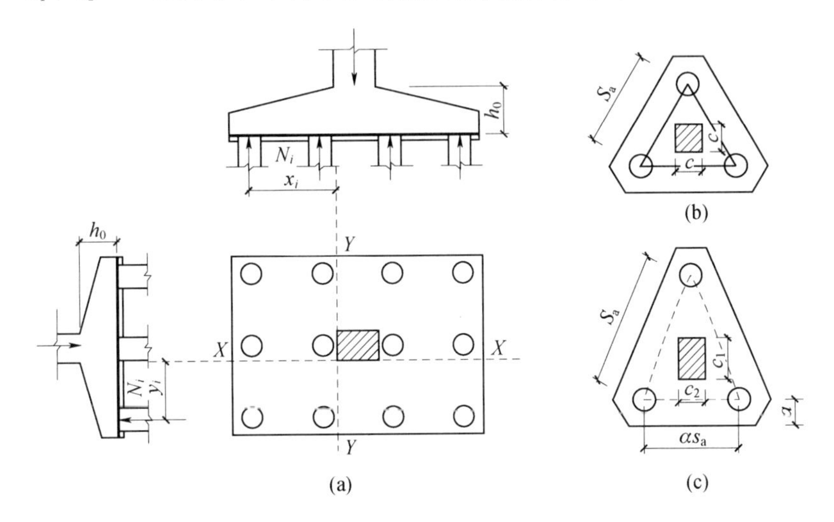

图 4－5　承台弯矩计算示意图

(a) 矩形多桩承台；(b) 等边三桩承台；(c) 等腰三桩承台

4.1.34　轴心竖向力作用下桩基承台受柱（墙）冲切承载力的计算

轴心竖向力作用下桩基承台受柱（墙）的冲切，可按下列规定计算：

(1) 受柱（墙）冲切承载力可按下列公式计算：

$$F_l \leqslant \beta_{hp}\beta_0 u_m f_t h_0$$

$$F_l = F - \sum Q_i$$

$$\beta_0 = \frac{0.84}{\lambda + 0.2}$$

式中　F_l——不计承台及其上土重，在荷载效应基本组合下作用于冲切破坏锥体上的冲切力设计值；

f_t——承台混凝土抗拉强度设计值；

β_{hp}——承台受冲切承载力截面高度影响系数，当 $h \leqslant 800$mm 时，β_{hp} 取 1.0，$h \geqslant 2000$mm 时，β_{hp} 取 0.9，其间按线性内插法取值；

u_m——承台冲切破坏锥体一半有效高度处的周长；

h_0——承台冲切破坏锥体的有效高度；

β_0——柱（墙）冲切系数；

λ——冲跨比，$\lambda=a_0/h_0$，a_0 为柱（墙）边或承台变阶处至桩边水平距离；当 $\lambda<0.25$ 时，取 $\lambda=0.25$；当 $\lambda>1.0$ 时，取 $\lambda=1.0$；

F——不计承台及其上土重，在荷载效应基本组合作用下柱（墙）底的竖向荷载设计值；

$\sum Q_i$——不计承台及其上土重，在荷载效应基本组合下冲切破坏锥体内各基桩或复合基桩的反力设计值之和。

（2）对于柱下矩形独立承台受柱冲切的承载力可按下列公式计算（如图 4-6 所示）：

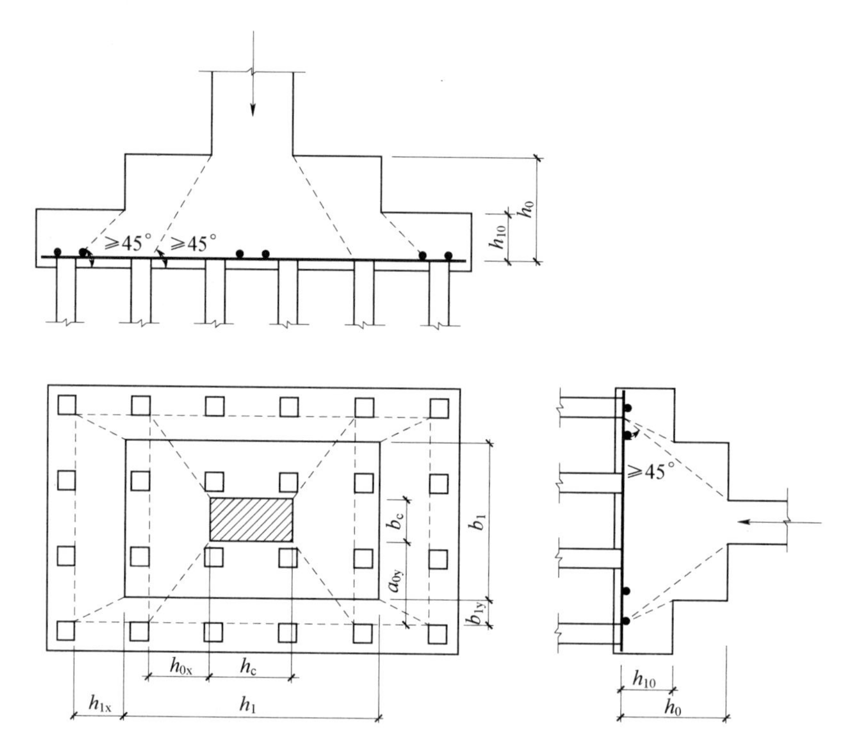

图 4-6 柱对承台的冲切计算示意图

$$F_l\leqslant 2[\beta_{0x}(b_c+a_{0y})+\beta_{0y}(h_c+a_{0x})]\beta_{hp}f_t h_0$$

$$\beta_{0x}=\frac{0.84}{\lambda_{0x}+0.2}$$

$$\beta_{0y}=\frac{0.84}{\lambda_{0y}+0.2}$$

式中 β_{0x}、β_{0y}——冲切系数，$\lambda_{0x}=a_{0x}/h_0$，$\lambda_{0y}=a_{0y}/h_0$；λ_{0x}、λ_{0y} 均应满足 0.25～

1.0 的要求；

β_{hp}——承台受冲切承载力截面高度影响系数，当 $h \leqslant 800$mm 时，β_{hp} 取 1.0，$h \geqslant 2000$mm 时，β_{hp} 取 0.9，其间按线性内插法取值；

f_t——承台混凝土抗拉强度设计值；

h_0——承台冲切破坏锥体的有效高度；

h_c、b_c——x、y 方向的柱截面的边长；

a_{0x}、a_{0y}——x、y 方向柱边至最近桩边的水平距离。

（3）对于柱下矩形独立阶形承台受上阶冲切的承载力可按下列公式计算（图 4-6）：

$$F_l \leqslant 2[\beta_{1x}(b_1 + a_{1y}) + \beta_{1y}(h_1 + a_{1x})]\beta_{hp} f_t h_{10}$$

$$\beta_{1x} = \frac{0.84}{\lambda_{1x} + 0.2}$$

$$\beta_{1y} = \frac{0.84}{\lambda_{1y} + 0.2}$$

式中　β_{1x}、β_{1y}——冲切系数，$\lambda_{1x} = a_{1x}/h_{10}$，$\lambda_{1y} = a_{1y}/h_{10}$；$\lambda_{1x}$、$\lambda_{1y}$ 均应满足 0.25～1.0 的要求；

β_{hp}——承台受冲切承载力截面高度影响系数，当 $h \leqslant 800$mm 时，β_{hp} 取 1.0，$h \geqslant 2000$mm 时，β_{hp} 取 0.9，其间按线性内插法取值；

f_t——承台混凝土抗拉强度设计值；

h_0——承台冲切破坏锥体的有效高度；

h_1、b_1——x、y 方向承台上阶的边长；

a_{1x}、a_{1y}——x、y 方向承台上阶边至最近桩边的水平距离。

4.1.35　位于柱（墙）冲切破坏锥体以外的基桩承台受冲切承载力的计算

对位于柱（墙）冲切破坏锥体以外的基桩，可按下列规定计算承台受基桩冲切的承载力：

（1）四桩以上（含四桩）承台受角桩冲切的承载力可按下列公式计算（如图 4-7 所示）：

$$N_l \leqslant [\beta_{1x}(c_2 + a_{1y}/2) + \beta_{1y}(c_1 + a_{1x}/2)]\beta_{hp} f_t h_0$$

$$\beta_{1x} = \frac{0.56}{\lambda_{1x} + 0.2}$$

$$\beta_{1y} = \frac{0.56}{\lambda_{1y} + 0.2}$$

式中　N_l——不计承台及其上土重，在荷载效应基本组合作用下角桩（含复合基桩）反力设计值；

β_{1x}、β_{1y}——角桩冲切系数；

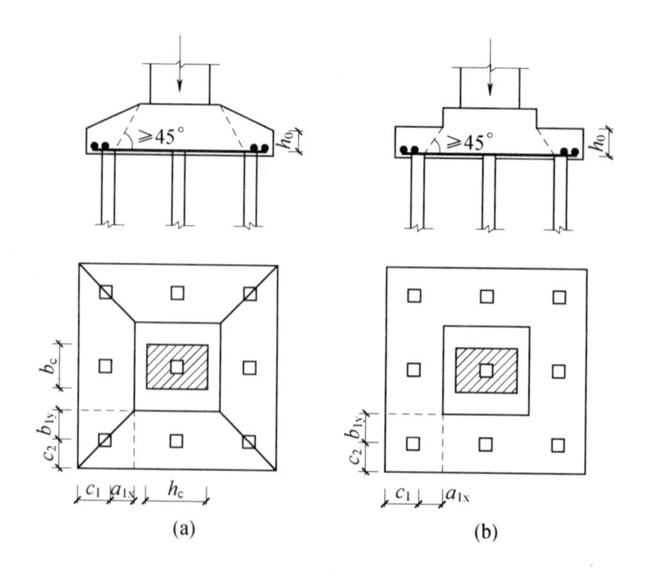

图 4-7　四桩以上（含四桩）承台角桩冲切计算示意图

（a）锥形承台；（b）阶形承台

c_1、c_2——垂直于、平行于承台底边的柱截面边长；

a_{1x}、a_{1y}——从承台底角桩顶内边缘引 45°冲切线与承台顶面相交点至角桩内边缘的水平距离；当柱（墙）边或承台变阶处位于该 45°线以内时，则取由柱（墙）边或承台变阶处与桩内边缘连线为冲切锥体的锥线（图 4-7）；

β_{hp}——承台受冲切承载力截面高度影响系数，当 $h \leqslant 800$mm 时，β_{hp}取 1.0，$h \geqslant 2000$mm 时，β_{hp}取 0.9，其间按线性内插法取值；

f_t——承台混凝土抗拉强度设计值；

h_0——承台外边缘的有效高度；

λ_{1x}、λ_{1y}——角桩冲跨比，$\lambda_{1x}=a_{1x}/h_0$，$\lambda_{1y}=a_{1y}/h_0$，其值均应满足 0.25～1.0 的要求。

（2）对于三桩三角形承台可按下列公式计算受角桩冲切的承载力（如图 4-8 所示）。

底部角桩：

$$N_l \leqslant \beta_{11}(2c_1+a_{11})\beta_{hp}\tan\frac{\theta_1}{2}f_t h_0$$

$$\beta_{11}=\frac{0.56}{\lambda_{11}+0.2}$$

顶部角桩：

$$N_l \leqslant \beta_{12}(2c_2+a_{12})\beta_{hp}\tan\frac{\theta_2}{2}f_t h_0$$

$$\beta_{12}=\frac{0.56}{\lambda_{12}+0.2}$$

式中　N_l——不计承台及其上土重，在荷载效应基本组合作用下角桩（含复合基桩）反力设计值；

β_{11}、β_{12}——角桩冲切系数；

c_1、c_2——垂直于、平行于承台底边的柱截面边长；

a_{11}、a_{12}——从承台底角桩顶内边缘引45°冲切线与承台顶面相交点至角桩内边缘的水平距离；当柱（墙）边或承台变阶处位于该45°线以内时，则取由柱（墙）边或承台变阶处与桩内边缘连线为冲切锥体的锥线；

β_{hp}——承台受冲切承载力截面高度影响系数，当$h\leqslant 800$mm时，β_{hp}取1.0，$h\geqslant 2000$mm时，β_{hp}取0.9，其间按线性内插法取值；

f_t——承台混凝土抗拉强度设计值；

h_0——承台外边缘的有效高度；

λ_{11}、λ_{12}——角桩冲跨比，$\lambda_{11}=a_{11}/h_0$，$\lambda_{12}=a_{12}/h_0$，其值均应满足0.25～1.0的要求。

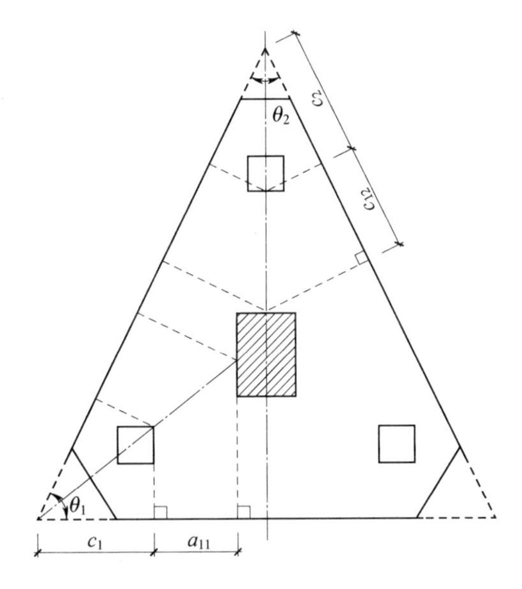

图4－8　三桩三角形承台角桩冲切计算示意图

（3）对于箱形、筏形承台，可按下列公式计算承台受内部基桩的冲切承载力：

①应按下式计算受基桩的冲切承载力，如图4－9（a）所示：

$$N_1\leqslant 2.8(b_p+h_0)\beta_{hp}f_th_0$$

式中　N_1——不计承台和其上土重，在荷载效应基本组合下，基桩或复合基桩的净反力设计值之和；

b_p——桩截面边长；

β_{hp}——承台受冲切承载力截面高度影响系数，当 $h \leqslant 800$mm 时，β_{hp} 取 1.0，$h \geqslant 2000$mm 时，β_{hp} 取 0.9，其间按线性内插法取值；

f_t——承台混凝土抗拉强度设计值；

h_0——承台外边缘的有效高度。

②应按下式计算受桩群的冲切承载力，如图 4-9（b）所示：

$$\sum N_{1i} \leqslant 2[\beta_{0x}(b_y + a_{0y}) + \beta_{0y}(b_x + a_{0x})]\beta_{hp} f_t h_0$$

$$\beta_{0x} = \frac{0.84}{\lambda_{0x} + 0.2}$$

$$\beta_{0y} = \frac{0.84}{\lambda_{0y} + 0.2}$$

式中　β_{0x}、β_{0y}——角桩冲切系数，其中 $\lambda_{0x} = a_{0x}/h_0$，$\lambda_{0y} = a_{0y}/h_0$；$\lambda_{0x}$、$\lambda_{0y}$ 均应满足 0.25～1.0 的要求；

$\sum N_{1i}$——不计承台和其上土重，在荷载效应基本组合下，冲切锥体内各基桩或复合基桩反力设计值之和；

β_{hp}——承台受冲切承载力截面高度影响系数，当 $h \leqslant 800$mm 时，β_{hp} 取 1.0，$h \geqslant 2000$mm 时，β_{hp} 取 0.9，其间按线性内插法取值；

f_t——承台混凝土抗拉强度设计值；

h_0——承台外边缘的有效高度；

b_x、b_y——x、y 方向的基桩截面的边长；

a_{0x}、a_{0y}——x、y 方向基桩边至最近桩边的水平距离。

4.1.36　柱下独立桩基承台斜截面受剪承载力的计算

柱下独立桩基承台斜截面受剪承载力可按下列公式计算（如图 4-10 所示）：

$$V \leqslant \beta_{hs} \alpha f_t b_0 h_0$$

$$\alpha = \frac{1.75}{\lambda + 1}$$

$$\beta_{hs} = \left(\frac{800}{h_0}\right)^{1/4}$$

式中　V——不计承台及其上土自重，在荷载效应基本组合下，斜截面的最大剪力设计值；

f_t——混凝土轴心抗拉强度设计值；

α——承台剪切系数；

λ——计算截面的剪跨比，$\lambda_x = a_x/h_0$，$\lambda_y = a_y/h_0$；此处，a_x、a_y 为柱边（墙边）或承台变阶处至 y、x 方向计算一排桩的桩边的水平距离，当 $\lambda < 0.25$ 时，取 $\lambda = 0.25$；当 $\lambda > 3$ 时，取 $\lambda = 3$；

β_{hs}——受剪切承载力截面高度影响系数，当 $h_0 < 800$mm 时，取 $h_0 = 800$mm；

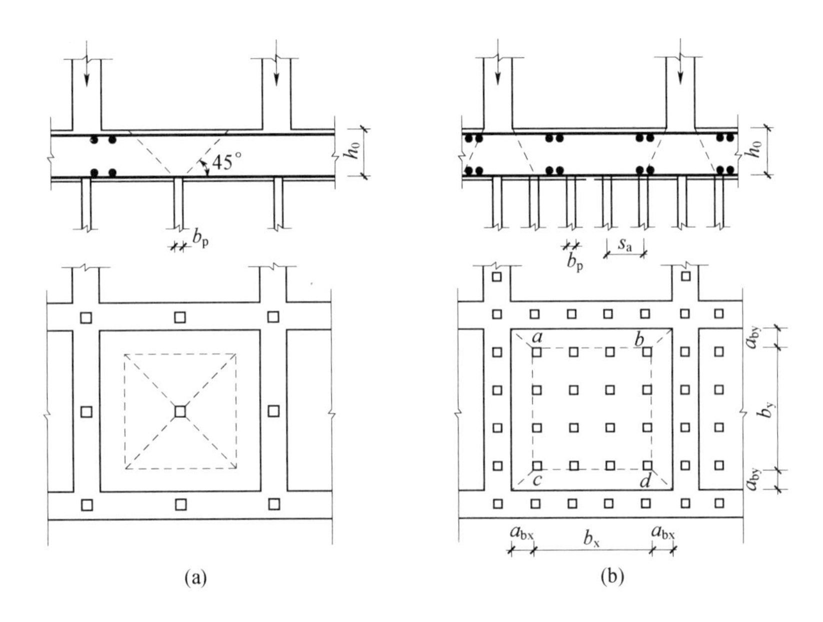

图 4-9　基桩对筏形承台的冲切和墙对筏形承台的冲切计算示意图

（a）受基桩的冲切；（b）受桩群的冲切

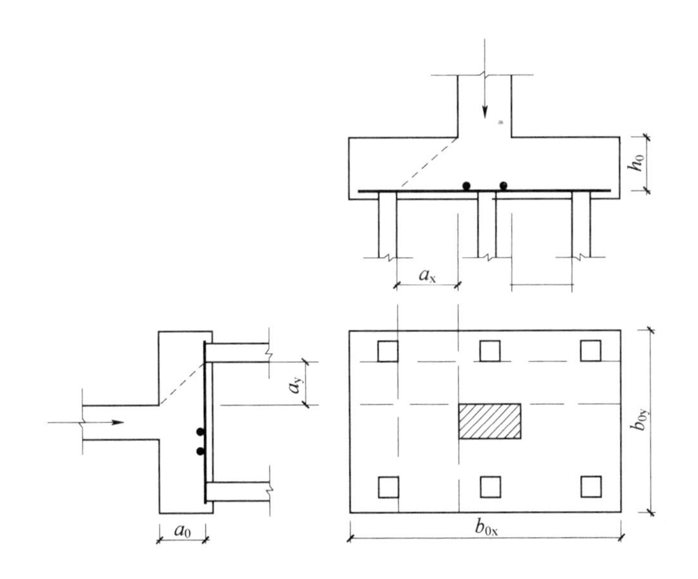

图 4-10　承台斜截面受剪计算示意图

当 $h_0>2000$mm 时，取 $h_0=2000$mm；其间按线性内插法取值；

h_0——承台计算截面处的有效高度；

b_0——承台计算截面处的计算宽度 { ▲阶梯形承台 / ■锥形承台 }

▲ 对于阶梯形承台应分别在变阶处（A_1-A_1，B_1-B_1）及柱边处（A_2-A_2，B_2-B_2）进行斜截面受剪承载力计算（如图 4－11 所示）。

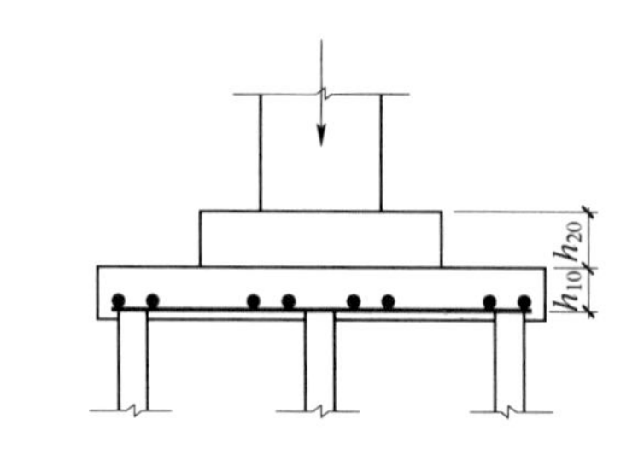

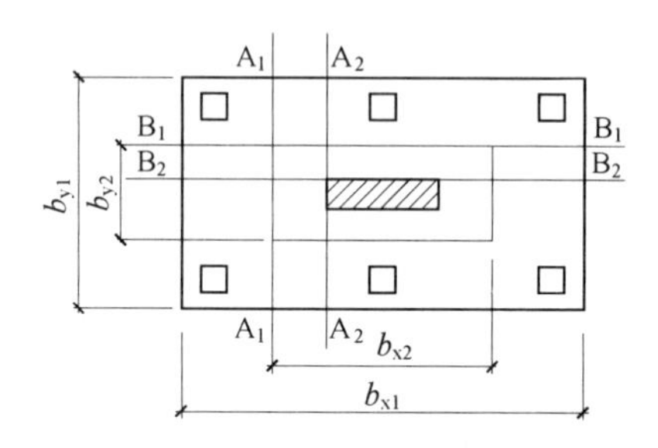

图 4－11 阶梯形承台斜截面受剪计算示意图

计算变阶处截面（A_1-A_1，B_1-B_1）的斜截面受剪承载力时，其截面有效高度均为 h_{10}，截面计算宽度分别为 b_{y1} 和 b_{x1}。

计算柱边截面（A_2-A_2，B_2-B_2）的斜截面受剪承载力时，其截面有效高度均为 $h_{10}+h_{20}$，截面计算宽度分别为：

对 A_2-A_2

$$b_{y0}=\frac{b_{y1}h_{10}+b_{y2}h_{20}}{h_{10}+h_{20}}$$

对 B_2-B_2

$$b_{x0}=\frac{b_{x1}h_{10}+b_{x2}h_{20}}{h_{10}+h_{20}}$$

■ 对于锥形承台应对变阶处及柱边处（A－A 及 B－B）两个截面进行受剪承载力计算（如图 4－12 所示），截面有效高度均为 h_0，截面的计算宽度分别为：

对 A－A

$$b_{y0}=\left[1-0.5\frac{h_{20}}{h_0}\left(1-\frac{b_{y2}}{b_{y1}}\right)\right]b_{y1}$$

对 B－B

$$b_{x0}=\left[1-0.5\frac{h_{20}}{h_0}\left(1-\frac{b_{x2}}{b_{x1}}\right)\right]b_{x1}$$

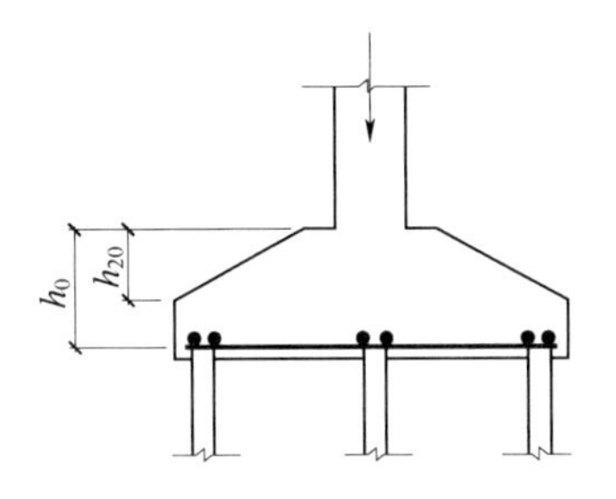

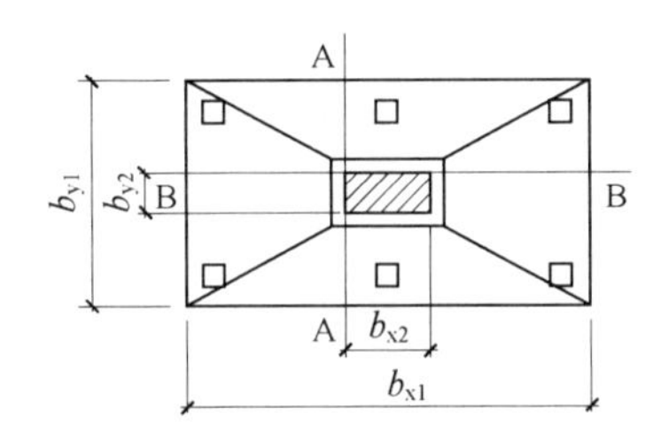

图 4-12 锥形承台斜截面受剪计算示意图

4.1.37 砌体墙下条形承台梁配有箍筋但未配弯起钢筋时斜截面受剪承载力的计算

砌体墙下条形承台梁配有箍筋，但未配弯起钢筋时，斜截面的受剪承载力可按下式计算：

$$V \leqslant 0.7 f_t b h_0 + 1.25 f_{yv} \frac{A_{sv}}{s} h_0$$

式中 V——不计承台及其上土自重，在荷载效应基本组合下，计算截面处的剪力设计值；

f_t——混凝土轴心抗拉强度设计值；

A_{sv}——配置在同一截面内箍筋各肢的全部截面面积；

s——沿计算斜截面方向箍筋的间距；

f_{yv}——箍筋抗拉强度设计值；

b——承台梁计算截面处的计算宽度；

h_0——承台梁计算截面处的有效高度。

4.1.38 砌体墙下承台梁配有箍筋和弯起钢筋时斜截面受剪承载力的计算

砌体墙下承台梁配有箍筋和弯起钢筋时，斜截面的受剪承载力可按下式计算：

$$V \leqslant 0.7 f_t b h_0 + 1.25 f_y \frac{A_{sv}}{s} h_0 + 0.8 f_y A_{sb} \sin\alpha_s$$

式中 V——不计承台及其上土自重，在荷载效应基本组合下，计算截面处的剪力设计值；

f_t——混凝土轴心抗拉强度设计值；

b——承台梁计算截面处的计算宽度；

h_0——承台梁计算截面处的有效高度；

A_{sb}——同一截面弯起钢筋的截面面积；

f_y——弯起钢筋的抗拉强度设计值；

A_{sv}——配置在同一截面内箍筋各肢的全部截面面积；

s——沿计算斜截面方向箍筋的间距；

α_s——斜截面上弯起钢筋与承台底面的夹角。

4.1.39 柱下条形承台梁配有箍筋但未配弯起钢筋时斜截面受剪承载力的计算

柱下条形承台梁，当配有箍筋但未配弯起钢筋时，其斜截面的受剪承载力可按下式计算：

$$V \leqslant \frac{1.75}{\lambda+1} f_t b h_0 + f_y \frac{A_{sv}}{s} h_0$$

式中 V——不计承台及其上土自重，在荷载效应基本组合下，计算截面处的剪力设计值；

λ——计算截面的剪跨比，$\lambda = a/h_0$，a 为柱边至桩边的水平距离，当 $\lambda < 1.5$ 时，取 $\lambda = 1.5$；当 $\lambda > 3$ 时，取 $\lambda = 3$；

f_t——混凝土轴心抗拉强度设计值；

b——承台梁计算截面处的计算宽度；

h_0——承台梁计算截面处的有效高度；

f_y——弯起钢筋的抗拉强度设计值；

A_{sv}——配置在同一截面内箍筋各肢的全部截面面积；

s——沿计算斜截面方向箍筋的间距。

4.1.40 基桩引起的附加应力的计算

基桩引起的附加应力应根据考虑桩径影响的明德林解按下列公式计算：

$$\sigma_z = \sigma_{zp} + \sigma_{zsr} + \sigma_{zst} = \frac{\alpha Q}{l^2} I_p + \frac{\beta Q}{l^2} I_{sr} + \frac{(1-\alpha-\beta)Q}{l^2} I_{st}$$

$$\begin{aligned} I_p = \frac{l^2}{\pi r^2} \frac{1}{4(1-\mu)} \Bigg\{ & 2(1-\mu) - \frac{(1-2\mu)(z-l)}{\sqrt{r^2+(z-l)^2}} \\ & - \frac{(1-2\mu)(z-l)}{z+l} + \frac{(1-2\mu)(z-l)}{\sqrt{r^2+(z+l)^2}} - \frac{(z-l)^3}{[r^2+(z-l)^2]^{3/2}} \\ & + \frac{(3-4\mu)z}{z+l} - \frac{(3-4\mu)z(z+l)^2}{[r^2+(z+l)^2]^{3/2}} - \frac{l(5z-l)}{(z+l)^2} \\ & + \frac{l(z+l)(5z-l)}{[r^2+(z+l)^2]^{3/2}} + \frac{6lz}{(z+l)^2} - \frac{6zl(z+l)^3}{[r^2+(z+l)^2]^{5/2}} \Bigg\} \end{aligned}$$

$$I_{sr}=\frac{l}{2\pi r}\frac{1}{4(1-\mu)}\left\{\frac{2(2-\mu)r}{\sqrt{r^2+(z-l)^2}}\right.$$

$$-\frac{2(2-\mu)r^2+2(1-2\mu)z(z+l)}{r\sqrt{r^2+(z+l)^2}}+\frac{2(1-2\mu)z^2}{r\sqrt{r^2+z^2}}$$

$$-\frac{4z^2[r^2-(1+\mu)z^2]}{r(r^2+z^2)^{3/2}}-\frac{4(1+\mu)z(z+l)^3-4z^2r^2-r^4}{r[r^2+(z+l)^2]^{3/2}}$$

$$\left.-\frac{r^3}{[r^2+(z-l)^2]^{3/2}}-\frac{6z^2[z^4-r^4]}{r(r^2+z^2)^{5/2}}-\frac{6z[zr^4-(z+l)^5]}{r[r^2+(z+l)^2]^{5/2}}\right\}$$

$$I_{st}=\frac{l}{\pi r}\frac{1}{4(1-\mu)}\left\{\frac{2(2-\mu)r}{\sqrt{r^2+(z-l)^2}}\right.$$

$$+\frac{2(1-2\mu)z^2(z+l)-2(2-\mu)(4z+l)r^2}{lr\sqrt{r^2+(z+l)^2}}$$

$$+\frac{8(2-\mu)zr^2-2(1-2\mu)z^3}{lr\sqrt{r^2+z^2}}+\frac{12z^7+6zr^4(r^2-z^2)}{lr(r^2+z^2)^{5/2}}$$

$$+\frac{15zr^4+2(5+2\mu)z^2(z+l)^3-4\mu zr^4-4z^3r^2-r^2(z+l)^3}{lr[r^2+(z+l)^2]^{3/2}}$$

$$-\frac{6zr^4(r^2-z^2)+12z^2(z+l)^5}{lr[r^2+(z+l)^2]^{5/2}}$$

$$+\frac{6z^3r^2-2(5+2\mu)z^5-2(7-2\mu)zr^4}{lr[r^2+z^2]^{3/2}}$$

$$-\frac{zr^3+(z-l)^3r}{l[r^2+(z-l)^2]^{3/2}}+2(2-\mu)\frac{r}{l}$$

$$\ln\frac{(\sqrt{r^2+(z-l)^2}+z-l)(\sqrt{r^2+(z+l)^2}+z+l)}{[\sqrt{r^2+z^2}+z]^2}$$

式中　σ_{zp}——端阻力在应力计算点引起的附加应力；

σ_{zsr}——均匀分布侧阻力在应力计算点引起的附加应力；

σ_{zst}——三角形分布侧阻力在应力计算点引起的附加应力；

α——桩端阻力比；

β——均匀分布侧阻力比；

l——桩长；

Q——相应于作用的准永久组合时，轴心竖向力作用下单桩的附加荷载；

I_p、I_{sr}、I_{st}——考虑桩径影响的明德林解应力影响系数，如图 4－13 所示及见表 4－29～表 4－31；

μ——地基土的泊松比；

r——桩身半径；

z——计算应力点离桩顶的竖向距离。

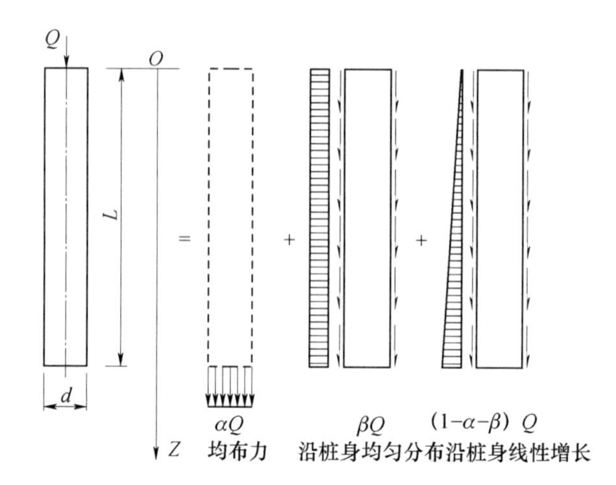

图 4-13　单桩荷载分担及侧阻力、端阻力分布

4.2　数据速查

4.2.1　承台效应系数

表 4-1　　　承台效应系数 η_c

<table>
<tr><th>s_a/d ╲ B_c/l</th><th>3</th><th>4</th><th>5</th><th>6</th><th>>6</th></tr>
<tr><td>≤0.4</td><td>0.06～0.08</td><td>0.14～0.17</td><td>0.22～0.26</td><td>0.32～0.38</td><td rowspan="4">0.50～0.80</td></tr>
<tr><td>0.4～0.8</td><td>0.08～0.10</td><td>0.17～0.20</td><td>0.26～0.30</td><td>0.38～0.44</td></tr>
<tr><td>>0.8</td><td>0.10～0.12</td><td>0.20～0.22</td><td>0.30～0.34</td><td>0.44～0.50</td></tr>
<tr><td>单排桩条形承台</td><td>0.15～0.18</td><td>0.25～0.30</td><td>0.38～0.45</td><td>0.50～0.60</td></tr>
</table>

注：1. 表中 s_a/d 为桩中心距与桩径之比；B_c/l 为承台宽度与桩长之比。当计算基桩为非正方形排列时，$s_a=\sqrt{A/n}$，A 为承台计算域面积，n 为总桩数。

2. 对于桩布置于墙下的箱、筏承台，η_c 可按单排桩条形承台取值。

3. 对于单排桩条形承台，当承台宽度小于 $1.5d$ 时，η_c 按非条形承台取值。

4. 对于采用后注浆灌注桩的承台，η_c 宜取低值。

5. 对于饱和黏性土中的挤土桩基、软土地基上的桩基承台，η_c 宜取低值的 0.8 倍。

6. 当承台底为可液化土、湿陷性土、高灵敏度软土、欠固结土、新填土时，沉桩引起超孔隙水压力和土体隆起时，不考虑承台效应，取 $\eta_c=0$。

4.2.2 桩端阻力修正系数

表 4-2 桩端阻力修正系数 α 值

桩长/m	$l<15$	$15\leqslant l\leqslant 30$	$30<l\leqslant 60$
α	0.75	0.75～0.90	0.90

注：桩长 15m≤l≤30m，α 值按 l 值直线内插；l 为桩长（不包括桩尖高度）。

4.2.3 桩的极限侧阻力标准值

表 4-3 桩的极限侧阻力（kPa）标准值 q_{sik}

土的名称	土的状态		混凝土预制桩	泥浆护壁钻（冲）孔桩	干作业钻孔桩
填土	—		22～30	20～28	20～28
淤泥	—		14～20	12～18	12～18
淤泥质土	—		22～30	20～28	20～28
黏性土	流塑	$I_L>1$	24～40	21～38	21～38
	软塑	$0.75<I_L\leqslant 1$	40～55	38～53	38～53
	可塑	$0.50<I_L\leqslant 0.75$	55～70	53～68	53～66
	硬可塑	$0.25<I_L\leqslant 0.50$	70～86	68～84	66～82
	硬塑	$0<I_L\leqslant 0.25$	86～98	84～96	82～94
	坚硬	$I_L\leqslant 0$	98～105	96～102	94～104
红黏土	$0.7<a_w\leqslant 1$		13～32	12～30	12～30
	$0.5<a_w\leqslant 0.7$		32～74	30～70	30～70
粉土	稍密	$e>0.9$	26～46	24～42	24～42
	中密	$0.75\leqslant e\leqslant 0.9$	46～66	42～62	42～62
	密实	$e<0.75$	66～88	62～82	62～82
粉细砂	稍密	$10<N\leqslant 15$	24～48	22～46	22～46
	中密	$15<N\leqslant 30$	48～66	46～64	46～64
	密实	$N>30$	66～88	64～86	64～86
中砂	中密	$15<N\leqslant 30$	54～74	53～72	53～72
	密实	$N>30$	74～95	72～94	72～94
粗砂	中密	$15<N\leqslant 30$	74～95	74～95	76～98
	密实	$N>30$	95～116	95～116	98～120
砾砂	稍密	$5<N_{63.5}\leqslant 15$	70～110	50～90	60～100
	中密（密实）	$N_{63.5}>15$	116～138	116～130	112～130

续表

土的名称	土的状态		混凝土预制桩	泥浆护壁钻（冲）孔桩	干作业钻孔桩
圆砾、角砾	中密、密实	$N_{63.5}>10$	160～200	135～150	135～150
碎石、卵石	中密、密实	$N_{63.5}>10$	200～300	140～170	150～170
全风化软质岩	—	$30<N\leqslant50$	100～120	80～100	80～100
全风化硬质岩	—	$30<N\leqslant50$	140～160	120～140	120～150
强风化软质岩	—	$N_{63.5}>10$	160～240	140～200	140～220
强风化硬质岩	—	$N_{63.5}>10$	220～300	160～240	160～260

注： 1. 对于尚未完成自重固结的填土和以生活垃圾为主的杂填土，不计算其侧阻力。

2. a_w 为含水比，$a_w=w/w_l$，w 为土的天然含水量，w_l 为土的液限。

3. N 为标准贯入击数；$N_{63.5}$ 为重型圆锥动力触探击数。

4. 全风化、强风化软质岩和全风化、强风化硬质岩系指其母岩分别为 $f_{rk}\leqslant15$MPa、$f_{rk}>30$MPa 的岩石。

4.2.4 桩的极限端阻力标准值

表 4-4　　桩的极限端阻力（kPa）标准值 q_{pk}

土名称	桩型 土的状态		混凝土预制桩桩长 l/m				泥浆护壁钻（冲）孔桩桩长 l/m				干作业钻孔桩桩长 l/m		
			$l\leqslant9$	$9<l\leqslant16$	$16<l\leqslant30$	$l>30$	$5\leqslant l<10$	$10\leqslant l<15$	$15\leqslant l<30$	$30\leqslant l$	$5\leqslant l<10$	$10\leqslant l<15$	$15\leqslant l$
黏性土	软塑	$0.75<I_L\leqslant1$	210～850	650～1400	1200～1800	1300～1900	150～250	250～300	300～450	300～450	200～400	400～700	700～950
	可塑	$0.50<I_L\leqslant0.75$	850～1700	1400～2200	1900～2800	2300～3600	350～450	450～600	600～750	750～800	500～700	800～1100	1000～1600
	硬可塑	$0.25<I_L\leqslant0.50$	1500～2300	2300～3300	2700～3600	3600～4400	800～900	900～1000	1000～1200	1200～1400	850～1100	1500～1700	1700～1900
	硬塑	$0<I_L\leqslant0.25$	2500～3800	3800～5500	5500～6000	6000～6800	1100～1200	1200～1400	1400～1600	1600～1800	1600～1800	2200～2400	2600～2800
粉土	中密	$0.75\leqslant e\leqslant0.9$	950～1700	1400～2100	1900～2700	2500～3400	300～500	500～650	650～750	750～850	800～1200	1200～1400	1400～1600
	密实	$e<0.75$	1500～2600	2100～3000	2700～3600	3600～4400	650～900	750～950	900～1100	1100～1200	1200～1700	1400～1900	1600～2100
粉砂	稍密	$10<N\leqslant15$	1000～1600	1500～2300	1900～2700	2100～3000	350～500	450～600	600～700	650～750	500～950	1300～1600	1500～1700
	中密、密实	$N>15$	1400～2200	2100～3000	3000～4500	3800～5500	600～750	750～900	900～1100	1100～1200	900～1000	1700～1900	1700～1900

续表

土名称	桩型 土的状态		混凝土预制桩桩长 l/m				泥浆护壁钻（冲）孔桩桩长 l/m				干作业钻孔桩桩长 l/m		
			$l\leqslant 9$	$9<l\leqslant 16$	$16<l\leqslant 30$	$l>30$	$5\leqslant l<10$	$10\leqslant l<15$	$15\leqslant l<30$	$30\leqslant l$	$5\leqslant l<10$	$10\leqslant l<15$	$15\leqslant l$
细砂	中密、密实	$N>15$	2500～4000	3600～5000	4400～6000	5300～7000	650～850	900～1200	1200～1500	1500～1800	1200～1600	2000～2400	2400～2700
中砂			4000～6000	5500～7000	6500～8000	7500～9000	850～1050	1100～1500	1500～1900	1900～2100	1800～2400	2800～3800	3600～4400
粗砂			5700～7500	7500～8500	8500～10000	9500～11000	1500～1800	2100～2400	2400～2600	2600～2800	2900～3600	4000～4600	4600～5200
砾砂			6000～9500		9000～10500		1400～2000		2000～3200		3500～5000		
角砾、圆砾		$N_{63.5}>10$	7000～10000		9500～11500		1800～2200		2200～3600		4000～5500		
碎石、卵石			8000～11000		10500～13000		2000～3000		3000～4000		4500～6500		
全风化软质岩		$30<N\leqslant 50$	4000～6000				1000～1600				1200～2000		
全风化硬质岩		$30<N\leqslant 50$	5000～8000				1200～2000				1400～2400		
强风化软质岩		$N_{63.5}>10$	6000～9000				1400～2200				1600～2600		
强风化硬质岩		$N_{63.5}>10$	7000～11000				1800～2800				2000～3000		

注：1. 砂土和碎石类土中桩的极限端阻力取值，宜综合考虑土的密实度，桩端进入持力层的深径比 h_b/d，土愈密实，h_b/d 愈大，取值愈高。

2. 预制桩的岩石极限端阻力指桩端支承于中、微风化基岩表面或进入强风化岩、软质岩一定深度条件下极限端阻力。

3. 全风化、强风化软质岩和全风化、强风化硬质岩指其母岩分别为 $f_{rk}\leqslant 15$MPa、$f_{rk}>30$MPa 的岩石。

4.2.5 干作业挖孔桩极限端阻力标准值

表 4-5 干作业挖孔桩（清底干净，$D=800$mm）极限端阻力（kPa）标准值 q_{pk}

土 名 称	状 态		
黏性土	$0.25<I_L\leqslant 0.75$	$0<I_L\leqslant 0.25$	$I_L\leqslant 0$
	800～1800	1800～2400	2400～3000
粉土	—	$0.75\leqslant e\leqslant 0.9$	$e<0.75$
	—	1000～1500	1500～2000

续表

土名称		状态		
		稍密	中密	密实
砂土、碎石、类土	粉砂	500～700	800～1100	1200～2000
	细砂	700～1100	1200～1800	2000～2500
	中砂	1000～2000	2200～3200	3500～5000
	粗砂	1200～2200	2500～3500	4000～5500
	砾砂	1400～2400	2600～4000	5000～7000
	圆砾、角砾	1600～3000	3200～5000	6000～9000
	卵石、碎石	2000～3000	3300～5000	7000～11000

注：1. 当桩进入持力层的深度 h_b 分别为：$h_b \leqslant D$，$D < h_b \leqslant 4D$，$h_b > 4D$ 时，q_{pk}可相应取低、中、高值。
2. 砂土密实度可根据标贯击数判定：$N \leqslant 10$ 为松散，$10 < N \leqslant 15$ 为稍密，$15 < N \leqslant 30$ 为中密，$N > 30$ 为密实。
3. 当桩的长径比 $l/d \leqslant 8$ 时，q_{pk}宜取较低值。
4. 当对沉降要求不严时，q_{pk}可取高值。

4.2.6 大直径灌注桩侧阻力尺寸效应系数和端阻力尺寸效应系数

表 4-6 大直径灌注桩侧阻力尺寸效应系数 ψ_{si}、端阻力尺寸效应系数 ψ_p

土类型	黏性土、粉土	砂土、碎石类土
ψ_{si}	$(0.8/d)^{1/5}$	$(0.8/d)^{1/3}$
ψ_p	$(0.8/D)^{1/4}$	$(0.8/D)^{1/3}$

注：当为等直径桩时，表中 $D=d$。

4.2.7 桩嵌岩段侧阻和端阻综合系数

表 4-7 桩嵌岩段侧阻和端阻综合系数 ζ_r

嵌岩深径比 h_r/d	0	0.5	1.0	2.0	3.0	4.0	5.0	6.0	7.0	8.0
极软岩、软岩	0.60	0.80	0.95	1.18	1.35	1.48	1.57	1.63	1.66	1.70
较硬岩、坚硬岩	0.45	0.65	0.81	0.90	1.00	1.04	—	—	—	—

注：1. 极软岩、软岩指 $f_{rk} \leqslant 15$MPa，较硬岩、坚硬岩指 $f_{rk} > 30$MPa，介于二者之间可内插取值。
2. h_r 为桩身嵌岩深度，当岩面倾斜时，以坡下方嵌岩深度为准；当 h_r/d 为非表列值时，ζ_r 可内插取值。

4.2.8 后注浆侧阻力增强系数和端阻力增强系数

表 4-8　　后注浆侧阻力增强系数 β_{si}、端阻力增强系数 β_p

土层名称	淤泥 淤泥质土	黏性土 粉土	粉砂 细砂	中砂	粗砂 砾砂	砾石 卵石	全风化岩 强风化岩
β_{si}	1.2～1.3	1.4～1.8	1.6～2.0	1.7～2.1	2.0～2.5	2.4～3.0	1.4～1.8
β_p	—	2.2～2.5	2.4～2.8	2.6～3.0	3.0～3.5	3.2～4.0	2.0～2.4

注：干作业钻、挖孔桩，β_p 按表列值乘以小于 1.0 的折减系数。当桩端持力层为黏性土或粉土时，折减系数取 0.6；为砂土或碎石土时，取 0.8。

4.2.9 土层液化影响折减系数

表 4-9　　土层液化影响折减系数 ψ_l

$\lambda_N=\dfrac{N}{N_{cr}}$	自地面算起的液化土层深度 d_L/m	ψ_l
$\lambda_N \leqslant 0.6$	$d_L \leqslant 10$ $10 < d_L \leqslant 20$	0 1/3
$0.6 < \lambda_N \leqslant 0.8$	$d_L \leqslant 10$ $10 < d_L \leqslant 20$	1/3 2/3
$0.8 < \lambda_N \leqslant 1.0$	$d_L \leqslant 10$ $10 < d_L \leqslant 20$	2/3 1.0

注：1. N 为饱和土标贯击数实测值；N_{cr}为液化判别标贯击数临界值。

2. 对于挤土桩当桩距不大于 $4d$，且桩的排数不少于 5 排、总桩数不少于 25 根时，土层液化影响折减系数可按表列值提高一档取值；桩间土标贯击数达到 N_{cr}时，取 $\psi_l=1$。

4.2.10 桩端硬持力层压力扩散角

表 4-10　　桩端硬持力层压力扩散角 θ

E_{s1}/E_{s2}	$t=0.25B_0$	$t \geqslant 0.50B_0$
1	4°	12°
3	6°	23°
5	10°	25°
10	20°	30°

注：1. E_{s1}、E_{s2}为硬持力层、软弱下卧层的压缩模量。

2. 当 $t < 0.25B_0$ 时，取 $\theta=0°$，必要时，宜通过试验确定；当 $0.25B_0 < t < 0.50B_0$ 时，可内插取值。

4.2.11 桩周土负摩阻力系数

表 4-11　　负摩阻力系数 ξ_n

土　类	ξ_n
饱和软土	0.15～0.25
黏性土、粉土	0.25～0.40
砂土	0.35～0.50
自重湿陷性黄土	0.20～0.35

注：1. 在同一类土中，对于挤土桩，取表中较大值，对于非挤土桩，取表中较小值。
2. 填土按其组成取表中同类土的较大值。

4.2.12 自桩顶算起的中性点深度

表 4-12　　中性点深度 l_n

持力层性质	黏性土、粉土	中密以上砂	砾石、卵石	基岩
中性点深度比 l_n/l_0	0.5～0.6	0.7～0.8	0.9	1.0

注：1. l_n、l_0——分别为自桩顶算起的中性点深度和桩周软弱土层下限深度。
2. 桩穿过自重湿陷性黄土层时，l_n 可按表列值增大 10%（持力层为基岩除外）。
3. 当桩周土层固结与桩基固结沉降同时完成时，取 $l_n=0$。
4. 当桩周土层计算沉降量小于 20mm 时，l_n 应按表列值乘以 0.4～0.8 折减。

4.2.13 扩底桩破坏表面周长

表 4-13　　扩底桩破坏表面周长 u_i

自桩底起算的长度 l_i	$\leqslant(4\sim10)d$	$>(4\sim10)d$
u_i	πD	πd

注：l_i 对于软土取低值，对于卵石、砾石取高值；l_i 取值按内摩擦角增大而增加。

4.2.14 建筑桩基沉降变形允许值

表 4-14　　建筑桩基沉降变形允许值

变　形　特　征	允许值
砌体承重结构基础的局部倾斜	0.002
各类建筑相邻柱（墙）基的沉降差	
①框架、框架-剪力墙、框架-核心筒结构	$0.002l_0$
②砌体墙填充的边排柱	$0.0007l_0$
③当基础不均匀沉降时不产生附加应力的结构	$0.005l_0$
单层排架结构（柱距为 6m）桩基的沉降量/mm	120
桥式吊车轨面的倾斜（按不调整轨道考虑）	
纵向	0.004
横向	0.003

续表

变 形 特 征		允许值
多层和高层建筑的整体倾斜	$H_g \leqslant 24$	0.004
	$24 < H_g \leqslant 60$	0.003
	$60 < H_g \leqslant 100$	0.0025
	$H_g > 100$	0.002
高耸结构桩基的整体倾斜	$H_g \leqslant 20$	0.008
	$20 < H_g \leqslant 50$	0.006
	$50 < H_g \leqslant 100$	0.005
	$100 < H_g \leqslant 150$	0.004
	$150 < H_g \leqslant 200$	0.003
	$200 < H_g \leqslant 250$	0.002
高耸结构基础的沉降量/mm	$H_g \leqslant 100$	350
	$100 < H_g \leqslant 200$	250
	$200 < H_g \leqslant 250$	150
体型简单的剪力墙结构 高层建筑桩基最大沉降量/mm	—	200

注：l_0 为相邻柱（墙）二测点间距离，H_g 为自室外地面算起的建筑物高度（m）。

4.2.15 桩基沉降计算经验系数

表 4-15　　　　桩基沉降计算经验系数 ψ

$\overline{E}_s$/MPa	≤10	15	20	35	≥50
ψ	1.2	0.9	0.65	0.50	0.40

注：1. $\overline{E}_s$ 为沉降计算深度范围内压缩模量的当量值，可按下式计算：$\overline{E}_s=\Sigma A_i \Big/ \Sigma \frac{A_i}{E_{si}}$，式中 A_i 为第 i 层土附加压力系数沿土层厚度的积分值，可近似按分块面积计算。

2. ψ 可根据 $\overline{E}_s$ 内插取值。

4.2.16 桩基等效沉降系数计算参数表（$s_a/d=2$）

表 4-16　　　　桩基等效沉降系数计算参数表（$s_a/d=2$）

l/d ＼ L_c/B_c		1	2	3	4	5	6	7	8	9	10
5	C_0	0.203	0.282	0.329	0.363	0.389	0.410	0.428	0.443	0.456	0.468
	C_1	1.543	1.687	1.797	1.845	1.915	1.949	1.981	2.047	2.073	2.098
	C_2	5.563	5.356	5.086	5.020	4.878	4.843	4.817	4.704	4.690	4.681

续表

l/d \ L_c/B_c		1	2	3	4	5	6	7	8	9	10
10	C_0	0.125	0.188	0.228	0.258	0.282	0.301	0.318	0.333	0.346	0.357
	C_1	1.487	1.573	1.653	1.676	1.731	1.750	1.768	1.828	1.844	1.860
	C_2	7.000	6.260	5.737	5.535	5.292	5.191	5.114	4.949	4.903	4.865
15	C_0	0.093	0.146	0.180	0.207	0.228	0.246	0.262	0.275	0.287	0.298
	C_1	1.508	1.568	1.637	1.647	1.696	1.707	1.718	1.776	1.787	1.798
	C_2	8.413	7.252	6.520	6.208	5.878	5.722	5.604	5.393	5.320	5.259
20	C_0	0.075	0.120	0.151	0.175	0.194	0.211	0.225	0.238	0.249	0.260
	C_1	1.548	1.592	1.654	1.656	1.701	1.706	1.712	1.770	1.777	1.783
	C_2	9.783	8.236	7.310	6.897	6.486	6.280	6.123	5.870	5.771	5.689
25	C_0	0.063	0.103	0.131	0.152	0.170	0.186	0.199	0.211	0.221	0.231
	C_1	1.596	1.628	1.686	1.679	1.722	1.722	1.724	1.783	1.786	1.789
	C_2	11.118	9.205	8.094	7.583	7.095	6.841	6.647	6.353	6.230	6.128
30	C_0	0.055	0.090	0.116	0.135	0.152	0.166	0.179	0.190	0.200	0.209
	C_1	1.616	1.669	1.724	1.711	1.753	1.748	1.745	1.806	1.806	1.806
	C_2	12.426	10.159	8.868	8.264	7.700	7.400	7.170	6.836	6.689	6.568
40	C_0	0.044	0.073	0.095	0.112	0.126	0.139	0.150	0.160	0.169	0.177
	C_1	1.754	1.761	1.812	1.787	1.827	1.814	1.803	1.867	1.861	1.855
	C_2	11.984	12.036	10.396	9.610	8.900	8.509	8.211	7.797	7.605	7.446
50	C_0	0.036	0.062	0.081	0.096	0.108	0.120	0.129	0.138	0.147	0.154
	C_1	1.865	1.860	1.909	1.873	1.911	1.889	1.872	1.939	1.927	1.916
	C_2	17.492	13.885	11.905	10.945	10.090	9.613	9.247	8.755	8.519	8.323
60	C_0	0.031	0.054	0.070	0.084	0.095	0.105	0.111	0.122	0.130	0.137
	C_1	1.979	1.962	2.010	1.962	1.999	1.970	1.945	2.016	1.998	1.981
	C_2	19.967	15.719	13.406	12.274	11.278	10.715	10.284	9.713	9.433	9.200
70	C_0	0.028	0.048	0.063	0.075	0.085	0.094	0.102	0.110	0.117	0.123
	C_1	2.095	2.067	2.114	2.055	2.091	2.051	2.021	2.097	2.072	2.019
	C_2	22.423	17.546	14.901	13.602	12.465	11.818	11.322	10.672	10.349	10.080
80	C_0	0.025	0.043	0.056	0.067	0.077	0.085	0.093	0.100	0.106	0.112
	C_1	2.213	2.174	2.220	2.150	2.185	2.139	2.099	2.178	2.147	2.119
	C_2	24.868	19.370	16.398	14.933	13.655	12.925	12.364	11.635	11.270	10.964

续表

l/d \ L_c/B_c		1	2	3	4	5	6	7	8	9	10
90	C_0	0.022	0.039	0.051	0.061	0.070	0.078	0.085	0.091	0.097	0.103
	C_1	2.333	2.283	2.328	2.245	2.280	2.225	2.177	2.261	2.223	2.189
	C_2	27.307	21.195	17.897	16.267	14.849	14.036	13.411	12.603	12.194	11.853
100	C_0	0.021	0.036	0.047	0.057	0.065	0.072	0.078	0.084	0.090	0.095
	C_1	2.453	2.392	2.436	2.341	2.375	2.311	2.256	2.344	2.299	2.259
	C_2	29.744	23.024	19.400	17.608	16.049	15.153	14.464	13.575	13.123	12.745

注：L_c——群桩基础承台长度；B_c——群桩基础承台宽度；l——桩长；d——桩径。

4.2.17 桩基等效沉降系数计算参数表（$s_a/d=3$）

表 4-17　　桩基等效沉降系数计算参数表（$s_a/d=3$）

l/d \ L_c/B_c		1	2	3	4	5	6	7	8	9	10
5	C_0	0.203	0.318	0.377	0.416	0.445	0.468	0.486	0.502	0.516	0.528
	C_1	1.483	1.723	1.875	1.955	2.045	2.098	2.144	2.218	2.256	2.290
	C_2	3.679	4.036	4.006	4.053	3.995	4.007	4.014	3.938	3.944	3.948
10	C_0	0.125	0.213	0.263	0.298	0.324	0.346	0.364	0.380	0.394	0.406
	C_1	1.419	1.559	1.662	1.705	1.770	1.801	1.828	1.891	1.913	1.935
	C_2	4.861	1.723	4.460	4.384	4.237	4.193	4.158	4.038	4.017	4.000
15	C_0	0.093	0.166	0.209	0.240	0.265	0.285	0.302	0.317	0.330	0.342
	C_1	1.430	1.533	1.619	1.646	1.703	1.723	1.741	1.801	1.817	1.832
	C_2	5.900	5.135	5.010	4.855	4.641	4.559	4.496	4.340	4.300	4.267
20	C_0	0.075	0.138	0.176	0.205	0.227	0.246	0.262	0.276	0.288	0.299
	C_1	1.461	1.542	1.619	1.635	1.687	1.700	1.712	1.772	1.783	1.793
	C_2	6.879	6.137	5.570	5.346	5.073	4.958	4.869	4.679	4.623	4.577
25	C_0	0.063	0.118	0.153	0.179	0.200	0.218	0.233	0.246	0.258	0.268
	C_1	1.500	1.565	1.637	1.644	1.693	1.699	1.706	1.767	1.774	1.780
	C_2	7.822	6.826	6.127	5.839	5.511	5.364	5.252	5.030	4.958	4.899
30	C_0	0.055	0.104	0.136	0.160	0.180	0.196	0.210	0.223	0.234	0.244
	C_1	1.542	1.595	1.663	1.662	1.709	1.711	1.712	1.775	1.777	1.780
	C_2	8.741	7.506	6.680	6.331	5.949	5.772	5.638	5.383	5.297	5.226

续表

l/d \ L_c/B_c		1	2	3	4	5	6	7	8	9	10
40	C_0	0.044	0.085	0.112	0.133	0.150	0.165	0.178	0.189	0.199	0.208
	C_1	1.632	1.667	1.729	1.715	1.759	1.750	1.743	1.808	1.804	1.799
	C_2	10.535	8.845	7.774	7.309	6.822	6.588	6.410	6.093	5.978	5.883
50	C_0	0.036	0.072	0.096	0.114	0.130	0.143	0.155	0.165	0.174	0.182
	C_1	1.726	1.746	1.805	1.778	1.819	1.801	1.786	1.855	1.843	1.832
	C_2	12.292	10.168	8.860	8.284	7.694	7.405	7.185	6.805	6.662	6.543
60	C_0	0.031	0.063	0.084	0.101	0.115	0.127	0.137	0.146	0.155	0.163
	C_1	1.822	1.828	1.885	1.845	1.885	1.858	1.834	1.907	1.888	1.870
	C_2	14.029	11.486	9.944	9.259	8.568	8.224	7.962	7.520	7.348	7.206
70	C_0	0.028	0.056	0.075	0.090	0.103	0.114	0.123	0.132	0.140	0.147
	C_1	1.920	1.913	1.968	1.916	1.954	1.918	1.885	1.962	1.936	1.911
	C_2	15.756	12.801	11.029	10.237	9.444	9.047	8.742	8.238	8.038	7.871
80	C_0	0.025	0.050	0.068	0.081	0.093	0.103	0.112	0.120	0.127	0.134
	C_1	2.019	2.000	2.053	1.988	2.025	1.979	1.938	2.019	1.985	1.954
	C_2	17.478	14.120	12.117	11.220	10.325	9.874	9.527	8.959	8.731	8.540
90	C_0	0.022	0.045	0.062	0.074	0.085	0.095	0.103	0.110	0.117	0.123
	C_1	2.118	2.087	2.139	2.060	2.096	2.041	1.991	2.076	2.036	1.998
	C_2	19.200	15.442	13.210	12.208	11.211	10.705	10.316	9.684	9.427	9.211
100	C_0	0.021	0.042	0.057	0.069	0.097	0.087	0.095	0.102	0.108	0.114
	C_1	2.218	2.174	2.225	2.133	2.168	2.103	2.044	2.133	2.086	2.042
	C_2	20.925	16.770	14.307	13.201	12.101	11.541	11.110	10.413	10.127	9.886

注：L_c——群桩基础承台长度；B_c——群桩基础承台宽度；l——桩长；d——桩径。

4.2.18 桩基等效沉降系数计算参数表（$s_a/d=4$）

表 4-18　　桩基等效沉降系数计算参数表（$s_a/d=4$）

l/d \ L_c/B_c		1	2	3	4	5	6	7	8	9	10
5	C_0	0.203	0.354	0.422	0.464	0495	0.519	0.538	0.555	0.568	0.580
	C_1	1.445	1.786	1.986	2.101	2.213	2.286	2.349	2.434	2.484	2.530
	C_2	2.633	3.243	3.340	3.444	3.431	3.466	3.488	3.433	3.447	3.457
10	C_0	0.125	0.237	0.294	0.332	0.361	0.384	0.403	0.419	0.433	0.445
	C_1	1.378	1.570	1.695	1.756	1.830	1.870	1.906	1.972	2.000	2.027
	C_2	3.707	3.873	3.743	3.729	3.630	3.612	3.597	3.500	3.490	3.482

续表

l/d \ L_c/B_c		1	2	3	4	5	6	7	8	9	10
15	C_0	0.093	0.185	0.234	0.269	0.296	0.317	0.335	0.351	0.364	0.376
	C_1	1.384	1.524	1.626	1.666	1.729	1.757	1.781	1.843	1.863	1.881
	C_2	4.571	4.458	4.188	4.107	3.951	3.904	3.866	3.736	3.712	3.693
20	C_0	0.075	0.153	0.198	0.230	0.254	0.275	0.291	0.306	0.319	0.331
	C_1	1.408	1.521	1.611	1.638	1.695	1.713	1.730	1.791	1.805	1.818
	C_2	5.361	5.024	4.636	4.502	4.297	4.225	4.169	4.009	3.973	3.944
25	C_0	0.063	0.132	0.173	0.202	0.225	0.244	0.260	0.274	0.286	0.297
	C_1	1.441	1.534	1.616	1.633	1.686	1.698	1.708	1.770	1.779	1.786
	C_2	6.114	5.578	5.081	4.900	4.650	4.555	4.482	4.293	4.246	4.208
30	C_0	0.055	0.117	0.154	0.181	0.203	0.221	0.236	0.249	0.261	0.271
	C_1	1.477	1.555	1.633	1.640	1.691	1.696	1.701	1.764	1.768	1.771
	C_2	6.843	6.122	5.524	5.298	5.004	4.887	4.799	4.581	4.524	4.477
40	C_0	0.044	0.095	0.127	0.151	0.170	0.186	0.200	0.212	0.223	0.233
	C_1	1.555	1.611	1.681	1.673	1.720	1.714	1.708	1.774	1.770	1.765
	C_2	8.261	7.195	6.402	6.093	5.713	5.556	5.436	5.163	5.085	5.021
50	C_0	0.036	0.081	0.109	0.130	0.148	0.162	0.175	0.186	0.196	0.205
	C_1	1.636	1.674	1.740	1.718	1.762	1.745	1.730	1.800	1.787	1.775
	C_2	9.648	8.258	7.277	6.887	6.424	6.227	6.077	5.749	5.650	5.569
60	C_0	0.031	0.071	0.096	0.115	0.131	0.144	0.156	0.166	0.175	0.183
	C_1	1.719	1.742	1.805	1.768	1.810	1.783	1.758	1.832	1.811	1.791
	C_2	11.021	9.319	8.152	7.684	7.138	6.902	6.721	6.338	6.219	6.120
70	C_0	0.028	0.063	0.086	0.103	0.117	0.130	0.140	0.150	0.158	0.166
	C_1	1.803	1.811	1.872	1.821	1.861	1.824	1.789	1.867	1.839	1.812
	C_2	12.387	10.381	9.029	8.485	7.856	7.580	7.369	6.929	6.789	6.672
80	C_0	0.025	0.057	0.077	0.093	0.107	0.118	0.128	0.137	0.145	0.152
	C_1	1.887	1.882	1.940	1.876	1.914	1.866	1.822	1.904	1.868	1.834
	C_2	13.753	11.447	9.911	9.291	8.578	8.262	8.020	7.524	7.362	7.226
90	C_0	0.022	0.051	0.071	0.085	0.098	0.108	0.117	0.126	0.133	0.140
	C_1	1.972	1.953	2.009	1.931	1.967	1.909	1.857	1.943	1.899	1.858
	C_2	15.119	12.518	10.799	10.102	9.305	8.949	8.674	8.122	7.938	7.782
100	C_0	0.021	0.047	0.065	0.079	0.090	0.100	0.109	0.117	0.123	0.130
	C_1	2.057	2.025	2.079	1.986	2.021	1.953	1.891	1.981	1.931	1.883
	C_2	16.490	13.595	11.691	10.918	10.036	9.639	9.331	8.722	8.515	8.339

注： L_c——群桩基础承台长度；B_c——群桩基础承台宽度；l——桩长；d——桩径。

4.2.19 桩基等效沉降系数计算参数表（$s_a/d=5$）

表 4-19　　桩基等效沉降系数计算参数表（$s_a/d=5$）

l/d	L_c/B_c	1	2	3	4	5	6	7	8	9	10
5	C_0	0.203	0.389	0.464	0.510	0.543	0.567	0.587	0.603	0.617	0.628
	C_1	1.416	1.864	2.120	2.277	2.416	2.514	2.599	2.695	2.761	2.821
	C_2	1.941	2.652	2.824	2.957	2.973	3.018	3.045	3.008	3.023	3.033
10	C_0	0.125	0.260	0.323	0.364	0.394	0.417	0.437	0.453	0.467	0.480
	C_1	1.349	1.593	1.740	1.818	1.902	1.952	1.996	2.065	2.099	2.131
	C_2	2.959	3.301	3.255	3.278	3.208	3.206	3.201	3.120	3.116	3.112
15	C_0	0.093	0.202	0.257	0.295	0.323	0.345	0.364	0.379	0.393	0.405
	C_1	1.351	1.528	1.645	1.697	1.766	1.800	1.829	1.893	1.916	1.938
	C_2	3.724	3.825	3.649	3.614	3.492	3.465	3.442	3.329	3.314	3.301
20	C_0	0.075	0.168	0.218	0.252	0.278	0.299	0.317	0.332	0.345	0.357
	C_1	1.372	1.513	1.615	1.651	1.712	1.735	1.755	1.818	1.834	1.849
	C_2	4.407	4.316	4.036	3.957	3.792	3.745	3.708	3.566	3.542	3.522
25	C_0	0.063	0.145	0.190	0.222	0.246	0.267	0.283	0.298	0.310	0.322
	C_1	1.399	1.517	1.609	1.633	1.690	1.705	1.717	1.781	1.791	1.800
	C_2	5.049	4.792	4.418	4.301	4.096	4.031	3.982	3.812	3.780	3.754
30	C_0	0.055	0.128	0.170	0.199	0.222	0.241	0.257	0.271	0.283	0.294
	C_1	1.431	1.531	1.617	1.630	1.684	1.692	1.697	1.762	1.767	1.770
	C_2	5.668	5.258	4.796	4.644	4.401	4.320	4.259	4.063	4.022	3.990
40	C_0	0.044	0.105	0.141	0.167	0.188	0.205	0.219	0.232	0.243	0.253
	C_1	1.498	1.573	1.650	1.646	1.695	1.689	1.683	1.751	1.746	1.741
	C_2	6.865	6.176	5.547	5.331	5.013	4.902	4.817	4.568	4.512	4.467
50	C_0	0.036	0.089	0.121	0.144	0.163	0.179	0.192	0.204	0.214	0.224
	C_1	1.569	1.623	1.695	1.675	1.720	1.703	1.868	1.758	1.743	1.730
	C_2	8.034	7.085	6.296	6.018	5.628	5.486	5.379	5.078	5.006	4.948
60	C_0	0.031	0.078	0.106	0.128	0.145	0.159	0.171	0.182	0.192	0.201
	C_1	1.642	1.678	1.745	1.710	1.753	1.724	1.697	1.772	1.749	1.727
	C_2	9.192	7.994	7.046	6.709	6.246	6.074	5.943	5.590	5.502	5.429
70	C_0	0.028	0.069	0.095	0.114	0.130	0.143	0.155	0.165	0.174	0.182
	C_1	1.715	1.735	1.799	1.748	1.789	1.749	1.712	1.791	1.760	1.730
	C_2	10.345	8.905	7.800	7.403	6.868	6.664	6.509	6.104	5.999	5.911

续表

l/d	L_c/B_c	1	2	3	4	5	6	7	8	9	10
80	C_0	0.025	0.063	0.086	0.104	0.118	0.131	0.141	0.151	0.159	0.167
	C_1	1.788	1.793	1.854	1.788	1.827	1.776	1.730	1.812	1.773	1.737
	C_2	11.498	9.820	8.558	8.102	7.493	7.258	7.077	6.620	6.497	6.393
90	C_0	0.022	0.057	0.079	0.095	0.109	0.120	0.130	0.139	0.147	0.154
	C_1	1.861	1.851	1.909	1.830	1.866	1.805	1.749	1.835	1.789	1.745
	C_2	12.653	10.741	9.321	8.805	8.123	7.854	7.647	7.138	6.996	6.876
100	C_0	0.021	0.052	0.072	0.088	0.100	0.111	0.120	0.129	0.136	0.143
	C_1	1.934	1.909	1.966	1.871	1.905	1.834	1.769	1.859	1.805	1.755
	C_2	13.812	11.667	10.089	9.512	8.755	8.453	8.218	7.657	7.495	7.358

注：L_c——群桩基础承台长度；B_c——群桩基础承台宽度；l——桩长；d——桩径。

4.2.20 桩基等效沉降系数计算参数表（$s_a/d=6$）

表 4-20　桩基等效沉降系数计算参数表（$s_a/d=6$）

l/d	L_c/B_c	1	2	3	4	5	6	7	8	9	10
5	C_0	0.203	0.423	0.506	0.555	0.588	0.613	0.633	0.649	0.663	0.674
	C_1	1.393	1.956	2.277	2.485	2.658	2.789	2.902	3.021	3.099	3.179
	C_2	1.438	2.152	2.365	2.503	2.538	2.581	2.603	2.586	2.596	2.599
10	C_0	0.125	0.281	0.350	0.393	0.424	0.449	0.468	0.485	0.499	0.511
	C_1	1.328	1.623	1.793	1.889	1.983	2.044	2.096	2.169	2.210	2.247
	C_2	2.421	2.870	2.881	2.927	2.879	2.886	2.887	2.818	2.817	2.815
15	C_0	0.093	0.219	0.279	0.318	0.348	0.371	0.390	0.406	0.419	0.423
	C_1	1.327	1.540	1.671	1.733	1.809	1.848	1.882	1.949	1.975	1.999
	C_2	3.126	3.366	3.256	3.250	3.153	3.139	3.126	3.024	3.015	3.007
20	C_0	0.075	0.182	0.236	0.272	0.300	0.322	0.340	0.355	0.369	0.380
	C_1	1.344	1.513	1.625	1.669	1.735	1.762	1.785	1.850	1.868	1.884
	C_2	3.740	3.815	3.607	3.565	3.428	3.398	3.374	3.243	3.227	3.214
25	C_0	0.063	0.157	0.207	0.024	0.266	0.287	0.304	0.319	0.332	0.343
	C_1	1.368	1.509	1.610	1.640	1.700	1.717	1.731	1.796	1.807	1.816
	C_2	4.311	4.212	3.950	3.877	3.703	3.659	3.625	3.468	3.445	3.427
30	C_0	0.055	0.139	0.184	0.216	0.240	0.260	0.276	0.291	0.303	0.314
	C_1	1.395	1.516	1.608	1.627	1.683	1.692	1.699	1.765	1.769	1.773
	C_2	4.858	4.659	4.288	4.187	3.977	3.921	3.879	3.694	3.666	3.643

续表

l/d \ L_c/B_c		1	2	3	4	5	6	7	8	9	10
40	C_0	0.044	0.114	0.153	0.181	0.203	0.221	0.236	0.249	0.261	0.271
	C_1	1.455	1.545	1.627	1.626	1.676	1.671	1.664	1.733	1.727	1.721
	C_2	5.912	5.477	4.957	4.804	4.528	4.447	4.386	4.151	4.111	4.078
50	C_0	0.036	0.097	0.132	0.157	0.177	0.193	0.207	0.219	0.230	0.240
	C_1	1.517	1.584	1.659	1.640	1.687	1.669	1.650	1.723	1.707	1.691
	C_2	6.939	6.287	5.624	5.423	5.080	4.974	4.896	4.610	4.557	4.514
60	C_0	0.031	0.085	0.116	0.139	0.157	0.172	0.185	0.196	0.207	0.216
	C_1	1.581	1.627	1.698	1.662	1.706	1.675	1.645	1.722	1.697	1.672
	C_2	7.956	7.097	6.292	6.043	5.634	5.504	5.406	5.071	5.004	4.948
70	C_0	0.028	0.076	0.104	0.125	0.141	0.156	0.168	0.178	0.188	0.196
	C_1	1.645	1.673	1.740	1.688	1.728	1.686	1.646	1.726	1.692	1.660
	C_2	8.968	7.908	6.964	6.667	6.191	6.035	5.917	5.532	5.450	5.382
80	C_0	0.025	0.068	0.094	0.113	0.129	0.142	0.153	0.163	0.172	0.180
	C_1	1.708	1.720	1.783	1.716	1.754	1.700	1.650	1.734	1.692	1.652
	C_2	9.981	8.724	7.640	7.293	6.751	6.569	6.428	5.994	5.896	5.814
90	C_0	0.022	0.062	0.086	0.104	0.118	0.131	0.141	0.150	0.159	0.167
	C_1	1.772	1.768	1.827	1.745	1.780	1.716	1.657	1.744	1.694	1.648
	C_2	10.997	9.544	8.319	7.924	7.314	7.103	6.939	6.457	6.342	6.244
100	C_0	0.021	0.057	0.079	0.096	0.110	0.121	0.131	0.140	0.148	0.155
	C_1	1.835	1.815	1.872	1.775	1.808	1.733	1.665	1.755	1.698	1.646
	C_2	12.016	10.370	9.004	8.557	7.879	7.639	7.450	6.919	6.787	6.673

注：L_c——群桩基础承台长度；B_c——群桩基础承台宽度；l——桩长；d——桩径。

4.2.21 桩顶（身）最大弯矩系数和桩顶水平位移系数

表 4-21 桩顶（身）最大弯矩系数 ν_M 和桩顶水平位移系数 ν_X

桩顶约束情况	桩的换算埋深（αh）	ν_M	ν_X
铰接、自由	4.0	0.768	2.441
	3.5	0.750	2.502
	3.0	0.703	2.727
	2.8	0.675	2.905
	2.6	0.639	3.163
	2.4	0.601	3.526

续表

桩顶约束情况	桩的换算埋深（αh）	ν_M	ν_X
固接	4.0	0.926	0.940
	3.5	0.934	0.970
	3.0	0.967	1.028
	2.8	0.990	1.055
	2.6	1.018	1.079
	2.4	1.045	1.095

注：1. 铰接（自由）的 ν_M 系桩身的最大弯矩系数，固接的 ν_M 系桩顶的最大弯矩系数。
2. 当 $\alpha h>4$ 时取 $\alpha h=4.0$。

4.2.22 桩顶约束效应系数

表 4－22　　桩顶约束效应系数 η_R

换算深度 αh	2.4	2.6	2.8	3.0	3.5	≥4.0
位移控制	2.58	2.34	2.20	2.13	2.07	2.05
强度控制	1.44	1.57	1.71	1.82	2.00	2.07

注：1. $\alpha=\sqrt[5]{\frac{mb_0}{EI}}$，其中，$m$——桩侧土水平抗力系数的比例系数；$b_0$——桩身的计算宽度（m），圆形桩：当直径 $d\leqslant 1$m 时，$b_0=0.9(1.5d+0.5)$；当直径 $d>1$m 时，$b_0=0.9(d+1)$。方形桩：当边宽 $b\leqslant 1$m 时，$b_0=1.5b+0.5$；当边宽 $b>1$m 时，$b_0=b+1$；EI——桩身抗弯刚度，对于钢筋混凝土桩，$EI=0.85E_cI_0$；其中 E_c 为混凝土弹性模量，I_0 为桩身换算截面惯性矩；圆形截面为 $I_0=W_0d_0/2$；矩形截面为 $I_0=W_0b_0/2$。
2. h 为桩的入土长度。

4.2.23 地基土水平抗力系数的比例系数值

表 4－23　　地基土水平抗力系数的比例系数 m 值

序号	地基土类别	预制桩、钢桩		灌注桩	
		m /(MN/m^4)	相应单桩在地面处水平位移/mm	m /(MN/m^4)	相应单桩在地面处水平位移/mm
1	淤泥；淤泥质土；饱和湿陷性黄土	2～4.5	10	2.5～6	6～12
2	流塑（$I_L>1$）、软塑（$0.75<I_L\leqslant 1$）状黏性土；$e>0.9$ 粉土；松散粉细砂；松散、稍密填土	4.5～6.0	10	6～14	4～8
3	可塑（$0.25<I_L\leqslant 0.75$）状黏性土、湿陷性黄土；$e=0.75～0.9$ 粉土；中密填土；稍密细砂	6.0～10	10	14～35	3～6

续表

序号	地基土类别	预制桩、钢桩		灌注桩	
		m /(MN/m^4)	相应单桩在地面处水平位移/mm	m /(MN/m^4)	相应单桩在地面处水平位移/mm
4	硬塑（$0<I_L\leqslant 0.25$）、坚硬（$I_L\leqslant 0$）状黏性土、湿陷性黄土；$e<0.75$ 粉土；中密的中粗砂；密实老填土	10～22	10	35～100	2～5
5	中密、密实的砾砂、碎石类土	—	—	100～300	1.5～3

注：1. 当桩顶水平位移大于表列数值或灌注桩配筋率较高（≥0.65%）时，m 值应适当降低；当预制桩的水平向位移小于 10mm 时，m 值可适当提高。

2. 当水平荷载为长期或经常出现的荷载时，应将表列数值乘以 0.4 降低采用。

3. 当地基为可液化土层时，应将表列数值乘以表 4－9 中相应的系数 ψ_l。

4.2.24 承台底与地基土间的摩擦系数

表 4－24　　承台底与地基土间的摩擦系数 μ

土的类别		摩擦系数 μ
黏性土	可塑	0.25～0.30
	硬塑	0.30～0.35
	坚硬	0.35～0.45
粉土	密实、中密（稍湿）	0.30～0.40
中砂、粗砂、砾砂		0.40～0.50
碎石土		0.40～0.60
软岩、软质岩		0.40～0.60
表面粗糙的较硬岩、坚硬岩		0.65～0.75

4.2.25 桩身压屈计算长度

表 4－25　　桩身压屈计算长度 l_c

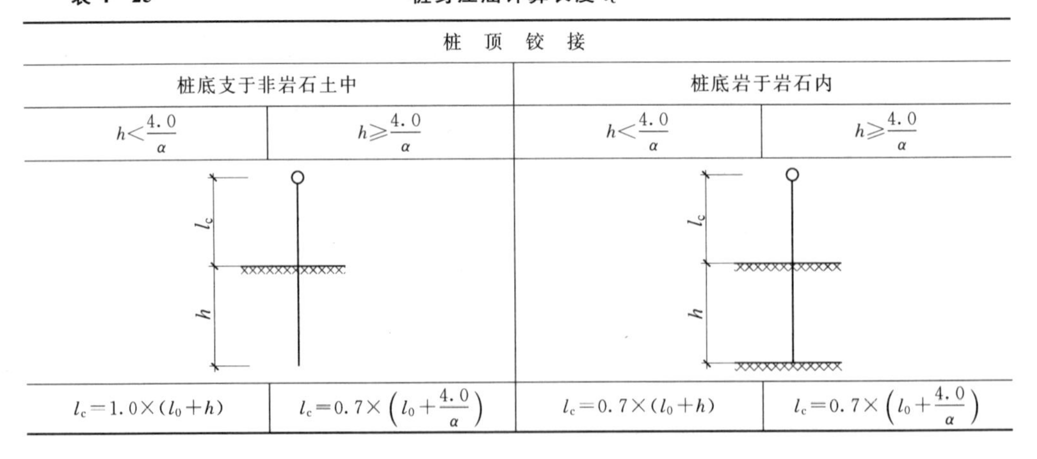

桩顶铰接			
桩底支于非岩石土中		桩底岩于岩石内	
$h<\frac{4.0}{\alpha}$	$h\geqslant\frac{4.0}{\alpha}$	$h<\frac{4.0}{\alpha}$	$h\geqslant\frac{4.0}{\alpha}$
$l_c=1.0\times(l_0+h)$	$l_c=0.7\times\left(l_0+\frac{4.0}{\alpha}\right)$	$l_c=0.7\times(l_0+h)$	$l_c=0.7\times\left(l_0+\frac{4.0}{\alpha}\right)$

桩顶固接			
桩底支于非岩石土中		桩底岩于岩石内	
$h<\frac{4.0}{\alpha}$	$h\geqslant\frac{4.0}{\alpha}$	$h<\frac{4.0}{\alpha}$	$h\geqslant\frac{4.0}{\alpha}$
（图：l_c，h）		（图：l_c，h）	
$l_c=0.7\times(l_0+h)$	$l_c=0.5\times\left(l_0+\frac{4.0}{\alpha}\right)$	$l_c=0.5\times(l_0+h)$	$l_c=0.5\times\left(l_0+\frac{4.0}{\alpha}\right)$

注： 1. 表中 $\alpha=\sqrt[5]{\frac{mb_0}{EI}}$，其中，$m$——桩侧土水平抗力系数的比例系数；$b_0$——桩身的计算宽度（m），圆形桩：当直径 $d\leqslant1$m 时，$b_0=0.9(1.5d+0.5)$；当直径 $d>1$m 时，$b_0=0.9(d+1)$。方形桩：当边宽 $b\leqslant1$m 时，$b_0=1.5b+0.5$；当边宽 $b>1$m 时，$b_0=b+1$；EI——桩身抗弯刚度，对于钢筋混凝土桩，$EI=0.85E_cI_0$；其中 E_c 为混凝土弹性模量，I_0 为桩身换算截面惯性矩：圆形截面为 $I_0=W_0d_0/2$；矩形截面为 $I_0=W_0b_0/2$。

2. l_0 为高承台基桩露出地面的长度，对于低承台桩基，$l_0=0$。

3. h 为桩的入土长度，当桩侧有厚度为 d_l 的液化土层时，桩露出地面长度 l_0 和桩的入土长度 h 分别调整为，$l_0'=l_0+(1-\psi_l)d_l, h'=h-(1-\psi_l)d_l$，$\psi_l$ 按表 4-9 取值。

4. 当存在 $f_{ak}<25$kPa 的软弱土时，按液化土处理。

4.2.26 桩身稳定系数

表 4-26　　桩身稳定系数 φ

l_c/d	≤7	8.5	10.5	12	14	15.5	17	19	21	22.5	24
l_c/b	≤8	10	12	14	16	18	20	22	24	26	28
φ	1.00	0.98	0.95	0.92	0.87	0.81	0.75	0.70	0.65	0.60	0.56
l_c/d	26	28	29.5	31	33	34.5	36.5	38	40	41.5	43
l_c/b	30	32	34	36	38	40	42	44	46	48	50
φ	0.52	0.48	0.44	0.40	0.36	0.32	0.29	0.26	0.23	0.21	0.19

注： b 为矩形桩短边尺寸，d 为桩直径；l_c 为桩长。

4.2.27 桩身的裂缝控制等级及最大裂缝宽度限值

表 4－27 桩身的裂缝控制等级及最大裂缝宽度限值 w_{lim}

环境类别		钢筋混凝土桩		预应力混凝土桩	
		裂缝控制等级	w_{lim}/mm	裂缝控制等级	w_{lim}/mm
二	a	三	0.2（0.3）	二	0
	b	三	0.2	二	0
三		三	0.2	一	0

注：1. 水、土为强、中腐蚀性时，抗拔桩裂缝控制等级应提高一级。
2. 二 a 类环境中，位于稳定地下水位以下的基桩，其最大裂缝宽度限值可采用括弧中的数值。

4.2.28 桩身最大锤击拉应力建议值

表 4－28 最大锤击拉应力 σ_t 建议值 （单位：kPa）

应力类别	桩　类	建议值	出现部位
桩轴向拉应力值	预应力混凝土管桩	$(0.33\sim0.5)\sigma_p$	①桩刚穿越软土层时 ②距桩尖（0.5～0.7）倍桩长处
	混凝土及预应力混凝土桩	$(0.25\sim0.33)\sigma_p$	
桩截面环向拉应力或侧向拉应力	预应力混凝土管桩	$0.25\sigma_p$	最大锤击压应力相应的截面
	混凝土及预应力混凝土桩（侧向）	$(0.22\sim0.25)\sigma_p$	

4.2.29 考虑桩径影响，均布桩端阻力竖向应力影响系数

表 4－29 考虑桩径影响，均布桩端阻力竖向应力影响系数 I_p

l/d	10												
m ＼ n	0.000	0.020	0.040	0.060	0.080	0.100	0.120	0.160	0.200	0.300	0.400	0.500	0.600
0.500	—	—	—	−0.600	−0.581	−0.558	−0.531	−0.468	−0.400	−0.236	−0.113	−0.037	0.004
0.550	—	—	—	−0.779	−0.751	−0.716	−0.675	−0.585	−0.488	−0.270	−0.119	−0.034	0.010
0.600	—	—	—	−1.021	−0.976	−0.922	−0.860	−0.725	−0.587	−0.297	−0.119	−0.026	0.018
0.650	—	—	—	−1.357	−1.283	−1.196	−1.099	−0.893	−0.694	−0.314	−0.109	−0.013	0.027
0.700	—	—	—	−1.846	−1.717	−1.568	−1.408	−1.086	−0.797	−0.311	−0.088	0.003	0.038
0.750	—	—	—	−2.589	−2.349	−2.080	−1.805	−1.289	−0.873	−0.279	−0.057	0.022	0.049
0.800	—	—	—	−3.781	−3.289	−2.772	−2.276	−1.448	−0.875	−0.212	−0.018	0.041	0.059
0.850	—	—	—	−5.787	−4.666	−3.606	−2.701	−1.434	−0.737	−0.117	0.023	0.059	0.067
0.900	—	—	—	−9.175	−6.341	−4.137	−2.625	−1.047	−0.426	−0.015	0.057	0.072	0.072
0.950	—	—	—	−13.522	−6.132	−2.699	−1.262	−0.327	−0.078	0.059	0.079	0.080	0.075
1.004	62.563	62.378	60.503	1.756	0.367	0.208	0.157	0.123	0.111	0.100	0.093	0.085	0.078

续表

l/d	10												
m \ n	0.000	0.020	0.040	0.060	0.080	0.100	0.120	0.160	0.200	0.300	0.400	0.500	0.600
1.008	61.245	60.784	55.653	4.584	0.705	0.325	0.214	0.144	0.121	0.102	0.093	0.086	0.078
1.012	59.708	58.836	50.294	7.572	1.159	0.468	0.280	0.166	0.131	0.105	0.094	0.086	0.078
1.016	57.894	56.509	45.517	9.951	1.729	0.643	0.356	0.190	0.142	0.108	0.095	0.086	0.078
1.020	55.793	53.863	41.505	11.637	2.379	0.853	0.446	0.217	0.154	0.110	0.096	0.087	0.078
1.024	53.433	51.008	38.145	12.763	3.063	1.094	0.549	0.248	0.167	0.113	0.097	0.087	0.078
1.028	50.868	48.054	35.286	13.474	3.737	1.360	0.666	0.282	0.181	0.116	0.098	0.087	0.078
1.040	42.642	39.423	28.667	14.106	5.432	2.227	1.084	0.406	0.230	0.126	0.101	0.089	0.079
1.060	30.269	27.845	21.170	13.000	6.839	3.469	1.849	0.677	0.342	0.148	0.108	0.091	0.080
1.080	21.437	19.955	16.036	11.179	6.992	4.152	2.467	0.980	0.481	0.176	0.117	0.094	0.081
1.100	15.575	14.702	12.379	9.386	6.552	4.348	2.834	1.254	0.631	0.211	0.127	0.098	0.083
1.120	11.677	11.153	9.734	7.831	5.896	4.240	2.977	1.465	0.773	0.250	0.140	0.103	0.085
1.140	9.017	8.692	7.795	6.548	5.208	3.977	2.960	1.601	0.893	0.292	0.154	0.109	0.087
1.160	7.146	6.937	6.349	5.509	4.565	3.650	2.845	1.669	0.985	0.334	0.170	0.115	0.090
1.180	5.791	5.651	5.254	4.672	3.996	3.310	2.678	1.684	1.048	0.374	0.187	0.122	0.094
1.200	4.782	4.686	4.410	3.996	3.503	2.986	2.489	1.659	1.083	0.411	0.204	0.130	0.097
1.300	2.252	2.230	2.167	2.067	1.938	1.788	1.627	1.302	1.010	0.513	0.277	0.170	0.119
1.400	1.312	1.306	1.284	1.250	1.204	1.149	1.087	0.949	0.807	0.506	0.312	0.201	0.140
1.500	0.866	0.863	0.854	0.839	0.820	0.795	0.767	0.701	0.629	0.451	0.311	0.215	0.154
1.600	0.619	0.617	0.613	0.606	0.596	0.583	0.569	0.534	0.494	0.387	0.290	0.215	0.160

l/d	15												
m \ n	0.000	0.020	0.040	0.060	0.080	0.100	0.120	0.160	0.200	0.300	0.400	0.500	0.600
0.500	—	—	−0.619	−0.605	−0.585	−0.562	−0.534	−0.471	−0.402	−0.236	−0.113	−0.037	0.004
0.550	—	—	−0.808	−0.786	−0.757	−0.721	−0.680	−0.588	−0.490	−0.269	−0.119	−0.033	0.010
0.600	—	—	−1.067	−1.032	−0.986	−0.930	−0.867	−0.729	−0.589	−0.297	−0.118	−0.025	0.018
0.650	—	—	−1.433	−1.375	−1.299	−1.208	−1.108	−0.898	−0.695	−0.312	−0.108	−0.013	0.028
0.700	—	—	−1.981	−1.876	−1.742	−1.587	−1.422	−1.091	−0.797	−0.308	−0.087	0.004	0.038
0.750	—	—	−2.850	−2.645	−2.389	−2.108	−1.820	−1.290	−0.868	−0.275	−0.056	0.023	0.049
0.800	—	—	−4.342	−3.889	−3.355	−2.805	−2.286	−1.437	−0.862	−0.207	−0.016	0.042	0.059
0.850	—	—	−7.174	−5.996	−4.747	−3.609	−2.668	−1.395	−0.713	−0.112	0.024	0.059	0.067
0.900	—	—	−13.179	−9.428	−6.231	−3.949	−2.469	−0.980	−0.401	−0.012	0.057	0.072	0.072

续表

l/d	15												
m \ n	0.000	0.020	0.040	0.060	0.080	0.100	0.120	0.160	0.200	0.300	0.400	0.500	0.600
0.950	—	—	−25.874	−11.676	−4.925	−2.196	−1.061	−0.288	−0.067	0.060	0.079	0.080	0.076
1.004	139.202	137.028	6.771	0.657	0.288	0.189	0.151	0.122	0.111	0.100	0.093	0.085	0.078
1.008	134.212	127.885	16.907	1.416	0.502	0.283	0.201	0.141	0.120	0.102	0.093	0.086	0.078
1.012	127.849	116.582	24.338	2.473	0.771	0.392	0.256	0.161	0.130	0.105	0.094	0.086	0.078
1.016	120.095	104.985	28.589	3.784	1.109	0.522	0.320	0.184	0.140	0.107	0.095	0.086	0.078
1.020	111.316	94.178	30.723	5.224	1.516	0.677	0.394	0.209	0.152	0.110	0.096	0.087	0.078
1.024	102.035	84.503	31.544	6.655	1.981	0.858	0.478	0.236	0.164	0.113	0.097	0.087	0.078
1.028	92.751	75.959	31.545	7.976	2.487	1.062	0.575	0.267	0.177	0.116	0.098	0.087	0.078
1.040	67.984	55.962	29.127	10.814	4.040	1.776	0.927	0.379	0.223	0.126	0.101	0.089	0.079
1.060	40.837	35.291	22.966	12.108	5.919	2.983	1.625	0.627	0.328	0.147	0.108	0.091	0.080
1.080	26.159	23.586	17.507	11.187	6.586	3.808	2.255	0.914	0.460	0.174	0.116	0.094	0.081
1.100	17.897	16.610	13.391	9.640	6.442	4.160	2.679	1.187	0.605	0.208	0.127	0.098	0.083
1.120	12.923	12.226	10.406	8.106	5.921	4.162	2.881	1.406	0.746	0.246	0.139	0.103	0.085
1.140	9.737	9.332	8.241	6.781	5.281	3.962	2.911	1.555	0.868	0.288	0.153	0.108	0.087
1.160	7.588	7.339	6.652	5.693	4.648	3.666	2.827	1.637	0.963	0.329	0.169	0.115	0.090
1.180	6.075	5.915	5.463	4.813	4.073	3.340	2.678	1.663	1.030	0.369	0.185	0.122	0.093
1.200	4.973	4.866	4.558	4.104	3.570	3.019	2.499	1.647	1.070	0.406	0.202	0.130	0.097
1.300	2.291	2.269	2.202	2.097	1.962	1.807	1.640	1.307	1.010	0.511	0.276	0.170	0.118
1.400	1.325	1.318	1.296	1.261	1.214	1.157	1.094	0.953	0.809	0.505	0.311	0.201	0.139
1.500	0.871	0.868	0.859	0.844	0.824	0.799	0.770	0.704	0.630	0.451	0.310	0.215	0.154
1.600	0.621	0.620	0.615	0.608	0.598	0.586	0.571	0.536	0.496	0.388	0.290	0.215	0.160

l/d	20												
m \ n	0.000	0.020	0.040	0.060	0.080	0.100	0.120	0.160	0.200	0.300	0.400	0.500	0.600
0.500	—	—	−0.621	−0.606	−0.587	−0.563	−0.535	−0.472	−0.402	−0.236	−0.113	−0.037	0.004
0.550	—	—	−0.811	−0.789	−0.759	−0.723	−0.682	−0.589	−0.491	−0.269	−0.118	−0.033	0.010
0.600	—	—	−1.071	−1.036	−0.989	−0.933	−0.869	−0.731	−0.590	−0.296	−0.117	−0.025	0.018
0.650	—	—	−1.440	−1.381	−1.304	−1.213	−1.112	−0.899	−0.696	−0.312	−0.107	−0.013	0.028
0.700	—	—	−1.993	−1.887	−1.751	−1.594	−1.426	−1.092	−0.797	−0.307	−0.086	0.004	0.038
0.750	—	—	−2.875	−2.665	−2.404	−2.117	−1.826	−1.290	−0.867	−0.273	−0.055	0.023	0.049
0.800	—	—	−4.396	−3.927	−3.378	−2.816	−2.288	−1.432	−0.857	−0.205	−0.016	0.042	0.059

续表

l/d	20												
m \ n	0.000	0.020	0.040	0.060	0.080	0.100	0.120	0.160	0.200	0.300	0.400	0.500	0.600
0.850	—	—	−7.309	−6.069	−4.773	−3.608	−2.656	−1.382	−0.705	−0.110	0.024	0.059	0.067
0.900	—	—	−13.547	−9.494	−6.176	−3.877	−2.414	−0.957	−0.392	−0.011	0.058	0.072	0.072
0.950	—	—	−25.714	−10.848	−4.530	−2.043	−1.000	−0.275	−0.064	0.060	0.079	0.080	0.076
1.004	244.665	222.298	2.507	0.549	0.270	0.184	0.149	0.121	0.111	0.100	0.093	0.085	0.078
1.008	231.267	181.758	6.607	1.118	0.459	0.271	0.196	0.140	0.120	0.102	0.093	0.086	0.078
1.012	213.422	152.271	11.947	1.893	0.691	0.372	0.249	0.160	0.130	0.105	0.094	0.086	0.078
1.016	192.367	130.925	17.172	2.882	0.981	0.491	0.309	0.182	0.140	0.107	0.095	0.086	0.078
1.020	170.266	114.368	21.429	4.037	1.330	0.632	0.379	0.206	0.151	0.110	0.096	0.087	0.078
1.024	148.975	100.844	24.487	5.275	1.735	0.796	0.458	0.232	0.163	0.113	0.097	0.087	0.078
1.028	129.596	89.450	26.439	6.511	2.184	0.983	0.549	0.262	0.175	0.116	0.098	0.087	0.078
1.040	85.457	63.853	27.680	9.582	3.636	1.647	0.881	0.370	0.221	0.126	0.101	0.089	0.079
0.060	46.430	38.661	23.310	11.634	5.588	2.825	1.554	0.611	0.323	0.146	0.108	0.091	0.080
1.080	28.320	25.133	17.998	11.118	6.418	3.685	2.183	0.893	0.453	0.174	0.116	0.094	0.081
1.100	18.875	17.385	13.759	9.705	6.387	4.088	2.623	1.164	0.597	0.207	0.126	0.098	0.083
1.120	13.422	12.647	10.654	8.197	5.921	4.130	2.846	1.386	0.737	0.245	0.139	0.103	0.085
1.140	10.016	9.577	8.407	6.863	5.303	3.953	2.892	1.539	0.859	0.286	0.153	0.108	0.087
1.160	7.755	7.490	6.763	5.758	4.676	3.670	2.819	1.626	0.955	0.327	0.169	0.115	0.090
1.180	6.181	6.013	5.540	4.863	4.099	3.349	2.677	1.656	1.024	0.367	0.185	0.122	0.093
1.200	5.044	4.931	4.612	4.142	3.593	3.030	2.502	1.643	1.065	0.404	0.202	0.129	0.097
1.300	2.306	2.283	2.215	2.108	1.971	1.813	1.645	1.308	1.010	0.510	0.275	0.170	0.118
1.400	1.330	1.323	1.301	1.265	1.218	1.160	1.096	0.954	0.810	0.505	0.311	0.201	0.139
1.500	0.873	0.870	0.861	0.846	0.826	0.801	0.772	0.705	0.631	0.451	0.310	0.215	0.154
1.600	0.622	0.621	0.616	0.609	0.599	0.586	0.572	0.536	0.496	0.388	0.290	0.214	0.160
l/d	25												
m \ n	0.000	0.020	0.040	0.060	0.080	0.100	0.120	0.160	0.200	0.300	0.400	0.500	0.600
0.500	—	—	−0.622	−0.607	−0.588	−0.564	−0.536	−0.472	−0.402	−0.236	−0.112	−0.037	0.004
0.550	—	—	−0.812	−0.790	−0.760	−0.724	−0.683	−0.590	−0.491	−0.269	−0.118	−0.033	0.010
0.600	—	—	−1.073	−1.037	−0.991	−0.934	−0.870	−0.731	−0.590	−0.296	−0.117	−0.025	0.018
0.650	—	—	−1.444	−1.384	−1.306	−1.215	−1.113	−0.900	−0.696	−0.311	−0.107	−0.012	0.028
0.700	—	—	−1.999	−1.892	−1.755	−1.597	−1.428	−1.093	−0.796	−0.307	−0.086	0.004	0.038

续表

l/d	25												
m \ n	0.000	0.020	0.040	0.060	0.080	0.100	0.120	0.160	0.200	0.300	0.400	0.500	0.600
0.750	—	—	−2.886	−2.674	−2.411	−2.122	−1.828	−1.290	−0.866	−0.273	−0.055	0.023	0.049
0.800	—	—	−4.422	−3.945	−3.389	−2.821	−2.290	−1.430	−0.855	−0.205	−0.016	0.042	0.059
0.850	—	—	−7.373	−6.103	−4.785	−3.607	−2.650	−1.375	−0.701	−0.109	0.024	0.059	0.067
0.900	—	—	−13.719	−9.519	−6.147	−3.843	−2.388	−0.946	−0.388	−0.011	0.058	0.072	0.072
0.950	—	—	−25.463	−10.446	−4.355	−1.975	−0.973	−0.270	−0.062	0.060	0.079	0.080	0.076
1.004	377.628	178.408	1.913	0.511	0.263	0.182	0.148	0.121	0.111	0.100	0.093	0.085	0.078
1.008	348.167	161.588	4.792	1.019	0.442	0.267	0.195	0.140	0.120	0.102	0.093	0.086	0.078
1.012	309.027	146.104	8.847	1.700	0.660	0.364	0.246	0.159	0.129	0.105	0.094	0.086	0.078
1.016	265.983	131.641	13.394	2.574	0.930	0.478	0.305	0.181	0.140	0.107	0.095	0.086	0.078
1.020	224.824	118.197	17.660	3.613	1.257	0.613	0.372	0.205	0.150	0.110	0.096	0.087	0.078
1.024	188.664	105.842	21.169	4.756	1.637	0.770	0.450	0.231	0.162	0.113	0.097	0.087	0.078
1.028	158.336	94.627	23.753	5.931	2.062	0.949	0.537	0.260	0.175	0.116	0.098	0.087	0.078
1.040	96.846	67.688	26.679	9.029	3.464	1.592	0.860	0.366	0.220	0.125	0.101	0.089	0.079
1.060	49.548	40.374	23.390	11.390	5.436	2.754	1.522	0.603	0.321	0.146	0.108	0.091	0.080
1.080	29.440	25.906	18.214	11.073	6.336	3.628	2.151	0.883	0.450	0.173	0.116	0.094	0.081
1.100	19.363	17.765	13.931	9.731	6.358	4.054	2.598	1.154	0.593	0.206	0.126	0.098	0.083
1.120	13.666	12.851	10.772	8.237	5.920	4.114	2.829	1.376	0.732	0.244	0.139	0.103	0.085
1.140	10.150	9.695	8.485	6.901	5.313	3.949	2.883	1.532	0.855	0.285	0.153	0.108	0.087
1.160	7.835	7.562	6.816	5.788	4.689	3.671	2.815	1.621	0.952	0.327	0.168	0.115	0.090
1.180	6.232	6.059	5.576	4.887	4.112	3.353	2.677	1.653	1.021	0.366	0.185	0.122	0.093
1.200	5.077	4.963	4.637	4.160	3.604	3.035	2.503	1.641	1.063	0.403	0.202	0.129	0.097
1.300	2.312	2.289	2.221	2.113	1.975	1.816	1.647	1.309	1.010	0.509	0.275	0.170	0.118
1.400	1.332	1.325	1.303	1.267	1.219	1.162	1.097	0.955	0.810	0.505	0.310	0.201	0.139
1.500	0.874	0.871	0.862	0.847	0.826	0.801	0.772	0.705	0.631	0.451	0.310	0.215	0.154
1.600	0.623	0.621	0.617	0.609	0.599	0.587	0.572	0.537	0.496	0.388	0.290	0.214	0.160

l/d	30												
m \ n	0.000	0.020	0.040	0.060	0.080	0.100	0.120	0.160	0.200	0.300	0.400	0.500	0.600
0.500	—	−0.631	−0.622	−0.608	−0.588	−0.564	−0.536	−0.472	−0.403	−0.236	−0.112	−0.037	0.004
0.550	—	−0.827	−0.813	−0.791	−0.761	−0.725	−0.683	−0.590	−0.491	−0.269	−0.118	−0.033	0.010
0.600	—	−1.096	−1.074	−1.038	−0.991	−0.935	−0.871	−0.732	−0.590	−0.296	−0.117	−0.025	0.018
0.650	—	−1.483	−1.445	−1.386	−1.308	−1.216	−1.114	−0.900	−0.696	−0.311	−0.107	−0.012	0.028

续表

l/d	30												
m \ n	0.000	0.020	0.040	0.060	0.080	0.100	0.120	0.160	0.200	0.300	0.400	0.500	0.600
0.700	—	−2.071	−2.002	−1.895	−1.757	−1.598	−1.429	−1.093	−0.796	−0.306	−0.086	0.004	0.038
0.750	—	−3.032	−2.892	−2.679	−2.414	−2.124	−1.829	−1.290	−0.865	−0.272	−0.054	0.023	0.049
0.800	—	−4.764	−4.436	−3.955	−3.395	−2.824	−2.290	−1.429	−0.854	−0.204	−0.15	0.042	0.059
0.850	—	−8.367	−7.408	−6.122	−4.791	−3.606	−2.646	−1.372	−0.699	−0.109	0.025	0.059	0.067
0.900	—	−17.766	−13.813	−9.532	−6.130	−3.824	−2.374	−0.941	−0.386	−0.010	0.058	0.072	0.072
0.950	—	−53.070	−25.276	−10.224	−4.262	−1.940	−0.959	−0.267	−0.062	0.060	0.079	0.080	0.076
1.004	536.535	67.314	1.695	0.493	0.259	0.181	0.148	0.121	0.111	0.100	0.093	0.085	0.078
1.008	480.071	114.047	4.129	0.973	0.433	0.264	0.194	0.140	0.120	0.102	0.093	0.086	0.078
1.012	407.830	125.866	7.619	1.610	0.644	0.359	0.245	0.159	0.129	0.105	0.094	0.086	0.078
1.016	335.065	123.804	11.742	2.429	0.905	0.471	0.302	0.180	0.139	0.107	0.095	0.086	0.078
1.020	271.631	116.207	15.857	3.410	1.220	0.603	0.369	0.204	0.150	0.110	0.096	0.087	0.078
1.024	220.202	106.561	19.459	4.502	1.587	0.757	0.445	0.230	0.162	0.113	0.097	0.087	0.078
1.028	179.778	96.493	22.283	5.641	1.999	0.932	0.531	0.259	0.174	0.116	0.098	0.087	0.078
1.040	104.344	69.738	26.055	8.735	3.375	1.563	0.850	0.364	0.219	0.125	0.101	0.089	0.079
1.060	51.415	41.346	23.409	11.251	5.354	2.717	1.505	0.599	0.320	0.146	0.108	0.091	0.080
1.080	30.085	26.343	18.329	11.045	6.290	3.597	2.133	0.878	0.448	0.173	0.116	0.094	0.081
1.100	19.639	17.978	14.025	9.744	6.342	4.035	2.584	1.148	0.591	0.206	0.126	0.098	0.083
1.120	13.802	12.964	10.836	8.259	5.919	4.105	2.820	1.371	0.730	0.244	0.139	0.103	0.085
1.140	10.224	9.760	8.528	6.921	5.318	3.946	2.878	1.528	0.853	0.285	0.153	0.108	0.087
1.160	7.879	7.602	6.845	5.805	4.695	3.672	2.813	1.618	0.950	0.326	0.168	0.115	0.090
1.180	6.259	6.084	5.596	4.900	4.118	3.356	2.676	1.651	1.019	0.366	0.185	0.122	0.093
1.200	5.095	4.980	4.651	4.170	3.610	3.038	2.503	1.640	1.062	0.403	0.202	0.129	0.097
1.300	2.316	2.293	2.224	2.116	1.977	1.818	1.648	1.310	1.010	0.509	0.275	0.169	0.118
1.400	1.333	1.326	1.304	1.268	1.220	1.163	1.098	0.955	0.811	0.505	0.310	0.200	0.139
1.500	0.874	0.872	0.862	0.847	0.827	0.802	0.773	0.705	0.631	0.451	0.310	0.215	0.154
1.600	0.623	0.621	0.617	0.610	0.599	0.587	0.572	0.537	0.496	0.388	0.290	0.214	0.160

l/d	40												
m \ n	0.000	0.020	0.040	0.060	0.080	0.100	0.120	0.160	0.200	0.300	0.400	0.500	0.600
0.500	—	−0.631	−0.622	−0.608	−0.588	−0.564	−0.536	−0.472	−0.403	−0.236	−0.112	−0.036	0.004
0.550	—	−0.827	−0.814	−0.791	−0.762	−0.725	−0.684	−0.590	−0.491	−0.269	−0.118	−0.033	0.010
0.600	—	−1.097	−1.075	−1.039	−0.992	−0.936	−0.872	−0.732	−0.591	−0.296	−0.117	−0.025	0.018

续表

l/d	40												
m \ n	0.000	0.020	0.040	0.060	0.080	0.100	0.120	0.160	0.200	0.300	0.400	0.500	0.600
0.650	—	−1.485	−1.447	−1.387	−1.309	−1.217	−1.115	−0.901	−0.696	−0.311	−0.107	−0.012	0.028
0.700	—	−2.074	−2.006	−1.898	−1.759	−1.600	−1.431	−1.094	−0.796	−0.306	−0.086	0.004	0.038
0.750	—	−3.039	−2.899	−2.684	−2.418	−2.126	−1.831	−1.290	−0.865	−0.272	−0.054	0.023	0.049
0.800	—	−4.781	−4.449	−3.965	−3.401	−2.826	−2.291	−1.428	−0.853	−0.204	−0.015	0.042	0.059
0.850	—	−8.418	−7.443	−6.140	−4.797	−3.606	−2.643	−1.368	−0.696	−0.108	0.025	0.059	0.067
0.900	—	−17.982	−13.906	−9.543	−6.114	−3.805	−2.360	−0.935	−0.384	−0.010	0.058	0.072	0.072
0.950	—	−54.543	−25.054	−10.003	−4.171	−1.905	−0.945	−0.264	−0.061	0.060	0.079	0.080	0.076
1.004	924.755	26.114	1.523	0.477	0.255	0.180	0.147	0.121	0.111	0.100	0.093	0.085	0.078
1.008	769.156	68.377	3.614	0.931	0.425	0.262	0.193	0.139	0.120	0.102	0.093	0.086	0.078
1.012	595.591	97.641	6.633	1.529	0.630	0.355	0.243	0.159	0.129	0.105	0.094	0.086	0.078
1.016	449.984	109.641	10.343	2.298	0.881	0.465	0.300	0.180	0.139	0.107	0.095	0.086	0.078
1.020	341.526	110.416	14.244	3.224	1.185	0.594	0.366	0.203	0.150	0.110	0.096	0.087	0.078
1.024	263.543	105.215	17.851	4.267	1.541	0.744	0.441	0.229	0.162	0.113	0.097	0.087	0.078
1.028	207.150	97.302	20.843	5.369	1.940	0.916	0.526	0.258	0.174	0.116	0.098	0.087	0.079
1.040	112.989	71.701	25.382	8.448	3.288	1.535	0.839	0.362	0.219	0.125	0.101	0.089	0.079
1.060	53.411	42.340	23.410	11.109	5.272	2.680	1.488	0.596	0.319	0.146	0.108	0.091	0.080
1.080	30.754	26.788	18.440	11.014	6.245	3.566	2.116	0.872	0.447	0.173	0.116	0.094	0.081
1.100	19.920	18.194	14.119	9.755	6.325	4.016	2.570	1.143	0.589	0.206	0.126	0.098	0.083
1.120	13.939	13.078	10.900	8.281	5.917	4.096	2.811	1.366	0.728	0.244	0.139	0.103	0.085
1.140	10.300	9.825	8.571	6.941	5.323	3.944	2.873	1.524	0.850	0.284	0.153	0.108	0.087
1.160	7.923	7.642	6.874	5.822	4.702	3.673	2.811	1.615	0.948	0.326	0.168	0.115	0.090
1.180	6.287	6.110	5.616	4.912	4.125	3.358	2.676	1.649	1.018	0.366	0.185	0.122	0.093
1.200	5.113	4.997	4.665	4.180	3.615	3.040	2.504	1.639	1.061	0.402	0.201	0.129	0.097
1.300	2.320	2.297	2.227	2.119	1.980	1.820	1.649	1.310	1.009	0.509	0.275	0.169	0.118
1.400	1.334	1.327	1.305	1.269	1.221	1.163	1.098	0.956	0.811	0.505	0.310	0.200	0.139
1.500	0.875	0.872	0.863	0.848	0.827	0.802	0.773	0.706	0.632	0.451	0.310	0.215	0.154
1.600	0.623	0.622	0.617	0.610	0.600	0.587	0.572	0.537	0.496	0.388	0.290	0.214	0.160

l/d	50												
m \ n	0.000	0.020	0.040	0.060	0.080	0.100	0.120	0.160	0.200	0.300	0.400	0.500	0.600
0.500	—	−0.632	−0.623	−0.608	−0.589	−0.564	−0.537	−0.473	−0.403	−0.236	−0.112	−0.036	0.004
0.550	—	−0.828	−0.814	−0.792	−0.762	−0.725	−0.684	−0.590	−0.491	−0.269	−0.118	−0.033	0.010

续表

l/d	50												
m \ n	0.000	0.020	0.040	0.060	0.080	0.100	0.120	0.160	0.200	0.300	0.400	0.500	0.600
0.600	—	−1.097	−1.075	−1.040	−0.993	−0.936	−0.872	−0.732	−0.591	−0.296	−0.117	−0.025	0.018
0.650	—	−1.486	−1.448	−1.388	−1.310	−1.217	−1.115	−0.901	−0.696	−0.311	−0.107	−0.012	−0.028
0.700	—	−2.076	−2.007	−1.899	−1.760	−1.601	−1.431	−1.094	−0.796	−0.306	−0.086	0.004	0.038
0.750	—	−3.042	−2.902	−2.686	−2.420	−2.127	−1.831	−1.290	−0.865	−0.272	−0.054	0.023	0.049
0.800	—	−4.789	−4.456	−3.969	−3.403	−2.828	−2.291	−1.428	−0.852	−0.203	−0.015	0.042	0.059
0.850	—	−8.441	−7.460	−6.149	−4.800	−3.605	−2.641	−1.367	−0.696	−0.108	0.025	0.059	0.067
0.900	—	−18.083	−13.950	−9.548	−6.106	−3.797	−2.354	−0.933	−0.383	−0.010	0.058	0.072	0.072
0.950	—	−55.231	−24.939	−9.900	−4.129	−1.889	−0.938	−0.263	−0.060	0.060	0.079	0.080	0.076
1.004	1392.355	18.855	1.455	0.470	0.254	0.180	0.147	0.121	0.111	0.100	0.093	0.085	0.078
1.008	1063.621	53.265	3.413	0.913	0.421	0.261	0.192	0.139	0.120	0.102	0.093	0.086	0.078
1.012	754.349	84.366	6.241	1.495	0.623	0.353	0.242	0.159	0.129	0.105	0.094	0.086	0.078
1.016	533.576	101.473	9.768	2.241	0.871	0.462	0.299	0.180	0.139	0.107	0.095	0.086	0.078
1.020	387.082	106.414	13.556	3.143	1.170	0.590	0.364	0.203	0.150	0.110	0.096	0.087	0.078
1.024	289.666	103.778	17.142	4.164	1.520	0.738	0.438	0.229	0.161	0.113	0.097	0.087	0.078
1.028	223.218	97.234	20.188	5.248	1.914	0.908	0.523	0.257	0.174	0.116	0.098	0.087	0.079
1.040	117.472	72.569	25.055	8.317	3.249	1.522	0.835	0.361	0.219	0.125	0.101	0.089	0.079
1.060	54.386	42.810	23.404	11.042	5.235	2.663	1.481	0.594	0.318	0.146	0.108	0.091	0.080
1.080	31.073	26.999	18.490	10.999	6.223	3.552	2.108	0.870	0.446	0.173	0.116	0.094	0.081
1.100	20.053	18.296	14.162	9.760	6.317	4.007	2.563	1.140	0.588	0.206	0.126	0.098	0.083
1.120	14.004	13.132	10.930	8.290	5.916	4.092	2.806	1.364	0.727	0.244	0.139	0.103	0.085
1.140	10.335	9.856	8.591	6.951	5.325	3.942	2.870	1.522	0.849	0.284	0.153	0.108	0.087
1.160	7.944	7.660	6.887	5.829	4.705	3.673	2.810	1.613	0.947	0.326	0.168	0.115	0.090
1.180	6.300	6.122	5.625	4.918	4.128	3.359	2.676	1.648	1.017	0.365	0.185	0.122	0.093
1.200	5.122	5.005	4.672	4.184	3.618	3.042	2.504	1.639	1.060	0.402	0.201	0.129	0.097
1.300	2.321	2.298	2.229	2.120	1.981	1.821	1.650	1.310	1.009	0.0509	0.275	0.169	0.118
1.400	1.335	1.328	1.305	1.269	1.221	1.164	1.099	0.956	0.811	0.505	0.310	0.200	0.139
1.500	0.875	0.872	0.863	0.848	0.827	0.802	0.773	0.706	0.632	0.451	0.310	0.215	0.154
1.600	0.623	0.622	0.617	0.610	0.600	0.587	0.572	0.537	0.497	0.388	0.290	0.241	0.160

l/d	60												
m \ n	0.000	0.020	0.040	0.060	0.080	0.100	0.120	0.160	0.200	0.300	0.400	0.500	0.600
0.500	—	−0.632	−0.623	−0.608	−0.589	−0.565	−0.537	−0.473	−0.403	−0.236	−0.112	−0.036	0.004

续表

l/d	60												
m \ n	0.000	0.020	0.040	0.060	0.080	0.100	0.120	0.160	0.200	0.300	0.400	0.500	0.600
0.550	—	−0.828	−0.814	−0.792	−0.762	−0.726	−0.684	−0.590	−0.491	−0.269	−0.118	−0.033	0.010
0.600	—	−1.098	−1.076	−1.040	−0.993	−0.936	−0.872	−0.732	−0.591	−0.296	−0.117	−0.025	0.018
0.650	—	−1.486	−1.448	−1.389	−1.310	−1.218	−1.116	−0.901	−0.696	−0.311	−0.107	−0.012	0.028
0.700	—	−2.077	−2.008	−1.900	−1.761	−1.601	−1.431	−1.094	−0.796	−0.306	−0.086	0.004	0.038
0.750	—	−3.044	−2.903	−2.688	−2.421	−2.128	−1.832	−1.290	−0.864	−0.272	−0.054	0.023	0.049
0.800	—	−4.793	−4.459	−3.972	−3.405	−2.828	−2.291	−1.427	−0.852	−0.203	−0.015	0.042	0.059
0.850	—	−8.454	−7.469	−6.153	−4.802	−3.605	−2.640	−1.366	−0.695	−0.108	0.025	0.059	0.067
0.900	—	−18.139	−13.973	−9.551	−6.101	−3.792	−2.350	−0.931	−0.382	−0.010	0.058	0.072	0.072
0.950	—	−55.606	−24.874	−9.844	−4.106	−1.881	−0.935	−0.262	−0.060	0.060	0.079	0.080	0.076
1.004	1919.968	16.202	1.420	0.466	0.253	0.179	0.147	0.121	0.111	0.100	0.093	0.085	0.078
1.008	1339.951	46.658	3.312	0.904	0.419	0.260	0.192	0.139	0.120	0.102	0.093	0.086	0.078
1.012	880.499	77.527	6.043	1.476	0.620	0.352	0.242	0.159	0.129	0.105	0.094	0.086	0.078
1.016	592.844	96.782	9.474	2.211	0.865	0.460	0.299	0.180	0.139	0.107	0.095	0.086	0.078
1.020	417.074	103.916	13.198	3.101	1.162	0.587	0.363	0.203	0.150	0.110	0.096	0.087	0.078
1.024	306.046	102.769	16.767	4.110	1.509	0.735	0.437	0.228	0.161	0.113	0.097	0.087	0.078
1.028	232.784	97.065	19.836	5.184	1.900	0.904	0.521	0.257	0.174	0.116	0.098	0.087	0.079
1.040	120.052	73.026	24.874	8.247	3.228	1.515	0.832	0.361	0.218	0.125	0.101	0.089	0.079
1.060	54.929	43.067	23.399	11.006	5.214	2.654	1.477	0.593	0.318	0.146	0.108	0.091	0.080
1.080	31.250	27.114	18.517	10.990	6.212	3.544	2.103	0.869	0.445	0.173	0.116	0.094	0.081
1.100	20.126	18.351	14.185	9.763	6.312	4.002	2.560	1.139	0.587	0.206	0.126	0.098	0.083
1.120	14.040	13.161	10.947	8.296	5.916	4.090	2.804	1.363	0.726	0.243	0.138	0.103	0.085
1.140	10.354	9.873	8.602	6.956	5.326	3.942	2.869	1.521	0.849	0.284	0.153	0.108	0.087
1.160	7.955	7.670	6.895	5.833	4.707	3.673	2.809	1.613	0.947	0.325	0.168	0.115	0.090
1.180	6.307	6.128	5.630	4.922	4.130	3.359	2.676	1.647	1.017	0.365	0.184	0.122	0.093
1.200	5.127	5.009	4.675	4.187	3.620	3.042	2.505	1.638	1.060	0.402	0.201	0.129	0.097
1.300	2.322	2.299	2.230	2.121	1.981	1.821	1.650	1.310	1.009	0.509	0.275	0.169	0.118
1.400	1.335	1.328	1.306	1.270	1.222	1.164	1.099	0.956	0.811	0.505	0.310	0.200	0.139
1.500	0.875	0.872	0.863	0.848	0.828	0.802	0.773	0.706	0.632	0.451	0.310	0.215	0.154
1.600	0.623	0.622	0.617	0.610	0.600	0.587	0.572	0.537	0.497	0.388	0.290	0.214	0.160

续表

l/d	70												
m \ n	0.000	0.020	0.040	0.060	0.080	0.100	0.120	0.160	0.200	0.300	0.400	0.500	0.600
0.500	—	−0.632	−0.623	−0.608	−0.589	−0.565	−0.537	−0.473	−0.403	−0.236	−0.112	−0.036	0.004
0.550	—	−0.828	−0.814	−0.792	−0.762	−0.726	−0.684	−0.590	−0.492	−0.269	−0.118	−0.033	0.010
0.600	—	−1.098	−1.076	−1.040	−0.993	−0.936	−0.872	−0.732	−0.591	−0.296	−0.117	−0.025	0.018
0.650	—	−1.486	−1.449	−1.389	−1.310	−1.218	−1.116	−0.901	−0.696	−0.311	−0.107	−0.012	0.028
0.700	—	−2.078	−2.008	−1.900	−1.761	−1.601	−1.432	−1.094	−0.796	−0.306	−0.086	0.004	0.038
0.750	—	−3.045	−2.904	−2.688	−2.421	−2.128	−1.832	−1.290	−0.864	−0.272	−0.054	0.023	0.049
0.800	—	−4.795	−4.462	−3.973	−3.406	−2.829	−2.292	−1.427	−0.852	−0.203	−0.015	0.042	0.059
0.850	—	−8.462	−7.474	−6.156	−4.802	−3.605	−2.640	−1.365	−0.695	−0.108	0.025	0.060	0.067
0.900	—	−18.172	−13.987	−9.553	−6.099	−3.789	−2.348	−0.930	−0.382	−0.010	0.058	0.072	0.072
0.950	—	−55.833	−24.833	−9.810	−4.093	−1.876	−0.933	−0.261	−0.060	0.060	0.079	0.080	0.076
1.004	2487.589	14.895	1.400	0.464	0.252	0.179	0.147	0.121	0.111	0.100	0.093	0.085	0.078
1.008	1586.401	43.156	3.254	0.898	0.418	0.260	0.192	0.139	0.120	0.102	0.093	0.086	0.078
1.012	978.338	73.579	5.929	1.465	0.617	0.351	0.242	0.159	0.129	0.105	0.094	0.086	0.078
1.016	635.104	93.901	9.302	2.193	0.862	0.459	0.298	0.180	0.139	0.107	0.095	0.086	0.078
1.020	437.410	102.308	12.987	3.075	1.157	0.586	0.363	0.203	0.150	0.110	0.096	0.087	0.078
1.024	316.808	102.082	16.544	4.077	1.502	0.733	0.437	0.228	0.161	0.113	0.097	0.087	0.078
1.028	238.940	96.915	19.626	5.146	1.891	0.902	0.521	0.257	0.174	0.116	0.098	0.087	0.079
1.040	121.661	73.297	24.763	8.205	3.216	1.511	0.831	0.360	0.218	0.125	0.101	0.089	0.079
1.060	55.262	43.223	23.396	10.984	5.202	2.648	1.474	0.592	0.318	0.146	0.108	0.091	0.080
1.080	31.357	27.184	18.534	10.985	6.205	3.540	2.101	0.868	0.445	0.173	0.116	0.094	0.081
1.100	20.170	18.385	14.200	9.764	6.310	3.999	2.558	1.138	0.587	0.206	0.126	0.098	0.083
1.120	14.061	13.179	10.957	8.299	5.916	4.088	2.803	1.362	0.726	0.243	0.138	0.103	0.085
1.140	10.365	9.883	8.608	6.959	5.327	3.941	2.868	1.520	0.849	0.284	0.153	0.108	0.087
1.160	7.962	7.676	6.899	5.836	4.708	3.673	2.809	1.612	0.946	0.325	0.168	0.115	0.090
1.180	6.311	6.132	5.633	4.924	4.131	3.360	2.676	1.647	1.016	0.365	0.184	0.122	0.093
1.200	5.129	5.011	4.677	4.188	3.620	3.043	2.505	1.638	1.060	0.402	0.201	0.129	0.097
1.300	2.323	2.300	2.230	2.121	1.982	1.821	1.650	1.310	1.009	0.508	0.275	0.169	0.118
1.400	1.335	1.328	1.306	1.270	1.222	1.164	1.099	0.956	0.811	0.504	0.310	0.200	0.139
1.500	0.875	0.872	0.863	0.848	0.828	0.802	0.773	0.706	0.632	0.451	0.310	0.215	0.154
1.600	0.623	0.622	0.617	0.610	0.600	0.587	0.572	0.537	0.497	0.388	0.290	0.214	0.160

续表

l/d	80												
m \ n	0.000	0.020	0.040	0.060	0.080	0.100	0.120	0.160	0.200	0.300	0.400	0.500	0.600
0.500	—	−0.632	−0.623	−0.608	−0.589	−0.565	−0.537	−0.473	−0.403	−0.236	−0.112	−0.036	0.004
0.550	—	−0.828	−0.814	−0.792	−0.762	−0.726	−0.684	−0.590	−0.492	−0.269	−0.118	−0.033	0.010
0.600	—	−1.098	−1.076	−1.040	−0.993	−0.936	−0.872	−0.732	−0.591	−0.296	−0.117	−0.025	0.018
0.650	—	−1.487	−1.449	−1.389	−1.310	−1.218	−1.116	−0.901	−0.696	−0.311	−0.107	−0.012	0.028
0.700	—	−2.078	−2.009	−1.900	−1.761	−1.602	−1.432	−1.094	−0.796	−0.306	−0.086	0.004	0.038
0.750	—	−3.046	−2.905	−2.689	−2.422	−2.129	−1.832	−1.290	−0.864	−0.272	−0.054	0.023	0.049
0.800	—	−4.797	−4.463	−3.974	−3.406	−2.829	−2.292	−1.427	−0.852	−0.203	−0.015	0.042	0.059
0.850	—	−8.467	−7.478	−6.158	−4.803	−3.605	−2.639	−1.365	−0.694	−0.108	0.025	0.060	0.067
0.900	—	−18.194	−13.997	−9.554	−6.097	−3.787	−2.347	−0.930	−0.382	−0.010	0.058	0.072	0.072
0.950	—	−55.980	−24.806	−9.788	−4.084	−1.872	−0.931	−0.261	−0.060	0.060	0.079	0.080	0.076
1.004	3076.311	14.141	1.388	0.462	0.252	0.179	0.147	0.121	0.111	0.100	0.093	0.085	0.078
1.008	1799.624	41.060	3.217	0.894	0.417	0.259	0.192	0.139	0.120	0.102	0.093	0.086	0.078
1.012	1053.864	71.096	5.856	1.458	0.616	0.351	0.242	0.159	0.129	0.105	0.094	0.086	0.078
1.016	665.764	92.018	9.193	2.182	0.860	0.459	0.298	0.180	0.139	0.107	0.095	0.086	0.078
1.020	451.655	101.227	12.853	3.059	1.154	0.585	0.362	0.203	0.150	0.110	0.096	0.087	0.078
1.024	324.188	101.604	16.401	4.056	1.498	0.732	0.436	0.228	0.161	0.113	0.097	0.087	0.078
1.028	243.104	96.798	19.490	5.122	1.886	0.900	0.520	0.257	0.174	0.116	0.098	0.087	0.079
1.040	122.727	73.470	24.691	8.177	3.208	1.508	0.830	0.360	0.218	0.125	0.101	0.089	0.079
1.060	55.480	43.325	23.393	10.969	5.194	2.645	1.473	0.592	0.318	0.146	0.108	0.091	0.080
1.080	31.427	27.230	18.544	10.982	6.200	3.537	2.099	0.868	0.445	0.173	0.116	0.094	0.081
1.100	20.199	18.407	14.209	9.765	6.308	3.997	2.556	1.137	0.587	0.206	0.126	0.098	0.083
1.120	14.075	13.190	10.963	8.301	5.915	4.087	2.802	1.361	0.726	0.243	0.138	0.103	0.085
1.140	10.373	9.889	8.613	6.961	5.327	3.941	2.868	1.520	0.848	0.284	0.153	0.108	0.087
1.160	7.966	7.680	6.902	5.837	4.708	3.673	2.809	1.612	0.946	0.325	0.168	0.115	0.090
1.180	6.311	6.135	5.635	4.925	4.131	3.360	2.676	1.647	1.016	0.365	0.184	0.122	0.093
1.200	5.131	5.013	4.679	4.189	3.621	3.043	2.505	1.638	1.060	0.402	0.201	0.129	0.097
1.300	2.323	2.300	2.231	2.122	1.982	1.821	1.650	1.310	1.009	0.508	0.275	0.169	0.118
1.400	1.335	1.328	1.306	1.270	1.222	1.164	1.099	0.956	0.811	0.504	0.310	0.200	0.139
1.500	0.875	0.872	0.863	0.848	0.828	0.802	0.773	0.706	0.632	0.451	0.310	0.215	0.154
1.600	0.623	0.622	0.617	0.610	0.600	0.587	0.572	0.537	0.497	0.388	0.290	0.214	0.160

续表

l/d	90												
m \ n	0.000	0.020	0.040	0.060	0.080	0.100	0.120	0.160	0.200	0.300	0.400	0.500	0.600
0.500	—	−0.632	−0.623	−0.608	−0.589	−0.565	−0.537	−0.473	−0.403	−0.236	−0.112	−0.036	0.004
0.550	—	−0.828	−0.814	−0.792	−0.762	−0.726	−0.684	−0.590	−0.492	−0.269	−0.118	−0.033	0.010
0.600	—	−1.098	−1.076	−1.040	−0.993	−0.936	−0.872	−0.732	−0.591	−0.296	−0.117	−0.025	0.018
0.650	—	−1.487	−1.449	−1.389	−1.311	−1.218	−1.116	−0.901	−0.696	−0.311	−0.107	−0.012	0.028
0.700	—	−2.078	−2.009	−1.900	−1.761	−1.602	−1.432	−1.094	−0.796	−0.306	−0.086	0.004	0.038
0.750	—	−3.046	−2.905	−2.689	−2.422	−2.129	−1.832	−1.290	−0.864	−0.271	−0.054	0.023	0.049
0.800	—	−4.798	−4.464	−3.975	−3.407	−2.829	−2.292	−1.427	−0.851	−0.203	−0.015	0.042	0.059
0.850	—	−8.471	−7.480	−6.159	−4.803	−3.605	−2.639	−1.365	−0.694	−0.108	0.025	0.060	0.067
0.900	—	−18.209	−14.003	−9.554	−6.096	−3.786	−2.346	−0.929	−0.382	−0.010	0.058	0.072	0.072
0.950	—	−56.081	−24.787	−9.773	−4.078	−1.870	−0.930	−0.261	−0.060	0.060	0.079	0.080	0.076
1.004	3669.635	13.662	1.379	0.461	0.252	0.179	0.147	0.121	0.111	0.100	0.093	0.085	0.078
1.008	1980.993	39.699	3.192	0.892	0.417	0.259	0.192	0.139	0.120	0.102	0.093	0.086	0.078
1.012	1112.459	69.431	5.807	1.454	0.615	0.351	0.242	0.158	0.129	0.105	0.094	0.086	0.078
1.016	688.476	90.724	9.119	2.174	0.858	0.458	0.298	0.179	0.139	0.107	0.095	0.086	0.078
1.020	461.944	100.469	12.761	3.048	1.151	0.584	0.362	0.203	0.150	0.110	0.096	0.087	0.078
1.024	329.440	101.263	16.303	4.042	1.495	0.731	0.436	0.228	0.161	0.113	0.097	0.087	0.078
1.028	246.040	96.709	19.397	5.105	1.882	0.899	0.520	0.256	0.174	0.116	0.098	0.087	0.079
1.040	123.468	73.588	24.641	8.159	3.202	1.507	0.829	0.360	0.218	0.125	0.101	0.089	0.079
1.060	55.631	43.395	23.391	10.959	5.189	2.642	1.472	0.592	0.318	0.146	0.108	0.091	0.080
1.080	31.475	27.261	18.551	10.979	6.197	3.535	2.098	0.867	0.445	0.173	0.116	0.094	0.081
1.100	20.219	18.422	14.215	9.766	6.307	3.996	2.555	1.137	0.586	0.206	0.126	0.098	0.083
1.120	14.084	13.198	10.967	8.302	5.915	4.087	2.801	1.361	0.725	0.243	0.138	0.103	0.085
1.140	10.378	9.894	8.616	6.962	5.328	3.941	2.867	1.520	0.848	0.284	0.153	0.108	0.087
1.160	7.969	7.683	6.904	5.839	4.709	3.673	2.809	1.612	0.946	0.325	0.168	0.115	0.090
1.180	6.316	6.137	5.636	4.926	4.132	3.360	2.676	1.647	1.016	0.365	0.184	0.122	0.093
1.200	5.132	5.014	4.680	4.190	3.621	3.043	2.505	1.638	1.059	0.402	0.201	0.129	0.097
1.300	2.323	2.300	2.231	2.122	1.982	1.822	1.651	1.310	1.009	0.508	0.275	0.169	0.118
1.400	1.336	1.328	1.306	1.270	1.222	1.164	1.099	0.956	0.811	0.504	0.310	0.200	0.139
1.500	0.875	0.872	0.863	0.848	0.828	0.802	0.773	0.706	0.632	0.451	0.310	0.215	0.154
1.600	0.623	0.622	0.617	0.610	0.600	0.587	0.572	0.537	0.497	0.388	0.290	0.214	0.160

续表

l/d	100												
m \ n	0.000	0.020	0.040	0.060	0.080	0.100	0.120	0.160	0.200	0.300	0.400	0.500	0.600
0.500	—	−0.632	−0.623	−0.608	−0.589	−0.565	−0.537	−0.473	−0.403	−0.236	−0.112	−0.036	0.004
0.550	—	−0.828	−0.814	−0.792	−0.762	−0.726	−0.684	−0.590	−0.492	−0.269	−0.118	−0.033	0.010
0.600	—	−1.098	−1.076	−1.040	−0.993	−0.936	−0.872	−0.732	−0.591	−0.296	−0.117	−0.025	0.018
0.650	—	−1.487	−1.449	−1.389	−1.311	−1.218	−1.116	−0.901	−0.696	−0.311	−0.107	−0.012	0.028
0.700	—	−2.078	−2.009	−1.901	−1.761	−1.602	−1.432	−1.094	−0.796	−0.306	−0.086	0.004	0.038
0.750	—	−3.047	−2.906	−2.689	−2.422	−2.129	−1.832	−1.290	−0.864	−0.271	−0.054	0.023	0.049
0.800	—	−4.799	−4.465	−3.975	−3.407	−2.829	−2.292	−1.427	−0.851	−0.203	−0.015	0.042	0.059
0.850	—	−8.473	−7.482	−6.160	−4.804	−3.605	−2.639	−1.364	−0.694	−0.108	0.025	0.060	0.067
0.900	—	−18.220	−14.007	−9.555	−6.095	−3.785	−2.345	−0.929	−0.381	−0.010	0.058	0.072	0.072
0.950	—	−56.153	−24.774	−9.762	−4.074	−1.868	−0.930	−0.261	−0.060	0.060	0.079	0.080	0.076
1.004	4254.172	13.337	1.373	0.461	0.252	0.179	0.147	0.121	0.111	0.100	0.093	0.085	0.078
1.008	2133.993	38.762	3.174	0.890	0.416	0.259	0.192	0.139	0.120	0.102	0.093	0.086	0.078
1.012	1158.357	68.260	5.773	1.450	0.615	0.351	0.241	0.158	0.129	0.105	0.094	0.086	0.078
1.016	705.653	89.797	9.066	2.169	0.857	0.458	0.298	0.179	0.139	0.107	0.095	0.086	0.078
1.020	469.584	99.919	12.696	3.040	1.150	0.584	0.362	0.203	0.150	0.110	0.096	0.087	0.078
1.024	333.298	101.011	16.233	4.032	1.493	0.731	0.436	0.228	0.161	0.113	0.097	0.087	0.078
1.028	248.182	96.640	19.330	5.093	1.880	0.898	0.519	0.256	0.174	0.116	0.098	0.087	0.079
1.040	124.004	73.672	24.605	8.145	3.198	1.505	0.828	0.360	0.218	0.125	0.101	0.089	0.79
1.060	55.739	43.445	23.390	10.952	5.185	2.640	1.471	0.592	0.318	0.146	0.108	0.091	0.080
1.080	31.509	27.283	18.556	10.978	6.195	3.533	2.097	0.867	0.445	0.173	0.116	0.094	0.081
1.100	20.233	18.432	14.220	9.766	6.306	3.995	2.555	1.137	0.586	0.206	0.126	0.098	0.083
1.120	14.091	13.204	10.971	8.303	5.915	4.086	2.801	1.361	0.725	0.243	0.138	0.103	0.085
1.140	10.382	9.897	8.618	6.963	5.328	3.941	2.867	1.519	0.848	0.284	0.153	0.108	0.087
1.160	7.971	7.685	6.905	5.839	4.709	3.674	2.809	1.612	0.946	0.325	0.168	0.115	0.090
1.180	6.317	6.138	5.637	4.926	4.132	3.360	2.675	1.647	1.016	0.365	0.184	0.122	0.093
1.200	5.133	5.015	4.680	4.190	3.622	3.043	2.505	1.638	1.059	0.402	0.201	0.129	0.097
1.300	2.324	2.300	2.231	2.122	1.982	1.822	1.651	1.310	1.009	0.508	0.275	0.169	0.118
1.400	1.336	1.328	1.306	1.270	1.222	1.164	1.099	0.956	0.811	0.504	0.310	0.200	0.139
1.500	0.875	0.872	0.863	0.848	0.828	0.802	0.773	0.706	0.632	0.451	0.310	0.215	0.154
1.600	0.623	0.622	0.617	0.610	0.600	0.587	0.572	0.537	0.497	0.388	0.290	0.214	0.160

注：表中 $m=z/l$；$n=\rho/l$；ρ 为相邻桩至计算桩轴线的水平距离。

4.2.30 考虑桩径影响，沿桩身均布侧阻力竖向应力影响系数

表 4-30　　考虑桩径影响，沿桩身均布侧阻力竖向应力影响系数 I_{sr}

l/d	10												
m \ n	0.000	0.020	0.040	0.060	0.080	0.100	0.120	0.160	0.200	0.300	0.400	0.500	0.600
0.500	—	—	—	0.498	0.490	0.480	0.469	0.441	0.409	0.322	0.241	0.175	0.125
0.550	—	—	—	0.517	0.509	0.499	0.488	0.460	0.428	0.340	0.257	0.189	0.137
0.600	—	—	—	0.550	0.541	0.530	0.517	0.487	0.452	0.358	0.271	0.201	0.147
0.650	—	—	—	0.600	0.589	0.575	0.559	0.523	0.482	0.376	0.284	0.211	0.156
0.700	—	—	—	0.672	0.656	0.638	0.617	0.569	0.518	0.395	0.296	0.220	0.163
0.750	—	—	—	0.773	0.750	0.723	0.692	0.626	0.559	0.413	0.305	0.226	0.169
0.800	—	—	—	0.921	0.883	0.839	0.791	0.694	0.604	0.428	0.312	0.231	0.173
0.850	—	—	—	1.140	1.071	0.991	0.916	0.769	0.647	0.440	0.316	0.235	0.177
0.900	—	—	—	1.483	1.342	1.196	1.060	0.838	0.680	0.446	0.318	0.237	0.179
0.950	—	—	—	2.066	1.721	1.415	1.183	0.879	0.695	0.447	0.319	0.238	0.181
1.004	2.801	2.925	3.549	3.062	1.969	1.496	1.214	0.885	0.696	0.446	0.318	0.238	0.183
1.008	2.797	2.918	3.484	3.010	1.966	1.495	1.213	0.885	0.695	0.445	0.318	0.238	0.183
1.012	2.789	2.905	3.371	2.917	1.959	1.493	1.212	0.884	0.695	0.445	0.318	0.238	0.183
1.016	2.776	2.882	3.236	2.807	1.948	1.490	1.211	0.884	0.695	0.445	0.318	0.238	0.183
1.020	2.756	2.850	3.098	2.696	1.932	1.485	1.209	0.883	0.694	0.445	0.318	0.238	0.183
1.024	2.730	2.808	2.966	2.589	1.912	1.480	1.207	0.882	0.694	0.445	0.317	0.238	0.183
1.028	2.696	2.757	2.843	2.489	1.887	1.473	1.204	0.881	0.693	0.444	0.317	0.238	0.183
1.040	2.555	2.569	2.525	2.232	1.797	1.442	1.190	0.877	0.691	0.444	0.317	0.238	0.183
1.060	2.247	2.223	2.121	1.907	1.627	1.365	1.154	0.865	0.685	0.442	0.316	0.238	0.184
1.080	1.940	1.910	1.817	1.661	1.467	1.273	1.102	0.847	0.677	0.440	0.315	0.238	0.184
1.100	1.676	1.652	1.579	1.465	1.325	1.179	1.043	0.823	0.666	0.437	0.314	0.237	0.184
1.120	1.462	1.443	1.389	1.304	1.200	1.089	0.981	0.794	0.652	0.433	0.313	0.237	0.184
1.140	1.289	1.275	1.234	1.171	1.092	1.006	0.920	0.762	0.635	0.428	0.311	0.236	0.184
1.160	1.148	1.138	1.107	1.059	0.998	0.931	0.861	0.729	0.616	0.423	0.309	0.235	0.184
1.180	1.032	1.024	1.001	0.964	0.917	0.863	0.806	0.695	0.596	0.417	0.307	0.235	0.183
1.200	0.936	0.930	0.911	0.882	0.845	0.802	0.756	0.662	0.575	0.410	0.304	0.233	0.183
1.300	0.628	0.626	0.619	0.609	0.595	0.578	0.559	0.517	0.472	0.367	0.286	0.225	0.180
1.400	0.465	0.464	0.461	0.456	0.450	0.442	0.432	0.411	0.386	0.321	0.262	0.213	0.174
1.500	0.364	0.364	0.362	0.360	0.356	0.352	0.347	0.334	0.320	0.278	0.236	0.198	0.165
1.600	0.297	0.296	0.295	0.294	0.292	0.289	0.286	0.278	0.269	0.241	0.211	0.182	0.155

续表

l/d	15												
m \ n	0.000	0.020	0.040	0.060	0.080	0.100	0.120	0.160	0.200	0.300	0.400	0.500	0.600
0.500	—	—	0.508	0.502	0.494	0.484	0.472	0.444	0.411	0.323	0.241	0.175	0.125
0.550	—	—	0.527	0.521	0.513	0.503	0.491	0.463	0.430	0.340	0.257	0.189	0.137
0.600	—	—	0.561	0.555	0.546	0.534	0.521	0.490	0.454	0.359	0.271	0.201	0.147
0.650	—	—	0.614	0.606	0.594	0.580	0.564	0.526	0.484	0.377	0.284	0.211	0.156
0.700	—	—	0.691	0.679	0.663	0.644	0.622	0.572	0.520	0.396	0.296	0.220	0.163
0.750	—	—	0.804	0.785	0.760	0.731	0.699	0.630	0.561	0.413	0.305	0.226	0.169
0.800	—	—	0.973	0.940	0.898	0.850	0.799	0.697	0.605	0.428	0.311	0.231	0.173
0.850	—	—	1.241	1.174	1.094	1.008	0.923	0.770	0.646	0.439	0.316	0.234	0.177
0.900	—	—	1.703	1.544	1.370	1.204	1.059	0.834	0.676	0.444	0.318	0.236	0.179
0.950	—	—	2.597	2.119	1.697	1.385	1.160	0.868	0.690	0.446	0.318	0.237	0.181
1.004	4.206	4.682	4.571	2.553	1.830	1.435	1.181	0.873	0.689	0.444	0.317	0.238	0.182
1.008	4.191	4.625	4.384	2.546	1.829	1.434	1.181	0.872	0.689	0.444	0.317	0.238	0.182
1.012	4.158	4.511	4.135	2.534	1.825	1.433	1.180	0.872	0.689	0.444	0.317	0.238	0.183
1.016	4.103	4.352	3.892	2.513	1.821	1.431	1.179	0.871	0.688	0.443	0.317	0.238	0.183
1.020	4.024	4.172	3.672	2.484	1.814	1.428	1.177	0.870	0.688	0.443	0.317	0.238	0.183
1.024	3.921	3.984	3.477	2.446	1.805	1.424	1.176	0.869	0.687	0.443	0.317	0.238	0.183
1.028	3.800	3.798	3.302	2.402	1.793	1.420	1.173	0.869	0.687	0.443	0.317	0.238	0.183
1.040	3.381	3.288	2.872	2.248	1.744	1.400	1.164	0.865	0.685	0.442	0.316	0.238	0.183
1.060	2.715	2.622	2.349	1.976	1.624	1.346	1.136	0.855	0.680	0.440	0.316	0.238	0.183
1.080	2.207	2.144	1.971	1.732	1.487	1.271	1.094	0.839	0.673	0.438	0.315	0.237	0.184
1.100	1.838	1.797	1.684	1.525	1.352	1.187	1.042	0.818	0.662	0.435	0.314	0.237	0.184
1.120	1.565	1.538	1.462	1.353	1.227	1.101	0.985	0.792	0.649	0.432	0.312	0.236	0.184
1.140	1.358	1.339	1.287	1.209	1.117	1.020	0.926	0.762	0.633	0.427	0.311	0.236	0.184
1.160	1.196	1.183	1.146	1.089	1.019	0.944	0.869	0.730	0.616	0.422	0.309	0.235	0.184
1.180	1.067	1.057	1.030	0.987	0.934	0.875	0.814	0.697	0.596	0.416	0.306	0.234	0.183
1.200	0.962	0.955	0.934	0.901	0.860	0.813	0.763	0.665	0.576	0.409	0.304	0.233	0.183
1.300	0.636	0.634	0.627	0.616	0.601	0.584	0.564	0.520	0.473	0.367	0.286	0.225	0.180
1.400	0.468	0.467	0.464	0.459	0.453	0.444	0.435	0.412	0.387	0.321	0.262	0.213	0.174
1.500	0.366	0.366	0.364	0.361	0.358	0.353	0.348	0.336	0.321	0.279	0.236	0.198	0.165
1.600	0.298	0.297	0.296	0.295	0.293	0.290	0.287	0.279	0.270	0.242	0.211	0.182	0.155

续表

l/d	20												
m \ n	0.000	0.020	0.040	0.060	0.080	0.100	0.120	0.160	0.200	0.300	0.400	0.500	0.600
0.500	—	—	0.509	0.503	0.495	0.485	0.473	0.444	0.412	0.323	0.241	0.175	0.125
0.550	—	—	0.529	0.523	0.514	0.504	0.492	0.463	0.430	0.341	0.257	0.189	0.137
0.600	—	—	0.563	0.556	0.547	0.536	0.522	0.491	0.454	0.359	0.272	0.201	0.147
0.650	—	—	0.616	0.608	0.596	0.582	0.565	0.527	0.484	0.377	0.284	0.211	0.156
0.700	—	—	0.694	0.682	0.666	0.646	0.623	0.573	0.520	0.396	0.295	0.219	0.163
0.750	—	—	0.809	0.789	0.764	0.734	0.701	0.631	0.562	0.413	0.304	0.226	0.169
0.800	—	—	0.981	0.947	0.903	0.854	0.802	0.698	0.605	0.428	0.311	0.231	0.173
0.850	—	—	1.258	1.187	1.102	1.013	0.925	0.770	0.646	0.438	0.315	0.234	0.177
0.900	—	—	1.742	1.565	1.378	1.206	1.058	0.832	0.675	0.444	0.317	0.236	0.179
0.950	—	—	2.684	2.123	1.684	1.374	1.152	0.865	0.688	0.445	0.318	0.237	0.181
1.004	5.608	6.983	3.947	2.445	1.791	1.416	1.171	0.868	0.687	0.443	0.317	0.238	0.182
1.008	5.567	6.487	3.913	2.441	1.790	1.415	1.170	0.868	0.687	0.443	0.317	0.238	0.182
1.012	5.476	5.949	3.841	2.434	1.787	1.414	1.170	0.867	0.687	0.443	0.317	0.238	0.182
1.016	5.328	5.476	3.737	2.421	1.783	1.412	1.168	0.867	0.686	0.443	0.317	0.238	0.183
1.020	5.129	5.069	3.613	2.403	1.778	1.410	1.167	0.866	0.686	0.443	0.317	0.238	0.183
1.024	4.895	4.715	3.479	2.379	1.771	1.407	1.165	0.865	0.685	0.442	0.317	0.238	0.183
1.028	4.613	4.405	3.344	2.349	1.762	1.403	1.163	0.864	0.685	0.442	0.316	0.238	0.183
1.040	3.902	3.657	2.958	2.231	1.722	1.386	1.155	0.861	0.683	0.441	0.316	0.238	0.183
1.060	2.951	2.804	2.428	1.991	1.619	1.338	1.129	0.851	0.678	0.440	0.315	0.237	0.183
1.080	2.326	2.243	2.028	1.754	1.491	1.269	1.091	0.837	0.671	0.437	0.314	0.237	0.183
1.100	1.904	1.855	1.724	1.546	1.360	1.189	1.041	0.816	0.661	0.435	0.313	0.237	0.184
1.120	1.605	1.575	1.490	1.370	1.236	1.105	0.986	0.791	0.648	0.431	0.312	0.236	0.184
1.140	1.384	1.364	1.306	1.223	1.125	1.024	0.928	0.762	0.633	0.427	0.310	0.236	0.184
1.160	1.214	1.200	1.160	1.099	1.027	0.949	0.871	0.730	0.615	0.422	0.308	0.235	0.183
1.180	1.080	1.070	1.040	0.996	0.940	0.879	0.817	0.698	0.596	0.416	0.306	0.234	0.183
1.200	0.971	0.964	0.942	0.908	0.865	0.817	0.766	0.666	0.576	0.409	0.304	0.233	0.183
1.300	0.639	0.637	0.630	0.618	0.604	0.586	0.565	0.521	0.474	0.368	0.286	0.225	0.180
1.400	0.469	0.468	0.465	0.460	0.454	0.445	0.436	0.413	0.388	0.321	0.262	0.213	0.174
1.500	0.367	0.366	0.365	0.362	0.359	0.354	0.349	0.336	0.321	0.279	0.236	0.198	0.165
1.600	0.298	0.298	0.297	0.295	0.293	0.290	0.287	0.279	0.270	0.242	0.211	0.182	0.155

续表

l/d	25												
m \ n	0.000	0.020	0.040	0.060	0.080	0.100	0.120	0.160	0.200	0.300	0.400	0.500	0.600
0.500	—	—	0.510	0.504	0.496	0.486	0.473	0.445	0.412	0.323	0.241	0.175	0.125
0.550	—	—	0.529	0.523	0.515	0.505	0.493	0.464	0.431	0.341	0.257	0.189	0.137
0.600	—	—	0.564	0.557	0.548	0.536	0.523	0.491	0.455	0.359	0.272	0.201	0.147
0.650	—	—	0.617	0.609	0.597	0.582	0.566	0.527	0.485	0.377	0.284	0.211	0.155
0.700	—	—	0.696	0.683	0.667	0.647	0.624	0.574	0.521	0.396	0.295	0.219	0.163
0.750	—	—	0.811	0.791	0.765	0.735	0.702	0.632	0.562	0.413	0.304	0.226	0.169
0.800	—	—	0.985	0.950	0.906	0.855	0.803	0.699	0.605	0.428	0.311	0.231	0.173
0.850	—	—	1.266	1.192	1.106	1.015	0.927	0.770	0.646	0.438	0.315	0.234	0.176
0.900	—	—	1.761	1.574	1.382	1.207	1.058	0.831	0.674	0.444	0.317	0.236	0.179
0.950	—	—	2.720	2.122	1.678	1.369	1.149	0.863	0.687	0.445	0.318	0.237	0.181
1.004	7.005	9.219	3.759	2.402	1.774	1.408	1.166	0.866	0.686	0.443	0.317	0.238	0.182
1.008	6.914	7.657	3.740	2.398	1.773	1.407	1.166	0.866	0.686	0.443	0.317	0.238	0.182
1.012	6.717	6.731	3.699	2.392	1.771	1.406	1.165	0.865	0.686	0.443	0.317	0.238	0.182
1.016	6.415	6.063	3.634	2.382	1.767	1.404	1.164	0.865	0.685	0.442	0.317	0.238	0.183
1.020	6.045	5.536	3.547	2.368	1.762	1.402	1.162	0.864	0.685	0.442	0.317	0.238	0.183
1.024	5.648	5.099	3.445	2.348	1.756	1.399	1.161	0.863	0.684	0.442	0.316	0.238	0.183
1.028	5.254	4.725	3.334	2.323	1.748	1.395	1.159	0.862	0.684	0.442	0.316	0.238	0.183
1.040	4.227	3.852	2.986	2.220	1.712	1.380	1.151	0.859	0.682	0.441	0.316	0.237	0.183
1.060	3.079	2.898	2.463	1.996	1.616	1.334	1.127	0.850	0.677	0.439	0.315	0.237	0.183
1.080	2.387	2.293	2.054	1.764	1.493	1.268	1.089	0.835	0.670	0.437	0.314	0.237	0.183
1.100	1.937	1.884	1.743	1.556	1.364	1.189	1.041	0.815	0.660	0.434	0.313	0.237	0.184
1.120	1.625	1.592	1.503	1.378	1.240	1.107	0.986	0.790	0.648	0.431	0.312	0.236	0.184
1.140	1.397	1.375	1.316	1.229	1.129	1.026	0.929	0.762	0.632	0.427	0.310	0.236	0.184
1.160	1.223	1.208	1.167	1.104	1.030	0.951	0.872	0.731	0.615	0.422	0.308	0.235	0.183
1.180	1.086	1.076	1.045	1.000	0.943	0.881	0.818	0.698	0.596	0.416	0.306	0.234	0.183
1.200	0.976	0.968	0.946	0.911	0.867	0.818	0.767	0.666	0.576	0.409	0.303	0.233	0.183
1.300	0.640	0.638	0.631	0.620	0.605	0.587	0.566	0.521	0.474	0.368	0.286	0.225	0.180
1.400	0.470	0.469	0.466	0.461	0.454	0.446	0.436	0.413	0.388	0.321	0.262	0.213	0.173
1.500	0.367	0.367	0.365	0.362	0.359	0.354	0.349	0.336	0.321	0.279	0.236	0.198	0.165
1.600	0.298	0.298	0.297	0.295	0.293	0.291	0.287	0.280	0.270	0.242	0.211	0.182	0.155

续表

l/d	30												
m \ n	0.000	0.020	0.040	0.060	0.080	0.100	0.120	0.160	0.200	0.300	0.400	0.500	0.600
0.500	—	0.514	0.510	0.504	0.496	0.486	0.474	0.445	0.412	0.323	0.241	0.175	0.125
0.550	—	0.533	0.530	0.524	0.515	0.505	0.493	0.464	0.431	0.341	0.257	0.189	0.137
0.600	—	0.568	0.564	0.557	0.548	0.537	0.523	0.491	0.455	0.359	0.272	0.201	0.147
0.650	—	0.623	0.618	0.609	0.597	0.583	0.566	0.528	0.485	0.378	0.284	0.211	0.155
0.700	—	0.704	0.696	0.684	0.667	0.647	0.625	0.574	0.521	0.396	0.295	0.219	0.163
0.750	—	0.824	0.812	0.792	0.766	0.736	0.703	0.632	0.562	0.413	0.304	0.226	0.168
0.800	—	1.010	0.987	0.952	0.907	0.856	0.803	0.699	0.605	0.428	0.311	0.231	0.173
0.850	—	1.321	1.270	1.195	1.108	1.016	0.927	0.770	0.645	0.438	0.315	0.234	0.176
0.900	—	1.919	1.772	1.579	1.384	1.207	1.058	0.831	0.674	0.444	0.317	0.236	0.179
0.950	—	3.402	2.738	2.120	1.674	1.366	1.147	0.862	0.686	0.445	0.318	0.237	0.181
1.004	8.395	8.783	3.673	2.380	1.765	1.403	1.164	0.865	0.686	0.443	0.317	0.237	0.182
1.008	8.222	7.799	3.658	2.377	1.764	1.402	1.163	0.865	0.685	0.443	0.317	0.238	0.182
1.012	7.859	6.970	3.627	2.371	1.762	1.401	1.162	0.864	0.685	0.443	0.317	0.238	0.182
1.016	7.350	6.307	3.577	2.362	1.759	1.400	1.161	0.864	0.685	0.442	0.317	0.238	0.183
1.020	6.781	5.761	3.507	2.349	1.754	1.397	1.160	0.863	0.684	0.442	0.316	0.238	0.183
1.024	6.216	5.299	3.420	2.331	1.748	1.395	1.158	0.862	0.684	0.442	0.316	0.237	0.183
1.028	5.692	4.899	3.322	2.309	1.741	1.391	1.157	0.861	0.683	0.442	0.316	0.237	0.183
1.040	4.436	3.964	2.997	2.214	1.707	1.376	1.148	0.858	0.681	0.441	0.316	0.237	0.183
1.060	3.156	2.951	2.482	1.998	1.614	1.332	1.125	0.849	0.677	0.439	0.315	0.237	0.183
1.080	2.422	2.321	2.069	1.769	1.494	1.267	1.088	0.835	0.670	0.437	0.314	0.237	0.183
1.100	1.956	1.900	1.753	1.561	1.366	1.190	1.040	0.815	0.660	0.434	0.313	0.237	0.184
1.120	1.636	1.602	1.510	1.382	1.243	1.108	0.986	0.790	0.647	0.431	0.312	0.236	0.184
1.140	1.404	1.382	1.321	1.233	1.131	1.027	0.929	0.762	0.632	0.427	0.310	0.236	0.184
1.160	1.227	1.213	1.170	1.107	1.032	0.952	0.873	0.731	0.615	0.422	0.308	0.235	0.183
1.180	1.089	1.079	1.048	1.002	0.945	0.882	0.819	0.699	0.596	0.416	0.306	0.234	0.183
1.200	0.978	0.970	0.948	0.913	0.869	0.819	0.768	0.666	0.576	0.409	0.303	0.233	0.183
1.300	0.641	0.639	0.632	0.620	0.605	0.587	0.566	0.521	0.474	0.368	0.285	0.225	0.180
1.400	0.470	0.469	0.466	0.461	0.455	0.446	0.436	0.414	0.388	0.322	0.262	0.213	0.173
1.500	0.367	0.367	0.365	0.363	0.359	0.354	0.349	0.336	0.321	0.279	0.236	0.198	0.165
1.600	0.298	0.298	0.297	0.295	0.293	0.291	0.287	0.280	0.270	0.242	0.211	0.182	0.155

续表

l/d	40												
m \ n	0.000	0.020	0.040	0.060	0.080	0.100	0.120	0.160	0.200	0.300	0.400	0.500	0.600
0.500	—	0.514	0.511	0.505	0.496	0.486	0.474	0.445	0.412	0.323	0.241	0.175	0.125
0.550	—	0.534	0.530	0.524	0.516	0.505	0.493	0.464	0.431	0.341	0.257	0.189	0.137
0.600	—	0.569	0.565	0.558	0.549	0.537	0.523	0.491	0.455	0.359	0.272	0.201	0.147
0.650	—	0.624	0.618	0.610	0.598	0.583	0.566	0.528	0.485	0.378	0.284	0.211	0.155
0.700	—	0.705	0.697	0.685	0.668	0.648	0.625	0.575	0.521	0.396	0.295	0.219	0.163
0.750	—	0.826	0.813	0.793	0.767	0.737	0.703	0.632	0.562	0.413	0.304	0.226	0.168
0.800	—	1.013	0.989	0.953	0.908	0.857	0.804	0.700	0.605	0.428	0.311	0.231	0.173
0.850	—	1.326	1.275	1.199	1.110	1.017	0.928	0.770	0.645	0.438	0.315	0.234	0.176
0.900	—	1.935	1.782	1.584	1.386	1.208	1.057	0.830	0.674	0.443	0.317	0.236	0.179
0.950	—	3.481	2.755	2.119	1.671	1.363	1.145	0.861	0.686	0.445	0.318	0.237	0.181
1.004	11.147	7.840	3.595	2.359	1.757	1.399	1.161	0.864	0.685	0.443	0.317	0.237	0.182
1.008	10.671	7.490	3.583	2.356	1.755	1.398	1.161	0.864	0.685	0.443	0.317	0.237	0.182
1.012	9.805	6.975	3.560	2.351	1.753	1.397	1.160	0.863	0.685	0.442	0.317	0.237	0.182
1.016	8.791	6.438	3.520	2.343	1.750	1.395	1.159	0.863	0.684	0.442	0.316	0.237	0.183
1.020	7.821	5.934	3.464	2.331	1.746	1.393	1.158	0.862	0.684	0.442	0.316	0.237	0.183
1.024	6.967	5.476	3.392	2.315	1.740	1.391	1.156	0.861	0.683	0.442	0.316	0.237	0.183
1.028	6.240	5.066	3.306	2.294	1.733	1.387	1.154	0.860	0.683	0.441	0.316	0.237	0.183
1.040	4.674	4.078	3.006	2.207	1.701	1.373	1.146	0.857	0.681	0.441	0.316	0.237	0.183
1.060	3.237	3.006	2.500	2.000	1.613	1.330	1.123	0.848	0.676	0.439	0.315	0.237	0.183
1.080	2.458	2.349	2.084	1.774	1.494	1.267	1.087	0.834	0.669	0.437	0.314	0.237	0.183
1.100	1.975	1.916	1.763	1.566	1.367	1.190	1.040	0.814	0.660	0.434	0.313	0.237	0.184
1.120	1.647	1.612	1.517	1.387	1.245	1.109	0.986	0.790	0.647	0.431	0.312	0.236	0.184
1.140	1.411	1.388	1.326	1.236	1.133	1.029	0.930	0.761	0.632	0.426	0.310	0.236	0.184
1.160	1.232	1.217	1.174	1.110	1.034	0.953	0.873	0.731	0.615	0.421	0.308	0.235	0.183
1.180	1.093	1.082	1.051	1.004	0.946	0.883	0.819	0.699	0.596	0.416	0.306	0.234	0.183
1.200	0.980	0.973	0.950	0.914	0.870	0.820	0.768	0.667	0.576	0.409	0.303	0.233	0.183
1.300	0.642	0.639	0.632	0.621	0.606	0.587	0.567	0.522	0.474	0.368	0.285	0.225	0.180
1.400	0.471	0.470	0.467	0.462	0.455	0.446	0.437	0.414	0.388	0.322	0.262	0.213	0.173
1.500	0.367	0.367	0.365	0.363	0.359	0.355	0.349	0.336	0.321	0.279	0.236	0.198	0.165
1.600	0.298	0.298	0.297	0.296	0.293	0.291	0.288	0.280	0.270	0.242	0.211	0.182	0.155

l/d	50												
m \ n	0.000	0.020	0.040	0.060	0.080	0.100	0.120	0.160	0.200	0.300	0.400	0.500	0.600
0.500	—	0.514	0.511	0.505	0.497	0.486	0.474	0.445	0.412	0.323	0.241	0.175	0.125
0.550	—	0.534	0.530	0.524	0.516	0.505	0.493	0.464	0.431	0.341	0.257	0.189	0.137
0.600	—	0.569	0.565	0.558	0.549	0.537	0.524	0.492	0.455	0.359	0.272	0.201	0.147
0.650	—	0.624	0.619	0.610	0.598	0.583	0.567	0.528	0.485	0.378	0.284	0.211	0.155
0.700	—	0.705	0.697	0.685	0.668	0.648	0.625	0.575	0.521	0.396	0.295	0.219	0.163
0.750	—	0.826	0.814	0.794	0.768	0.737	0.703	0.632	0.562	0.413	0.304	0.226	0.168
0.800	—	1.014	0.990	0.954	0.909	0.858	0.804	0.700	0.605	0.428	0.311	0.231	0.173
0.850	—	1.329	1.277	1.200	1.111	1.018	0.928	0.770	0.645	0.438	0.315	0.234	0.176
0.900	—	1.943	1.787	1.587	1.386	1.208	1.057	0.830	0.674	0.443	0.317	0.236	0.179
0.950	—	3.519	2.762	2.118	1.669	1.362	1.144	0.861	0.686	0.444	0.317	0.237	0.181
1.004	13.842	7.494	3.561	2.349	1.753	1.397	1.160	0.864	0.685	0.443	0.317	0.237	0.182
1.008	12.845	7.283	3.551	2.346	1.751	1.396	1.159	0.863	0.685	0.443	0.317	0.237	0.182
1.012	11.311	6.907	3.530	2.341	1.749	1.395	1.159	0.863	0.684	0.442	0.317	0.237	0.182
1.016	9.780	6.454	3.495	2.334	1.746	1.393	1.158	0.862	0.684	0.442	0.316	0.237	0.182
1.020	8.471	5.990	3.444	2.232	1.742	1.391	1.156	0.862	0.683	0.442	0.316	0.237	0.183
1.024	7.406	5.547	3.377	2.307	1.737	1.389	1.155	0.861	0.683	0.442	0.316	0.237	0.183
1.028	6.546	5.138	3.298	2.288	1.730	1.385	1.153	0.860	0.682	0.441	0.316	0.237	0.183
1.040	4.796	4.131	3.010	2.203	1.699	1.371	1.145	0.857	0.681	0.441	0.316	0.237	0.183
1.060	3.276	3.032	2.508	2.001	1.612	1.329	1.123	0.848	0.676	0.439	0.315	0.237	0.183
1.080	2.475	2.363	2.090	1.776	1.495	1.266	1.087	0.834	0.669	0.437	0.314	0.237	0.183
1.100	1.983	1.924	1.768	1.568	1.368	1.190	1.040	0.814	0.659	0.434	0.313	0.237	0.183
1.120	1.652	1.617	1.521	1.389	1.246	1.109	0.986	0.790	0.647	0.431	0.312	0.236	0.184
1.140	1.414	1.391	1.328	1.238	1.134	1.029	0.930	0.761	0.632	0.426	0.310	0.236	0.184
1.160	1.234	1.219	1.176	1.111	1.035	0.953	0.874	0.731	0.615	0.421	0.308	0.235	0.183
1.180	1.094	1.083	1.052	1.005	0.947	0.884	0.820	0.699	0.596	0.416	0.306	0.234	0.183
1.200	0.982	0.974	0.951	0.915	0.871	0.821	0.769	0.667	0.576	0.409	0.303	0.233	0.183
1.300	0.642	0.640	0.633	0.621	0.606	0.588	0.567	0.522	0.475	0.368	0.285	0.225	0.180
1.400	0.471	0.470	0.467	0.462	0.455	0.447	0.437	0.414	0.388	0.322	0.262	0.213	0.173
1.500	0.367	0.367	0.365	0.363	0.359	0.355	0.349	0.336	0.321	0.279	0.236	0.198	0.165
1.600	0.298	0.298	0.297	0.296	0.294	0.291	0.288	0.280	0.270	0.242	0.211	0.182	0.155

续表

l/d	60												
m \ n	0.000	0.020	0.040	0.060	0.080	0.100	0.120	0.160	0.200	0.300	0.400	0.500	0.600
0.500	—	0.515	0.511	0.505	0.497	0.486	0.474	0.446	0.412	0.323	0.241	0.175	0.125
0.550	—	0.534	0.530	0.524	0.516	0.506	0.493	0.465	0.431	0.341	0.257	0.189	0.137
0.600	—	0.569	0.565	0.558	0.549	0.537	0.524	0.492	0.455	0.359	0.272	0.201	0.147
0.650	—	0.624	0.619	0.610	0.598	0.584	0.567	0.528	0.485	0.378	0.284	0.211	0.155
0.700	—	0.705	0.698	0.685	0.668	0.648	0.626	0.575	0.521	0.396	0.295	0.219	0.163
0.750	—	0.826	0.814	0.794	0.768	0.737	0.704	0.632	0.562	0.413	0.304	0.226	0.168
0.800	—	1.014	0.991	0.955	0.909	0.858	0.805	0.700	0.606	0.428	0.311	0.231	0.173
0.850	—	1.330	1.278	1.201	1.111	1.018	0.928	0.770	0.645	0.438	0.315	0.234	0.176
0.900	—	1.947	1.789	1.588	1.387	1.208	1.057	0.830	0.674	0.443	0.317	0.236	0.179
0.950	—	3.540	2.766	2.117	1.668	1.361	1.144	0.860	0.685	0.444	0.317	0.237	0.181
1.004	16.456	7.330	3.543	2.344	1.751	1.396	1.159	0.863	0.685	0.443	0.317	0.237	0.182
1.008	14.714	7.168	3.534	2.341	1.749	1.395	1.159	0.863	0.685	0.443	0.317	0.237	0.182
1.012	12.449	6.856	3.514	2.336	1.747	1.394	1.158	0.863	0.684	0.442	0.317	0.237	0.182
1.016	10.458	6.451	3.481	2.329	1.744	1.392	1.157	0.862	0.684	0.442	0.316	0.237	0.182
1.020	8.890	6.013	3.433	2.318	1.740	1.390	1.156	0.861	0.683	0.442	0.316	0.237	0.183
1.024	7.677	5.581	3.369	2.303	1.735	1.388	1.154	0.861	0.683	0.442	0.316	0.237	0.183
1.028	6.729	5.175	3.293	2.284	1.728	1.384	1.152	0.860	0.682	0.441	0.316	0.237	0.183
1.040	4.865	4.161	3.011	2.202	1.697	1.370	1.145	0.856	0.680	0.441	0.316	0.237	0.183
1.060	3.298	3.047	2.513	2.001	1.611	1.329	1.122	0.848	0.676	0.439	0.315	0.237	0.183
1.080	2.484	2.370	2.094	1.778	1.495	1.266	1.087	0.834	0.669	0.437	0.314	0.237	0.183
1.100	1.988	1.928	1.771	1.570	1.369	1.190	1.040	0.814	0.659	0.434	0.313	0.237	0.183
1.120	1.655	1.619	1.523	1.390	1.246	1.109	0.987	0.790	0.647	0.431	0.312	0.236	0.184
1.140	1.416	1.393	1.330	1.239	1.135	1.029	0.930	0.761	0.632	0.426	0.310	0.236	0.184
1.160	1.236	1.220	1.177	1.112	1.035	0.954	0.874	0.731	0.615	0.421	0.308	0.235	0.183
1.180	1.095	1.084	1.053	1.006	0.948	0.884	0.820	0.699	0.596	0.416	0.306	0.234	0.183
1.200	0.982	0.974	0.951	0.916	0.871	0.821	0.769	0.667	0.576	0.409	0.303	0.233	0.183
1.300	0.642	0.640	0.633	0.621	0.606	0.588	0.567	0.522	0.475	0.368	0.285	0.225	0.180
1.400	0.471	0.470	0.467	0.462	0.455	0.447	0.437	0.414	0.388	0.322	0.262	0.213	0.173
1.500	0.367	0.367	0.365	0.363	0.359	0.355	0.349	0.336	0.321	0.279	0.236	0.198	0.165
1.600	0.298	0.298	0.297	0.296	0.294	0.291	0.288	0.280	0.270	0.242	0.211	0.182	0.155

续表

l/d	70												
m \ n	0.000	0.020	0.040	0.060	0.080	0.100	0.120	0.160	0.200	0.300	0.400	0.500	0.600
0.500	—	0.515	0.511	0.505	0.497	0.486	0.474	0.446	0.413	0.323	0.241	0.175	0.125
0.550	—	0.534	0.530	0.524	0.516	0.506	0.493	0.465	0.431	0.341	0.257	0.189	0.137
0.600	—	0.569	0.565	0.558	0.549	0.537	0.524	0.492	0.455	0.359	0.272	0.201	0.147
0.650	—	0.624	0.619	0.610	0.598	0.584	0.567	0.528	0.485	0.378	0.284	0.211	0.155
0.700	—	0.705	0.698	0.685	0.669	0.648	0.626	0.575	0.521	0.396	0.295	0.219	0.163
0.750	—	0.827	0.814	0.794	0.768	0.737	0.704	0.632	0.562	0.413	0.304	0.226	0.168
0.800	—	1.015	0.991	0.955	0.909	0.858	0.805	0.700	0.606	0.428	0.311	0.231	0.173
0.850	—	1.331	1.278	1.201	1.111	1.018	0.928	0.770	0.645	0.438	0.315	0.234	0.176
0.900	—	1.949	1.791	1.589	1.387	1.208	1.057	0.830	0.674	0.443	0.317	0.236	0.179
0.950	—	3.552	2.768	2.117	1.668	1.361	1.143	0.860	0.685	0.444	0.317	0.237	0.181
1.004	18.968	7.238	3.533	2.341	1.749	1.395	1.159	0.863	0.685	0.443	0.317	0.237	0.182
1.008	16.288	7.100	3.523	2.338	1.748	1.394	1.158	0.863	0.684	0.443	0.317	0.237	0.182
1.012	13.303	6.822	3.504	2.334	1.746	1.393	1.158	0.862	0.684	0.442	0.317	0.237	0.182
1.016	10.933	6.445	3.473	2.326	1.743	1.392	1.157	0.862	0.684	0.442	0.316	0.237	0.182
1.020	9.170	6.024	3.426	2.316	1.739	1.390	1.155	0.861	0.683	0.442	0.316	0.237	0.183
1.024	7.853	5.601	3.365	2.301	1.734	1.387	1.154	0.860	0.683	0.442	0.316	0.237	0.183
1.028	6.845	5.197	3.290	2.282	1.727	1.384	1.152	0.860	0.682	0.441	0.316	0.237	0.183
1.040	4.909	4.178	3.012	2.200	1.697	1.370	1.144	0.856	0.680	0.441	0.316	0.237	0.183
1.060	3.311	3.055	2.515	2.001	1.611	1.328	1.122	0.847	0.676	0.439	0.315	0.237	0.183
1.080	2.490	2.375	2.096	1.778	1.495	1.266	1.086	0.833	0.669	0.437	0.314	0.237	0.183
1.100	1.991	1.930	1.772	1.570	1.369	1.190	1.040	0.814	0.659	0.434	0.313	0.237	0.183
1.120	1.657	1.621	1.524	1.391	1.247	1.109	0.987	0.790	0.647	0.431	0.312	0.236	0.184
1.140	1.417	1.394	1.330	1.239	1.135	1.029	0.930	0.761	0.632	0.426	0.310	0.236	0.183
1.160	1.236	1.221	1.177	1.112	1.035	0.954	0.874	0.731	0.615	0.421	0.308	0.235	0.183
1.180	1.095	1.085	1.053	1.006	0.948	0.884	0.820	0.699	0.596	0.415	0.306	0.234	0.183
1.200	0.983	0.975	0.952	0.916	0.871	0.821	0.769	0.667	0.576	0.409	0.303	0.233	0.183
1.300	0.642	0.640	0.633	0.621	0.606	0.588	0.567	0.522	0.475	0.368	0.285	0.225	0.180
1.400	0.471	0.470	0.467	0.462	0.455	0.447	0.437	0.414	0.388	0.322	0.262	0.213	0.173
1.500	0.367	0.367	0.365	0.363	0.359	0.355	0.349	0.337	0.321	0.279	0.236	0.198	0.165
1.600	0.298	0.298	0.297	0.296	0.294	0.291	0.288	0.280	0.270	0.242	0.211	0.182	0.155

续表

l/d	80												
m \ n	0.000	0.020	0.040	0.060	0.080	0.100	0.120	0.160	0.200	0.300	0.400	0.500	0.600
0.500	—	0.515	0.511	0.505	0.497	0.486	0.474	0.446	0.413	0.323	0.241	0.175	0.125
0.550	—	0.534	0.530	0.524	0.516	0.506	0.493	0.465	0.431	0.341	0.257	0.189	0.137
0.600	—	0.569	0.565	0.558	0.549	0.537	0.524	0.492	0.455	0.359	0.272	0.201	0.147
0.650	—	0.624	0.619	0.610	0.598	0.584	0.567	0.528	0.485	0.378	0.284	0.211	0.155
0.700	—	0.706	0.698	0.685	0.669	0.648	0.626	0.575	0.521	0.396	0.295	0.219	0.163
0.750	—	0.827	0.814	0.794	0.768	0.737	0.704	0.632	0.562	0.413	0.304	0.226	0.168
0.800	—	1.015	0.991	0.955	0.910	0.858	0.805	0.700	0.606	0.428	0.311	0.231	0.173
0.850	—	1.332	1.279	1.202	1.112	1.018	0.928	0.770	0.645	0.438	0.315	0.234	0.176
0.900	—	1.951	1.792	1.589	1.387	1.208	1.057	0.830	0.674	0.443	0.317	0.236	0.179
0.950	—	3.560	2.770	2.117	1.667	1.360	1.143	0.860	0.685	0.444	0.317	0.237	0.181
1.004	21.355	7.180	3.526	2.339	1.749	1.395	1.159	0.863	0.685	0.443	0.317	0.237	0.182
1.008	17.597	7.056	3.517	2.336	1.747	1.394	1.158	0.863	0.684	0.442	0.317	0.237	0.182
1.012	13.949	6.799	3.498	2.332	1.745	1.393	1.157	0.862	0.684	0.442	0.317	0.237	0.182
1.016	11.273	6.440	3.467	2.324	1.742	1.391	1.156	0.862	0.684	0.442	0.316	0.237	0.182
1.020	9.365	6.031	3.422	2.314	1.738	1.389	1.155	0.861	0.683	0.442	0.316	0.237	0.183
1.024	7.973	5.613	3.361	2.299	1.733	1.387	1.154	0.860	0.683	0.442	0.316	0.237	0.183
1.028	6.924	5.211	3.288	2.281	1.726	1.384	1.152	0.860	0.682	0.441	0.316	0.237	0.183
1.040	4.937	4.190	3.012	2.200	1.696	1.369	1.144	0.856	0.680	0.441	0.316	0.237	0.183
1.060	3.320	3.061	2.517	2.002	1.611	1.328	1.122	0.847	0.676	0.439	0.315	0.237	0.183
1.080	2.494	2.377	2.098	1.779	1.495	1.266	1.086	0.833	0.669	0.437	0.314	0.237	0.183
1.100	1.993	1.932	1.773	1.571	1.369	1.190	1.040	0.814	0.659	0.434	0.313	0.237	0.183
1.120	1.658	1.622	1.524	1.391	1.247	1.110	0.987	0.790	0.647	0.431	0.312	0.236	0.184
1.140	1.418	1.395	1.331	1.239	1.135	1.030	0.930	0.761	0.632	0.426	0.310	0.236	0.183
1.160	1.237	1.221	1.178	1.113	1.035	0.954	0.874	0.731	0.615	0.421	0.308	0.235	0.183
1.180	1.096	1.085	1.054	1.006	0.948	0.884	0.820	0.699	0.596	0.415	0.306	0.234	0.183
1.200	0.983	0.975	0.952	0.916	0.871	0.821	0.769	0.667	0.576	0.409	0.303	0.233	0.183
1.300	0.642	0.640	0.633	0.621	0.606	0.588	0.567	0.522	0.475	0.368	0.285	0.225	0.180
1.400	0.471	0.470	0.467	0.462	0.455	0.447	0.437	0.414	0.388	0.322	0.262	0.213	0.173
1.500	0.368	0.367	0.365	0.363	0.359	0.355	0.349	0.337	0.321	0.279	0.236	0.198	0.165
1.600	0.298	0.298	0.297	0.296	0.294	0.291	0.288	0.280	0.270	0.242	0.211	0.182	0.155

续表

l/d	90												
m \ n	0.000	0.020	0.040	0.060	0.080	0.100	0.120	0.160	0.200	0.300	0.400	0.500	0.600
0.500	—	0.515	0.511	0.505	0.497	0.486	0.474	0.446	0.413	0.323	0.241	0.175	0.125
0.550	—	0.534	0.530	0.524	0.516	0.506	0.493	0.465	0.431	0.341	0.257	0.189	0.137
0.600	—	0.569	0.565	0.558	0.549	0.537	0.524	0.492	0.455	0.359	0.272	0.201	0.147
0.650	—	0.624	0.619	0.610	0.598	0.584	0.567	0.528	0.485	0.378	0.284	0.211	0.155
0.700	—	0.706	0.698	0.685	0.669	0.649	0.626	0.575	0.521	0.396	0.295	0.219	0.163
0.750	—	0.827	0.814	0.794	0.768	0.738	0.704	0.632	0.562	0.413	0.304	0.226	0.168
0.800	—	1.015	0.992	0.955	0.910	0.858	0.805	0.700	0.606	0.428	0.311	0.231	0.173
0.850	—	1.332	1.279	1.202	1.112	1.018	0.928	0.770	0.645	0.438	0.315	0.234	0.176
0.900	—	1.952	1.793	1.590	1.387	1.208	1.057	0.830	0.673	0.443	0.317	0.236	0.179
0.950	—	3,566	2.770	2.116	1.667	1.360	1.143	0.860	0.685	0.444	0.317	0.237	0.181
1.004	23.603	7.142	3.521	2.338	1.748	1.394	1.159	0.863	0.685	0.443	0.317	0.237	0.182
1.008	18.680	7.026	3.512	2.335	1.747	1.394	1.158	0.863	0.684	0.442	0.317	0.237	0.182
1.012	14.444	6.783	3.494	2.330	1.745	1.393	1.157	0.862	0.684	0.442	0.317	0.237	0.182
1.016	11.523	6.436	3.464	2.323	1.742	1.391	1.156	0.862	0.684	0.442	0.316	0.237	0.182
1.020	9.505	6.034	3.419	2.303	1.738	1.389	1.155	0.861	0.683	0.442	0.316	0.237	0.183
1.024	8.058	5.621	3.359	2.298	1.733	1.386	1.154	0.860	0.683	0.442	0.316	0.237	0.183
1.028	6.980	5.220	3.286	2.280	1.726	1.383	1.152	0.859	0.682	0.441	0.316	0.237	0.183
1.040	4.957	4.198	3.013	2.199	1.696	1.369	1.144	0.856	0.680	0.441	0.316	0.237	0.183
1.060	3.326	3.065	2.518	2.002	1.610	1.328	1.122	0.847	0.676	0.439	0.315	0.237	0.183
1.080	2.496	2.379	2.099	1.779	1.495	1.266	1.086	0.833	0.669	0.437	0.314	0.237	0.183
1.100	1.995	1.933	1.774	1.571	1.369	1.190	1.040	0.814	0.659	0.434	0.313	0.237	0.183
1.120	1.659	1.623	1.525	1.391	1.247	1.110	0.987	0.790	0.647	0.431	0.312	0.236	0.184
1.140	1.418	1.395	1.331	1.240	1.135	1.030	0.930	0.761	0.632	0.426	0.310	0.236	0.183
1.160	1.237	1.222	1.178	1.113	1.036	0.954	0.874	0.731	0.615	0.421	0.308	0.235	0.183
1.180	1.096	1.085	1.054	1.006	0.948	0.884	0.820	0.699	0.596	0.415	0.306	0.234	0.183
1.200	0.983	0.975	0.952	0.916	0.871	0.821	0.769	0.667	0.576	0.409	0.303	0.233	0.183
1.300	0.642	0.640	0.633	0.621	0.606	0.588	0.567	0.522	0.475	0.368	0.285	0.225	0.180
1.400	0.471	0.470	0.467	0.462	0.455	0.447	0.437	0.414	0.388	0.322	0.262	0.213	0.173
1.500	0.368	0.367	0.365	0.363	0.359	0.355	0.349	0.337	0.321	0.279	0.236	0.198	0.165
1.600	0.298	0.298	0.297	0.296	0.294	0.291	0.288	0.280	0.270	0.242	0.211	0.182	0.155

续表

l/d	100												
m \ n	0.000	0.020	0.040	0.060	0.080	0.100	0.120	0.160	0.200	0.300	0.400	0.500	0.600
0.500	—	0.515	0.511	0.505	0.497	0.486	0.474	0.446	0.413	0.323	0.241	0.175	0.125
0.550	—	0.534	0.530	0.524	0.516	0.506	0.493	0.465	0.431	0.341	0.257	0.189	0.137
0.600	—	0.569	0.565	0.558	0.549	0.537	0.524	0.492	0.455	0.359	0.272	0.201	0.147
0.650	—	0.624	0.619	0.610	0.598	0.584	0.567	0.528	0.485	0.378	0.284	0.211	0.155
0.700	—	0.706	0.698	0.685	0.669	0.649	0.626	0.575	0.521	0.396	0.295	0.219	0.163
0.750	—	0.827	0.814	0.794	0.768	0.738	0.704	0.633	0.562	0.413	0.304	0.226	0.168
0.800	—	1.015	0.992	0.955	0.910	0.858	0.805	0.700	0.606	0.428	0.311	0.231	0.173
0.850	—	1.332	1.279	1.202	1.112	1.018	0.928	0.770	0.645	0.438	0.315	0.234	0.176
0.900	—	1.953	1.793	1.590	1.388	1.208	1.057	0.830	0.673	0.443	0.317	0.236	0.179
0.950	—	3.570	2.771	2.116	1.667	1.360	1.143	0.860	0.685	0.444	0.317	0.237	0.181
1.004	25.703	7.115	3.518	2.337	1.748	1.394	1.159	0.863	0.685	0.443	0.317	0.237	0.182
1.008	19.574	7.004	3.509	2.334	1.746	1.393	1.158	0.863	0.684	0.442	0.317	0.237	0.182
1.012	14.827	6.771	3.491	2.329	1.744	1.392	1.157	0.862	0.684	0.442	0.317	0.237	0.182
1.016	11.710	6.433	3.461	2.322	1.741	1.391	1.156	0.862	0.684	0.422	0.316	0.237	0.182
1.020	9.609	6.037	3.417	2.312	1.737	1.389	1.155	0.861	0.683	0.442	0.316	0.237	0.183
1.024	8.121	5.626	3.358	2.298	1.732	1.386	1.153	0.860	0.683	0.442	0.316	0.237	0.183
1.028	7.020	5.227	3.285	2.279	1.726	1.383	1.152	0.859	0.682	0.441	0.316	0.237	0.183
1.040	4.971	4.203	3.013	2.199	1.695	1.369	1.144	0.856	0.680	0.441	0.316	0.237	0.183
1.060	3.330	3.068	2.519	2.002	1.610	1.328	1.122	0.847	0.676	0.439	0.315	0.237	0.183
1.080	2.498	2.381	2.099	1.779	1.495	1.266	1.086	0.833	0.669	0.437	0.314	0.237	0.183
1.100	1.995	1.934	1.775	1.571	1.369	1.190	1.040	0.814	0.659	0.434	0.313	0.237	0.183
1.120	1.659	1.623	1.525	1.391	1.247	1.110	0.987	0.790	0.647	0.431	0.312	0.236	0.184
1.140	1.418	1.395	1.332	1.240	1.135	1.030	0.930	0.761	0.632	0.426	0.310	0.236	0.183
1.160	1.237	1.222	1.178	1.113	1.036	0.954	0.874	0.731	0.615	0.421	0.308	0.235	0.183
1.180	1.096	1.085	1.054	1.006	0.948	0.885	0.820	0.699	0.596	0.415	0.306	0.234	0.183
1.200	0.983	0.975	0.952	0.916	0.871	0.821	0.769	0.667	0.576	0.409	0.303	0.233	0.183
1.300	0.642	0.640	0.633	0.622	0.606	0.588	0.567	0.522	0.475	0.368	0.285	0.225	0.180
1.400	0.471	0.470	0.467	0.462	0.455	0.447	0.437	0.414	0.388	0.322	0.262	0.213	0.173
1.500	0.368	0.367	0.365	0.363	0.359	0.355	0.349	0.337	0.321	0.279	0.236	0.198	0.165
1.600	0.298	0.298	0.297	0.296	0.294	0.294	0.288	0.280	0.270	0.242	0.211	0.182	0.155

注：表中：$m=z/l$；$n=\rho/l$；ρ为相邻桩至计算桩轴线的水平距离。

4.2.31 考虑桩径影响，沿桩身线性增长侧阻力竖向应力影响系数

表 4-31　考虑桩径影响，沿桩身线性增长侧阻力竖向应力影响系数 I_{st}

l/d	10												
m \ n	0.000	0.020	0.040	0.060	0.080	0.100	0.120	0.160	0.200	0.300	0.400	0.500	0.600
0.500	—	—	—	−0.899	−0.681	−0.518	−0.391	−0.209	−0.089	0.061	0.105	0.107	0.092
0.550	—	—	—	−0.842	−0.625	−0.464	−0.340	−0.164	−0.049	0.088	0.123	0.119	0.102
0.600	—	—	—	−0.753	−0.539	−0.383	−0.263	−0.097	0.007	0.122	0.143	0.132	0.111
0.650	—	—	—	−0.626	−0.418	−0.268	−0.156	−0.006	0.081	0.163	0.165	0.144	0.118
0.700	—	—	—	−0.448	−0.250	−0.111	−0.012	0.111	0.173	0.208	0.186	0.155	0.125
0.750	—	—	—	−0.199	−0.019	0.099	0.177	0.257	0.281	0.256	0.208	0.166	0.132
0.800	—	—	—	0.154	0.301	0.383	0.423	0.433	0.403	0.302	0.227	0.175	0.137
0.850	—	—	—	0.671	0.751	0.761	0.733	0.632	0.527	0.344	0.243	0.183	0.142
0.900	—	—	—	1.463	1.390	1.251	1.096	0.828	0.637	0.377	0.257	0.190	0.146
0.950	—	—	—	2.781	2.278	1.797	1.433	0.974	0.714	0.404	0.269	0.196	0.150
1.004	4.437	4.686	5.938	5.035	2.956	2.096	1.604	1.059	0.768	0.427	0.281	0.203	0.154
1.008	4.450	4.694	5.836	4.953	2.963	2.104	1.610	1.064	0.771	0.429	0.282	0.204	0.155
1.012	4.454	4.689	5.635	4.790	2.964	2.110	1.616	1.068	0.774	0.430	0.283	0.204	0.155
1.016	4.449	4.665	5.390	4.592	2.956	2.114	1.622	1.072	0.778	0.432	0.284	0.205	0.155
1.020	4.431	4.622	5.138	4.388	2.938	2.116	1.626	1.076	0.781	0.433	0.285	0.205	0.156
1.024	4.398	4.559	4.897	4.194	2.911	2.115	1.629	1.080	0.783	0.435	0.286	0.206	0.156
1.028	4.351	4.478	4.673	4.014	2.876	2.111	1.631	1.083	0.786	0.436	0.287	0.206	0.156
1.040	4.128	4.161	4.096	3.552	2.734	2.080	1.629	1.091	0.794	0.441	0.289	0.208	0.157
1.060	3.600	3.557	3.373	2.976	2.457	1.975	1.595	1.095	0.803	0.448	0.293	0.210	0.159
1.080	3.060	3.007	2.836	2.547	2.190	1.836	1.530	1.086	0.807	0.454	0.297	0.213	0.161
1.100	2.599	2.554	2.420	2.210	1.954	1.690	1.447	1.064	0.804	0.458	0.301	0.215	0.162
1.120	2.226	2.192	2.092	1.937	1.749	1.548	1.356	1.031	0.795	0.461	0.304	0.217	0.164
1.140	1.927	1.902	1.827	1.713	1.571	1.418	1.264	0.992	0.780	0.463	0.306	0.219	0.165
1.160	1.687	1.668	1.613	1.527	1.419	1.299	1.176	0.948	0.761	0.462	0.308	0.221	0.167
1.180	1.493	1.478	1.436	1.370	1.286	1.192	1.093	0.902	0.738	0.460	0.310	0.223	0.168
1.200	1.332	1.321	1.289	1.238	1.172	1.097	1.017	0.857	0.713	0.457	0.311	0.224	0.170
1.300	0.838	0.834	0.823	0.806	0.783	0.755	0.723	0.653	0.580	0.419	0.304	0.226	0.174
1.400	0.591	0.590	0.585	0.577	0.567	0.554	0.539	0.505	0.466	0.368	0.284	0.220	0.173
1.500	0.447	0.446	0.444	0.440	0.434	0.428	0.420	0.401	0.379	0.318	0.259	0.209	0.168
1.600	0.354	0.353	0.352	0.350	0.347	0.343	0.338	0.327	0.313	0.274	0.232	0.194	0.161

l/d	15												
m \ n	0.000	0.020	0.040	0.060	0.080	0.100	0.120	0.160	0.200	0.300	0.400	0.500	0.600
0.500	—	—	−1.210	−0.892	−0.674	−0.512	−0.385	−0.204	−0.085	0.064	0.107	0.107	0.093
0.550	—	—	−1.150	−0.834	−0.617	−0.457	−0.333	−0.158	−0.045	0.091	0.125	0.120	0.102
0.600	—	—	−1.057	−0.744	−0.531	−0.374	−0.255	−0.090	0.012	0.125	0.144	0.132	0.111
0.650	—	—	−0.922	−0.614	−0.107	−0.258	−0.147	0.001	0.086	0.165	0.165	0.144	0.119
0.700	—	—	−0.731	−0.431	−0.234	−0.098	0.000	0.119	0.178	0.210	0.187	0.155	0.125
0.750	—	—	−0.459	−0.173	0.004	0.118	0.192	0.266	0.286	0.257	0.208	0.166	0.132
0.800	—	—	−0.058	0.196	0.335	0.408	0.441	0.442	0.406	0.302	0.227	0.175	0.137
0.850	—	—	0.564	0.746	0.802	0.793	0.751	0.636	0.527	0.342	0.243	0.183	0.142
0.900	—	—	1.609	1.596	1.453	1.273	1.099	0.820	0.630	0.375	0.256	0.189	0.146
0.950	—	—	3.584	2.907	2.239	1.742	1.391	0.953	0.703	0.401	0.268	0.196	0.150
1.004	7.095	8.049	7.900	4.012	2.678	1.973	1.538	1.034	0.755	0.424	0.280	0.203	0.154
1.008	7.096	7.972	7.562	4.018	2.687	1.981	1.545	1.038	0.759	0.425	0.281	0.203	0.154
1.012	7.063	7.778	7.097	4.012	2.694	1.989	1.551	1.042	0.762	0.427	0.282	0.204	0.155
1.016	6.985	7.496	6.641	3.989	2.697	1.994	1.556	1.047	0.765	0.428	0.283	0.204	0.155
1.020	6.857	7.167	6.230	3.948	2.697	1.999	1.561	1.051	0.768	0.430	0.284	0.205	0.155
1.024	6.682	6.822	5.866	3.891	2.691	2.002	1.566	1.054	0.771	0.431	0.284	0.205	0.156
1.028	6.469	6.481	5.542	3.821	2.681	2.003	1.569	1.058	0.774	0.433	0.285	0.206	0.156
1.040	5.713	5.540	4.750	3.563	2.619	1.992	1.573	1.067	0.782	0.437	0.288	0.207	0.157
1.060	4.493	4.318	3.801	3.097	2.441	1.931	1.556	1.074	0.792	0.444	0.292	0.210	0.159
1.080	3.568	3.450	3.123	2.676	2.221	1.826	1.509	1.069	0.796	0.450	0.296	0.212	0.160
1.100	2.903	2.826	2.615	2.320	2.000	1.700	1.441	1.052	0.795	0.455	0.299	0.215	0.162
1.120	2.417	2.367	2.227	2.025	1.795	1.568	1.359	1.025	0.788	0.458	0.302	0.217	0.164
1.140	2.054	2.020	1.924	1.782	1.614	1.440	1.273	0.989	0.776	0.460	0.305	0.219	0.165
1.160	1.775	1.752	1.683	1.580	1.455	1.321	1.188	0.948	0.758	0.460	0.307	0.221	0.167
1.180	1.555	1.538	1.488	1.412	1.317	1.212	1.105	0.905	0.737	0.458	0.309	0.222	0.168
1.200	1.379	1.366	1.329	1.271	1.197	1.115	1.029	0.860	0.713	0.455	0.310	0.224	0.169
1.300	0.852	0.848	0.836	0.818	0.793	0.763	0.730	0.657	0.582	0.419	0.303	0.226	0.173
1.400	0.597	0.595	0.590	0.582	0.572	0.558	0.543	0.508	0.468	0.369	0.284	0.220	0.173
1.500	0.450	0.449	0.446	0.442	0.437	0.430	0.422	0.403	0.380	0.318	0.259	0.209	0.168
1.600	0.355	0.355	0.353	0.351	0.348	0.344	0.339	0.328	0.314	0.274	0.232	0.194	0.161

续表

l/d	20												
m \ n	0.000	0.020	0.040	0.060	0.080	0.100	0.120	0.160	0.200	0.300	0.400	0.500	0.600
0.500	—	—	−1.207	−0.890	−0.672	−0.509	−0.383	−0.202	−0.084	0.065	0.107	0.107	0.093
0.550	—	—	−1.147	−0.831	−0.615	−0.455	−0.331	−0.156	−0.043	0.092	0.125	0.120	0.102
0.600	—	—	−1.054	−0.740	−0.527	−0.371	−0.253	−0.088	0.014	0.125	0.145	0.132	0.111
0.650	—	—	−0.918	−0.609	−0.402	−0.254	−0.143	0.003	0.088	0.166	0.166	0.144	0.119
0.700	—	—	−0.725	−0.425	−0.229	−0.093	0.004	0.122	0.180	0.210	0.187	0.155	0.126
0.750	—	—	−0.448	−0.164	0.012	0.125	0.197	0.269	0.288	0.257	0.208	0.166	0.132
0.800	—	—	−0.040	0.212	0.347	0.417	0.448	0.445	0.407	0.302	0.226	0.175	0.137
0.850	—	—	0.600	0.773	0.820	0.804	0.757	0.637	0.527	0.342	0.243	0.182	0.142
0.900	—	—	1.694	1.642	1.473	1.279	1.099	0.818	0.628	0.374	0.256	0.189	0.146
0.950	—	—	3.771	2.920	2.217	1.722	1.376	0.946	0.700	0.400	0.268	0.196	0.150
1.004	9.793	12.556	6.649	3.796	2.599	1.936	1.517	1.025	0.751	0.422	0.280	0.202	0.154
1.008	9.754	11.616	6.610	3.806	2.608	1.944	1.524	1.030	0.754	0.424	0.281	0.203	0.154
1.012	9.616	10.588	6.496	3.809	2.616	1.951	1.530	1.034	0.758	0.426	0.281	0.203	0.155
1.016	9.361	9.685	6.317	3.801	2.621	1.957	1.535	1.038	0.761	0.427	0.282	0.204	0.155
1.020	9.003	8.912	6.096	3.783	2.624	1.962	1.540	1.042	0.764	0.429	0.283	0.204	0.155
1.024	8.573	8.243	5.855	3.752	2.622	1.966	1.545	1.046	0.767	0.430	0.284	0.205	0.156
1.028	8.106	7.656	5.610	3.709	2.617	1.968	1.549	1.049	0.769	0.432	0.285	0.205	0.156
1.040	6.721	6.253	4.909	3.524	2.574	1.963	1.554	1.058	0.777	0.436	0.287	0.207	0.157
1.060	4.947	4.667	3.949	3.121	2.427	1.913	1.542	1.066	0.787	0.443	0.291	0.209	0.159
1.080	3.795	3.638	3.229	2.715	2.227	1.820	1.501	1.063	0.793	0.449	0.295	0.212	0.160
1.100	3.028	2.936	2.689	2.358	2.013	1.701	1.438	1.048	0.792	0.454	0.299	0.214	0.162
1.120	2.493	2.436	2.278	2.056	1.811	1.573	1.360	1.022	0.786	0.457	0.302	0.217	0.163
1.140	2.103	2.066	1.960	1.806	1.628	1.447	1.276	0.988	0.774	0.459	0.305	0.219	0.165
1.160	1.808	1.783	1.709	1.599	1.468	1.328	1.191	0.948	0.757	0.459	0.307	0.221	0.166
1.180	1.579	1.561	1.508	1.427	1.328	1.219	1.110	0.905	0.736	0.458	0.308	0.222	0.168
1.200	1.396	1.382	1.343	1.282	1.206	1.121	1.033	0.861	0.713	0.454	0.309	0.224	0.169
1.300	0.857	0.853	0.841	0.822	0.797	0.766	0.733	0.658	0.583	0.419	0.303	0.226	0.173
1.400	0.599	0.597	0.592	0.584	0.573	0.560	0.544	0.509	0.469	0.369	0.284	0.220	0.173
1.500	0.451	0.450	0.447	0.443	0.438	0.431	0.423	0.403	0.381	0.318	0.259	0.209	0.168
1.600	0.356	0.355	0.356	0.352	0.349	0.345	0.340	0.328	0.315	0.274	0.232	0.194	0.161

续表

l/d	25												
m \ n	0.000	0.020	0.040	0.060	0.080	0.100	0.120	0.160	0.200	0.300	0.400	0.500	0.600
0.500	—	—	−1.206	−0.889	−0.671	−0.508	−0.382	−0.202	−0.083	0.065	0.107	0.107	0.093
0.550	—	—	−1.146	−0.830	−0.614	−0.453	−0.330	−0.155	−0.042	0.092	0.125	0.120	0.102
0.600	—	—	−1.052	−0.739	−0.526	−0.370	−0.252	−0.087	0.015	0.126	0.145	0.132	0.111
0.650	—	—	−0.916	−0.607	−0.401	−0.252	−0.142	0.005	0.089	0.166	0.166	0.144	0.119
0.700	—	—	−0.722	−0.422	−0.226	−0.091	0.006	0.123	0.181	0.210	0.187	0.155	0.126
0.750	—	—	−0.443	−0.160	0.015	0.128	0.200	0.271	0.289	0.257	0.208	0.166	0.132
0.800	—	—	−0.031	0.219	0.353	0.422	0.450	0.446	0.408	0.302	0.226	0.175	0.137
0.850	—	—	0.617	0.786	0.829	0.809	0.760	0.638	0.526	0.342	0.242	0.182	0.141
0.900	—	—	1.734	1.663	1.482	1.281	1.098	0.816	0.627	0.374	0.256	0.189	0.146
0.950	—	—	3.849	2.920	2.206	1.712	1.369	0.943	0.698	0.399	0.268	0.196	0.150
1.004	12.508	16.972	6.271	3.709	2.565	1.919	1.508	1.021	0.749	0.422	0.280	0.202	0.154
1.008	12.381	13.914	6.261	3.720	2.575	1.927	1.514	1.026	0.752	0.424	0.280	0.203	0.154
1.012	12.039	12.117	6.208	3.725	2.583	1.934	1.520	1.030	0.756	0.425	0.281	0.203	0.155
1.016	11.487	10.831	6.105	3.722	2.588	1.940	1.526	1.034	0.759	0.427	0.282	0.204	0.155
1.020	10.795	9.822	5.959	3.710	2.592	1.946	1.531	1.038	0.762	0.428	0.283	0.204	0.155
1.024	10.046	8.988	5.781	3.688	2.592	1.950	1.535	1.042	0.765	0.430	0.284	0.205	0.156
1.028	9.301	8.278	5.584	3.655	2.588	1.952	1.539	1.046	0.768	0.431	0.285	0.205	0.156
1.040	7.355	6.630	4.959	3.500	2.553	1.949	1.546	1.055	0.775	0.436	0.287	0.207	0.157
1.060	5.196	4.846	4.015	3.129	2.420	1.905	1.535	1.063	0.786	0.443	0.291	0.209	0.159
1.080	3.912	3.732	3.279	2.733	2.228	1.817	1.497	1.060	0.791	0.449	0.295	0.212	0.160
1.100	3.091	2.990	2.724	2.375	2.019	1.702	1.436	1.046	0.791	0.453	0.299	0.214	0.162
1.120	2.530	2.469	2.302	2.071	1.818	1.576	1.360	1.021	0.785	0.457	0.302	0.216	0.163
1.140	2.127	2.087	1.977	1.818	1.635	1.450	1.277	0.987	0.773	0.459	0.305	0.219	0.165
1.160	1.824	1.797	1.721	1.608	1.474	1.332	1.193	0.948	0.756	0.459	0.307	0.220	0.166
1.180	1.590	1.571	1.517	1.434	1.333	1.223	1.112	0.906	0.736	0.457	0.308	0.222	0.168
1.200	1.404	1.390	1.350	1.288	1.211	1.124	1.035	0.862	0.713	0.454	0.309	0.223	0.169
1.300	0.859	0.855	0.843	0.824	0.798	0.768	0.734	0.659	0.583	0.419	0.303	0.226	0.173
1.400	0.600	0.598	0.593	0.585	0.574	0.561	0.545	0.509	0.469	0.369	0.284	0.220	0.173
1.500	0.451	0.450	0.448	0.444	0.438	0.431	0.423	0.404	0.381	0.319	0.259	0.209	0.168
1.600	0.356	0.356	0.354	0.352	0.349	0.345	0.340	0.329	0.315	0.274	0.232	0.194	0.161

续表

l/d	30												
m \ n	0.000	0.020	0.040	0.060	0.080	0.100	0.120	0.160	0.200	0.300	0.400	0.500	0.600
0.500	—	-1.759	-1.206	-0.888	-0.670	-0.508	-0.382	-0.201	-0.082	0.065	0.107	0.108	0.093
0.550	—	-1.698	-1.145	-0.829	-0.613	-0.453	-0.329	-0.155	-0.042	0.092	0.125	0.120	0.102
0.600	—	-1.603	-1.051	-0.738	-0.525	-0.369	-0.251	-0.087	0.015	0.126	0.145	0.132	0.111
0.650	—	-1.463	-0.915	-0.606	-0.400	-0.251	-0.141	0.005	0.089	0.166	0.166	0.144	0.119
0.700	—	-1.263	-0.720	-0.420	-0.225	-0.089	0.007	0.124	0.181	0.211	0.187	0.155	0.126
0.750	—	-0.973	-0.441	-0.157	0.017	0.129	0.201	0.272	0.289	0.257	0.208	0.166	0.132
0.800	—	-0.536	-0.026	0.223	0.356	0.424	0.452	0.447	0.408	0.302	0.226	0.175	0.137
0.850	—	0.177	0.627	0.793	0.833	0.812	0.761	0.638	0.526	0.342	0.242	0.182	0.141
0.900	—	1.507	1.756	1.675	1.486	1.282	1.098	0.816	0.627	0.374	0.256	0.189	0.146
0.950	—	4.706	3.888	2.919	2.199	1.707	1.366	0.941	0.697	0.399	0.268	0.196	0.150
1.004	15.226	16.081	6.097	3.664	2.547	1.910	1.503	1.019	0.748	0.422	0.279	0.202	0.154
1.008	14.944	14.179	6.096	3.676	2.557	1.918	1.509	1.024	0.751	0.423	0.280	0.203	0.154
1.012	14.281	12.577	6.062	3.682	2.565	1.925	1.515	1.028	0.755	0.425	0.281	0.203	0.155
1.016	13.323	11.303	5.988	3.681	2.571	1.932	1.521	1.032	0.758	0.426	0.282	0.204	0.155
1.020	12.240	10.258	5.874	3.672	2.575	1.937	1.526	1.036	0.761	0.428	0.283	0.204	0.155
1.024	11.162	9.376	5.728	3.654	2.575	1.941	1.530	1.040	0.764	0.429	0.284	0.205	0.156
1.028	10.159	8.616	5.557	3.626	2.573	1.944	1.534	1.043	0.766	0.431	0.285	0.205	0.156
1.040	7.763	6.846	4.979	3.486	2.541	1.942	1.541	1.053	0.774	0.435	0.287	0.207	0.157
1.060	5.344	4.949	4.050	3.132	2.416	1.901	1.532	1.061	0.785	0.442	0.291	0.209	0.159
1.080	3.978	3.786	3.307	2.741	2.229	1.815	1.495	1.059	0.790	0.448	0.295	0.212	0.160
1.100	3.126	3.020	2.743	2.384	2.022	1.702	1.435	1.045	0.790	0.453	0.299	0.214	0.162
1.120	2.551	2.488	2.316	2.079	1.822	1.577	1.360	1.020	0.784	0.457	0.302	0.216	0.163
1.140	2.140	2.099	1.986	1.824	1.639	1.452	1.278	0.987	0.773	0.458	0.304	0.218	0.165
1.160	1.833	1.806	1.728	1.613	1.477	1.334	1.194	0.948	0.756	0.459	0.307	0.220	0.166
1.180	1.596	1.577	1.522	1.438	1.336	1.224	1.113	0.906	0.736	0.457	0.308	0.222	0.168
1.200	1.408	1.394	1.354	1.291	1.213	1.126	1.036	0.862	0.713	0.454	0.309	0.223	0.169
1.300	0.860	0.856	0.844	0.825	0.799	0.769	0.734	0.660	0.584	0.419	0.303	0.226	0.173
1.400	0.600	0.599	0.594	0.586	0.575	0.561	0.545	0.509	0.469	0.369	0.284	0.220	0.173
1.500	0.451	0.451	0.448	0.444	0.439	0.432	0.423	0.404	0.381	0.319	0.259	0.209	0.168
1.600	0.356	0.356	0.354	0.352	0.349	0.345	0.340	0.329	0.315	0.275	0.232	0.194	0.161

续表

l/d	40												
m \ n	0.000	0.020	0.040	0.060	0.080	0.100	0.120	0.160	0.200	0.300	0.400	0.500	0.600
0.500		−1.759	−1.205	−0.888	−0.670	−0.507	−0.381	−0.201	−0.082	0.066	0.108	0.108	0.093
0.550		−1.698	−1.145	−0.829	−0.612	−0.452	−0.329	−0.154	−0.042	0.092	0.125	0.120	0.102
0.600		−1.602	−1.050	−0.737	−0.524	−0.369	−0.250	−0.086	0.015	0.126	0.145	0.132	0.111
0.650		−1.462	−0.913	−0.605	−0.399	−0.250	−0.140	0.006	0.090	0.166	0.166	0.144	0.119
0.700		−1.261	−0.718	−0.419	−0.223	−0.088	0.008	0.125	0.182	0.211	0.187	0.155	0.126
0.750		−0.970	−0.438	−0.155	0.019	0.131	0.203	0.272	0.290	0.257	0.208	0.166	0.132
0.800		−0.531	−0.022	0.227	0.359	0.426	0.454	0.448	0.408	0.302	0.226	0.175	0.137
0.850		0.188	0.636	0.799	0.838	0.814	0.763	0.638	0.526	0.341	0.242	0.182	0.141
0.900		1.542	1.778	1.686	1.491	1.284	1.098	0.815	0.626	0.373	0.256	0.189	0.146
0.950		4.869	3.924	2.917	2.193	1.702	1.362	0.940	0.696	0.399	0.268	0.196	0.150
1.004	20.636	14.185	5.940	3.622	2.530	1.901	1.498	1.017	0.747	0.421	0.279	0.202	0.154
1.008	19.770	13.545	5.945	3.634	2.539	1.909	1.504	1.021	0.750	0.423	0.280	0.203	0.154
1.012	18.119	12.571	5.925	3.641	2.548	1.916	1.510	1.026	0.754	0.425	0.281	0.203	0.155
1.016	16.165	11.550	5.873	3.642	2.554	1.923	1.516	1.030	0.757	0.426	0.282	0.204	0.155
1.020	14.288	10.589	5.786	3.635	2.558	1.928	1.521	1.034	0.760	0.428	0.283	0.204	0.155
1.024	12.638	9.718	5.667	3.621	2.559	1.933	1.526	1.038	0.763	0.429	0.284	0.205	0.156
1.028	11.236	8.937	5.522	3.597	2.557	1.936	1.530	1.041	0.765	0.431	0.284	0.205	0.156
1.040	8.228	7.066	4.993	3.470	2.530	1.935	1.537	1.051	0.773	0.435	0.287	0.207	0.157
1.060	5.500	5.055	4.083	3.134	2.411	1.896	1.528	1.059	0.784	0.442	0.291	0.209	0.159
1.080	4.047	3.840	3.334	2.750	2.230	1.814	1.493	1.057	0.789	0.448	0.295	0.212	0.160
1.100	3.162	3.051	2.762	2.393	2.025	1.702	1.434	1.044	0.789	0.453	0.298	0.214	0.162
1.120	2.572	2.506	2.329	2.086	1.825	1.578	1.360	1.019	0.784	0.456	0.302	0.216	0.163
1.140	2.153	2.111	1.996	1.830	1.642	1.454	1.278	0.987	0.772	0.458	0.304	0.218	0.165
1.160	1.842	1.814	1.735	1.618	1.480	1.335	1.195	0.948	0.756	0.458	0.306	0.220	0.166
1.180	1.602	1.583	1.526	1.442	1.338	1.226	1.114	0.906	0.736	0.457	0.308	0.222	0.168
1.200	1.413	1.399	1.357	1.294	1.215	1.127	1.037	0.863	0.713	0.454	0.309	0.223	0.169
1.300	0.862	0.858	0.845	0.826	0.800	0.769	0.735	0.660	0.584	0.419	0.303	0.226	0.173
1.400	0.601	0.599	0.594	0.586	0.575	0.562	0.546	0.510	0.469	0.369	0.284	0.220	0.173
1.500	0.452	0.451	0.448	0.444	0.439	0.432	0.424	0.404	0.381	0.319	0.259	0.209	0.168
1.600	0.356	0.356	0.355	0.352	0.349	0.345	0.340	0.329	0.315	0.275	0.232	0.194	0.161

续表

l/d	50												
m \ n	0.000	0.020	0.040	0.060	0.080	0.100	0.120	0.160	0.200	0.300	0.400	0.500	0.600
0.500	—	−1.758	−1.205	−0.887	−0.669	−0.507	−0.381	−0.200	−0.082	0.066	0.108	0.108	0.093
0.550	—	−1.697	−1.144	−0.828	−0.612	−0.452	−0.329	−0.154	−0.041	0.093	0.125	0.120	0.102
0.600	—	−1.601	−1.050	−0.737	−0.524	−0.368	−0.250	−0.086	0.016	0.126	0.145	0.132	0.111
0.650	—	−1.461	−0.913	−0.605	−0.398	−0.250	−0.140	0.006	0.090	0.166	0.166	0.144	0.119
0.700	—	−1.260	−0.718	−0.418	−0.223	−0.088	0.008	0.125	0.182	0.211	0.187	0.155	0.126
0.750	—	−0.969	−0.437	−0.154	0.020	0.132	0.203	0.273	0.290	0.257	0.208	0.166	0.132
0.800	—	−0.528	−0.020	0.229	0.360	0.427	0.454	0.448	0.409	0.302	0.226	0.175	0.137
0.850	—	0.193	0.641	0.803	0.840	0.816	0.763	0.638	0.526	0.341	0.242	0.182	0.141
0.900	—	1.558	1.789	1.691	1.493	1.284	1.098	0.815	0.626	0.373	0.256	0.189	0.146
0.950	—	4.947	3.940	2.916	2.190	1.699	1.360	0.939	0.696	0.398	0.268	0.196	0.150
1.004	25.958	13.491	5.873	3.603	2.522	1.897	1.495	1.016	0.747	0.421	0.279	0.202	0.154
1.008	24.069	13.126	5.879	3.615	2.532	1.905	1.502	1.020	0.750	0.423	0.280	0.206	0.154
1.012	21.098	12.429	5.864	3.622	2.540	1.912	1.508	1.025	0.753	0.424	0.281	0.203	0.155
1.016	18.118	11.575	5.820	3.624	2.546	1.919	1.513	1.029	0.756	0.426	0.282	0.204	0.155
1.020	15.572	10.695	5.745	3.619	2.551	1.924	1.519	1.033	0.759	0.427	0.283	0.204	0.155
1.024	13.503	9.854	5.638	3.605	2.552	1.929	1.523	1.037	0.762	0.429	0.284	0.205	0.156
1.028	11.836	9.077	5.503	3.583	2.551	1.932	1.527	1.040	0.765	0.431	0.284	0.205	0.156
1.040	8.466	7.170	4.998	3.463	2.524	1.931	1.535	1.050	0.773	0.435	0.287	0.207	0.157
1.060	5.577	5.105	4.098	3.135	2.409	1.894	1.527	1.058	0.783	0.442	0.291	0.209	0.159
1.080	4.080	3.866	3.347	2.754	2.230	1.813	1.492	1.057	0.789	0.448	0.295	0.212	0.160
1.100	3.179	3.065	2.771	2.397	2.027	1.702	1.434	1.043	0.789	0.453	0.298	0.214	0.162
1.120	2.581	2.515	2.335	2.090	1.827	1.579	1.360	1.019	0.783	0.456	0.302	0.216	0.163
1.140	2.159	2.117	2.000	1.833	1.644	1.455	1.279	0.987	0.772	0.458	0.304	0.218	0.165
1.160	1.846	1.818	1.738	1.620	1.481	1.336	1.195	0.948	0.756	0.458	0.306	0.220	0.166
1.180	1.605	1.585	1.529	1.443	1.340	1.227	1.114	0.906	0.736	0.457	0.308	0.222	0.168
1.200	1.415	1.401	1.359	1.296	1.216	1.128	1.037	0.863	0.713	0.454	0.309	0.223	0.169
1.300	0.862	0.858	0.846	0.826	0.801	0.770	0.735	0.660	0.584	0.419	0.303	0.226	0.173
1.400	0.601	0.599	0.594	0.586	0.575	0.562	0.546	0.510	0.469	0.369	0.284	0.220	0.173
1.500	0.452	0.451	0.449	0.444	0.439	0.432	0.424	0.404	0.381	0.319	0.259	0.209	0.168
1.600	0.356	0.356	0.355	0.352	0.349	0.345	0.340	0.329	0.315	0.275	0.233	0.194	0.161

续表

l/d	60												
m \ n	0.000	0.020	0.040	0.060	0.080	0.100	0.120	0.160	0.200	0.300	0.400	0.500	0.600
0.500	—	−1.758	−1.205	−0.887	−0.669	−0.507	−0.381	−0.200	−0.082	0.066	0.108	0.108	0.093
0.550	—	−1.697	−1.144	−0.828	−0.612	−0.452	−0.328	−0.154	−0.041	0.093	0.125	0.120	0.102
0.600	—	−1.601	−1.050	−0.737	−0.524	−0.368	−0.250	−0.086	0.016	0.126	0.145	0.132	0.111
0.650	—	−1.461	−0.913	−0.604	−0.398	−0.250	−0.140	0.006	0.090	0.166	0.166	0.144	0.119
0.700	—	−1.260	−0.717	−0.417	−0.222	−0.087	0.008	0.125	0.182	0.211	0.187	0.155	0.126
0.750	—	−0.968	−0.436	−0.153	0.021	0.132	0.203	0.273	0.290	0.257	0.208	0.166	0.132
0.800	—	−0.527	−0.018	0.230	0.361	0.428	0.455	0.448	0.409	0.302	0.226	0.175	0.137
0.850	—	0.196	0.643	0.804	0.841	0.816	0.764	0.638	0.526	0.341	0.242	0.182	0.141
0.900	—	1.566	1.794	1.694	1.494	1.284	1.098	0.814	0.626	0.373	0.256	0.189	0.146
0.950	—	4.990	3.948	2.915	2.188	1.698	1.360	0.938	0.695	0.398	0.267	0.196	0.150
1.004	31.136	13.161	5.837	3.593	2.518	1.895	1.494	1.015	0.746	0.421	0.279	0.202	0.154
1.008	27.775	12.894	5.845	3.604	2.527	1.903	1.500	1.020	0.750	0.423	0.280	0.203	0.154
1.012	23.351	12.325	5.832	3.612	2.536	1.910	1.507	1.024	0.753	0.424	0.281	0.203	0.155
1.016	19.460	11.565	5.792	3.614	2.542	1.917	1.512	1.028	0.756	0.426	0.282	0.204	0.155
1.020	16.399	10.738	5.722	3.610	2.547	1.922	1.517	1.032	0.759	0.427	0.283	0.204	0.155
1.024	14.037	9.920	5.621	3.597	2.548	1.927	1.522	1.036	0.762	0.429	0.284	0.205	0.156
1.028	12.197	9.149	5.493	3.576	2.547	1.930	1.526	1.040	0.765	0.430	0.284	0.205	0.156
1.040	8.602	7.226	5.000	3.459	2.522	1.930	1.533	1.049	0.773	0.435	0.287	0.207	0.157
1.060	5.619	5.133	4.106	3.135	2.408	1.893	1.526	1.058	0.783	0.442	0.291	0.209	0.159
1.080	4.098	3.880	3.354	2.756	2.230	1.812	1.492	1.056	0.789	0.448	0.295	0.212	0.160
1.100	3.188	3.073	2.776	2.400	2.028	1.702	1.434	1.043	0.789	0.453	0.298	0.214	0.162
1.120	2.587	2.520	2.339	2.092	1.828	1.579	1.360	1.019	0.783	0.456	0.302	0.216	0.163
1.140	2.162	2.120	2.003	1.835	1.645	1.455	1.279	0.987	0.772	0.458	0.304	0.218	0.165
1.160	1.848	1.820	1.740	1.622	1.482	1.337	1.196	0.948	0.756	0.458	0.306	0.220	0.166
1.180	1.606	1.587	1.530	1.444	1.340	1.227	1.114	0.906	0.736	0.457	0.308	0.222	0.168
1.200	1.416	1.402	1.360	1.296	1.217	1.129	1.037	0.863	0.713	0.454	0.309	0.223	0.169
1.300	0.862	0.858	0.846	0.827	0.801	0.770	0.735	0.660	0.584	0.419	0.303	0.226	0.173
1.400	0.601	0.600	0.595	0.586	0.575	0.562	0.546	0.510	0.470	0.369	0.284	0.220	0.173
1.500	0.452	0.451	0.449	0.445	0.439	0.432	0.424	0.404	0.381	0.319	0.259	0.209	0.168
1.600	0.356	0.356	0.355	0.352	0.349	0.345	0.340	0.329	0.315	0.275	0.233	0.194	0.161

续表

l/d	70												
m \ n	0.000	0.020	0.040	0.060	0.080	0.100	0.120	0.160	0.200	0.300	0.400	0.500	0.600
0.500	—	−1.758	−1.204	−0.887	−0.669	−0.507	−0.381	−0.200	−0.082	0.066	0.108	0108	0.093
0.550	—	−1.697	−1.144	−0.828	−0.612	−0.452	−0.328	−0.154	−0.041	0.093	0.125	0.120	0.102
0.600	—	−1.601	−1.050	−0.736	−0.524	−0.368	−0.250	−0.086	0.016	0.126	0.145	0.132	0.111
0.650	—	−1.461	−0.912	−0.604	−0.398	−0.250	−0.140	0.006	0.090	0.166	0.166	0.144	0.119
0.700	—	−1.260	−0.717	−0.417	−0.222	−0.087	0.009	0.125	0.182	0.211	0.187	0.155	0.126
0.750	—	−0.968	−0.436	−0.153	0.021	0.133	0.204	0.273	0.290	0.257	0.208	0.166	0.132
0.800	—	−0.526	−0.018	0.230	0.362	0.428	0.455	0.448	0.409	0.302	0.226	0.175	0.137
0.850	—	0.198	0.645	0.805	0.842	0.817	0.764	0.638	0.526	0.341	0.242	0.182	0.141
0.900	—	1.572	1.798	1.696	1.495	1.285	1.098	0.814	0.626	0.373	0.256	0.189	0.146
0.950	—	5.016	3.953	2.915	2.187	1.697	1.359	0.938	0.695	0.398	0.267	0.196	0.150
1.004	36.118	12.976	5.816	3.587	2.515	1.894	1.493	1.015	0.746	0.421	0.279	0.202	0.154
1.008	30.900	12.756	5.824	3.598	2.525	1.902	1.500	1.020	0.749	0.423	0.280	0.203	0.154
1.012	25.046	12.255	5.813	3.606	2.533	1.909	1.506	1.024	0.753	0.424	0.281	0.203	0.155
1.016	20.400	11.552	5.775	3.608	2.540	1.915	1.511	1.028	0.756	0.426	0.282	0.204	0.155
1.020	16.954	10.759	5.708	3.604	2.544	1.921	1.517	1.032	0.759	0.427	0.283	0.204	0.155
1.024	14.385	9.957	5.611	3.592	2.549	1.925	1.521	1.036	0.762	0.429	0.284	0.205	0.156
1.028	12.427	9.191	5.486	3.571	2.545	1.929	1.525	1.040	0.764	0.430	0.284	0.205	0.156
1.040	8.687	7.261	5.002	3.457	2.520	1.929	1.533	1.049	0.772	0.435	0.287	0.207	0.157
1.060	5.645	5.150	4.111	3.135	2.407	1.892	1.525	1.058	0.783	0.442	0.291	0.209	0.159
1.080	4.109	3.888	3.358	2.757	2.230	1.812	1.491	1.056	0.789	0.448	0.295	0.212	0.160
1.100	3.194	3.078	2.779	2.401	2.028	1.702	1.434	1.043	0.789	0.453	0.298	0.214	0.162
1.120	2.590	2.523	2.341	2.093	1.829	1.579	1.360	1.019	0.783	0.456	0.302	0.216	0.163
1.140	2.164	2.122	2.004	1.836	1.645	1.455	1.279	0.987	0.772	0.458	0.304	0.218	0.165
1.160	1.849	1.821	1.741	1.622	1.483	1.337	1.196	0.948	0.756	0.458	0.306	0.220	0.166
1.180	1.607	1.588	1.531	1.445	1.341	1.228	1.114	0.906	0.736	0.457	0.308	0.222	0.168
1.200	1.417	1.402	1.361	1.297	1.217	1.129	1.037	0.863	0.713	0.454	0.309	0.223	0.169
1.300	0.863	0.859	0.846	0.827	0.801	0.770	0.736	0.660	0.584	0.419	0.303	0.226	0.173
1.400	0.601	0.600	0.595	0.586	0.575	0.562	0.546	0.510	0.470	0.369	0.284	0.220	0.173
1.500	0.452	0.451	0.449	0.445	0.439	0.432	0.424	0.404	0.381	0.319	0.259	0.209	0.168
1.600	0.356	0.356	0.355	0.352	0.349	0.345	0.340	0.329	0.315	0.275	0.233	0.194	0.161

续表

l/d	80												
m \ n	0.000	0.020	0.040	0.060	0.080	0.100	0.120	0.160	0.200	0.300	0.400	0.500	0.600
0.500	—	−1.758	−1.204	−0.887	−0.669	−0.507	−0.381	−0.200	−0.082	0.066	0.108	0.108	0.093
0.550	—	−1.697	−1.144	−0.828	−0.612	−0.452	−0.328	−0.154	−0.041	0.093	0.125	0.120	0.102
0.600	—	−1.601	−1.050	−0.736	−0.524	−0.368	−0.250	−0.086	0.016	0.126	0.145	0.132	0.111
0.650	—	−1.461	−0.912	−0.604	−0.398	−0.249	−0.139	0.006	0.090	0.166	0.166	0.144	0.119
0.700	—	−1.259	−0.717	−0.417	−0.222	−0.087	0.009	0.125	0.182	0.211	0.187	0.155	0.126
0.750	—	−0.968	−0.436	−0.153	0.021	0.133	0.204	0.273	0.290	0.257	0.208	0.166	0.132
0.800	—	−0.526	−0.017	0.230	0.362	0.428	0.455	0.448	0.409	0.302	0.226	0.175	0.137
0.850	—	0.199	0.646	0.806	0.842	0.817	0.764	0.638	0.526	0.341	0.242	0.182	0.141
0.900	—	1.575	1.800	1.697	1.495	1.285	1.098	0.814	0.625	0.373	0.256	0.189	0.146
0.950	—	5.032	3.956	2.914	2.186	1.697	1.359	0.938	0.695	0.398	0.267	0.196	0.150
1.004	40.860	12.861	5.803	3.583	2.513	1.893	1.493	1.015	0.746	0.421	0.279	0.202	0.154
1.008	33.500	12.667	5.811	3.594	2.523	1.901	1.499	1.019	0.749	0.423	0.280	0.203	0.154
1.012	26.328	12.207	5.800	3.602	2.532	1.908	1.505	1.024	0.753	0.424	0.281	0.203	0.155
1.016	21.074	11.541	5.765	3.605	2.538	1.915	1.511	1.028	0.756	0.426	0.282	0.204	0.155
1.020	17.339	10.770	5.699	3.601	2.543	1.920	1.516	1.032	0.759	0.427	0.283	0.204	0.155
1.024	14.622	9.979	5.604	3.589	2.544	1.925	1.521	1.036	0.762	0.429	0.284	0.205	0.156
1.028	12.582	9.218	5.482	3.568	2.543	1.928	1.525	1.039	0.764	0.430	0.284	0.205	0.156
1.040	8.743	7.283	5.002	3.455	2.519	1.928	1.532	1.049	0.772	0.435	0.287	0.207	0.157
1.060	5.662	5.161	4.114	3.136	2.407	1.892	1.525	1.058	0.783	0.442	0.291	0.209	0.159
1.080	4.116	3.894	3.360	2.758	2.230	1.812	1.491	1.056	0.788	0.448	0.295	0.212	0.160
1.100	3.197	3.081	2.781	2.402	2.028	1.702	1.433	1.043	0.789	0.453	0.298	0.214	0.162
1.120	2.592	2.524	2.342	2.094	1.829	1.580	1.360	1.019	0.783	0.456	0.301	0.216	0.163
1.140	2.166	2.123	2.005	1.836	1.646	1.455	1.279	0.986	0.772	0.458	0.304	0.218	0.165
1.160	1.850	1.822	1.741	1.623	1.483	1.337	1.196	0.948	0.756	0.458	0.306	0.220	0.166
1.180	1.608	1.588	1.531	1.445	1.341	1.228	1.115	0.906	0.736	0.457	0.308	0.222	0.168
1.200	1.417	1.403	1.361	1.297	1.217	1.129	1.038	0.863	0.713	0.454	0.309	0.223	0.169
1.300	0.863	0.859	0.847	0.827	0.801	0.770	0.736	0.660	0.584	0.419	0.303	0.226	0.173
1.400	0.601	0.600	0.595	0.587	0.575	0.562	0.546	0.510	0.470	0.369	0.284	0.220	0.173
1.500	0.452	0.451	0.449	0.445	0.439	0.432	0.424	0.404	0.381	0.319	0.259	0.209	0.168
1.600	0.356	0.356	0.355	0.352	0.349	0.345	0.340	0.329	0.315	0.275	0.233	0.194	0.161

续表

l/d	90												
m \ n	0.000	0.020	0.040	0.060	0.080	0.100	0.120	0.160	0.200	0.300	0.400	0.500	0.600
0.500	—	−1.758	−1.204	−0.887	−0.669	−0.507	−0.381	−0.200	−0.082	0.066	0.108	0.108	0.093
0.550	—	−1.697	−1.144	−0.828	−0.612	−0.452	−0.328	−0.154	−0.041	0.093	0.125	0.120	0.102
0.600	—	−1.601	−1.050	−0.736	−0.524	−0.368	−0.249	−0.086	0.016	0.126	0.145	0.132	0.111
0.650	—	−1.460	−0.912	−0.604	−0.398	−0.249	−0.139	0.006	0.090	0.166	0.166	0.144	0.119
0.700	—	−1.259	−0.717	−0.417	−0.222	−0.087	0.009	0.125	0.182	0.211	0.187	0.155	0.126
0.750	—	−0.967	−0.435	−0.152	0.022	0.133	0.204	0.273	0.290	0.257	0.208	0.166	0.132
0.800	—	−0.525	−0.017	0.231	0.362	0.428	0.455	0.448	0.409	0.302	0.226	0.175	0.137
0.850	—	0.200	0.646	0.807	0.842	0.817	0.764	0.639	0.526	0.341	0.242	0.182	0.141
0.900	—	1.578	1.801	1.697	1.495	1.285	1.098	0.814	0.625	0.373	0.256	0.189	0.146
0.950	—	5.044	3.958	2.914	2.186	1.696	1.358	0.938	0.695	0.398	0.267	0.196	0.150
1.004	45.330	12.784	5.793	3.580	2.512	1.892	1.492	1.015	0.746	0.421	0.279	0.202	0.154
1.008	35.651	12.606	5.802	3.592	2.522	1.900	1.499	1.019	0.749	0.423	0.280	0.203	0.154
1.012	27.309	12.174	5.792	3.600	2.530	1.908	1.505	1.024	0.752	0.424	0.281	0.203	0.155
1.016	21.569	11.532	5.757	3.602	2.537	1.914	1.511	1.028	0.756	0.426	0.282	0.204	0.155
1.020	17.616	10.777	5.693	3.598	2.541	1.920	1.516	1.032	0.759	0.427	0.283	0.204	0.155
1.024	14.790	9.994	5.600	3.587	2.543	1.924	1.521	1.036	0.761	0.429	0.283	0.205	0.156
1.028	12.691	9.236	5.479	3.566	2.542	1.927	1.525	1.039	0.764	0.430	0.284	0.205	0.156
1.040	8.782	7.298	5.003	3.454	2.518	1.927	1.532	1.049	0.772	0.435	0.287	0.207	0.157
1.060	5.674	5.168	4.116	3.136	2.406	1.891	1.525	1.057	0.783	0.442	0.291	0.209	0.159
1.080	4.121	3.898	3.362	2.759	2.230	1.812	1.491	1.056	0.788	0.448	0.295	0.212	0.160
1.100	3.200	3.083	2.783	2.402	2.029	1.702	1.433	1.043	0.789	0.453	0.298	0.214	0.162
1.120	2.594	2.526	2.343	2.094	1.829	1.580	1.360	1.019	0.783	0.456	0.301	0.216	0.163
1.140	2.166	2.124	2.006	1.837	1.646	1.456	1.279	0.986	0.772	0.458	0.304	0.218	0.165
1.160	1.851	1.822	1.742	1.623	1.483	1.337	1.196	0.948	0.756	0.458	0.306	0.220	0.166
1.180	1.608	1.589	1.532	1.446	1.341	1.228	1.115	0.906	0.736	0.457	0.308	0.222	0.168
1.200	1.417	1.403	1.361	1.297	1.218	1.129	1.038	0.863	0.713	0.454	0.309	0.223	0.169
1.300	0.863	0.859	0.847	0.827	0.801	0.770	0.736	0.660	0.584	0.419	0.303	0.226	0.173
1.400	0.601	0.600	0.595	0.587	0.576	0.562	0.546	0.510	0.470	0.369	0.284	0.220	0.173
1.500	0.452	0.451	0.449	0.445	0.439	0.432	0.424	0.404	0.381	0.319	0.259	0.209	0.168
1.600	0.356	0.356	0.355	0.352	0.349	0.345	0.340	0.329	0.315	0.275	0.233	0.194	0.161

续表

l/d	100												
m \ n	0.000	0.020	0.040	0.060	0.080	0.100	0.120	0.160	0.200	0.300	0.400	0.500	0.600
0.500	—	−1.758	−1.204	−0.887	−0.669	−0.507	−0.381	−0.200	−0.082	0.066	0.108	0.108	0.093
0.550	—	−1.697	−1.144	−0.828	−0.612	−0.452	−0.328	−0.154	−0.041	0.093	0.125	0.120	0.102
0.600	—	−1.601	−1.049	−0.736	−0.524	−0.368	−0.249	−0.085	0.016	0.127	0.145	0.132	0.111
0.650	—	−1.460	−0.912	−0.604	−0.397	−0.249	−0.139	0.007	0.090	0.166	0.166	0.144	0.119
0.700	—	−1.259	−0.717	−0.417	−0.222	−0.087	0.009	0.125	0.182	0.211	0.187	0.155	0.126
0.750	—	−0.967	−0.435	−0.152	0.022	0.133	0.204	0.273	0.290	0.257	0.208	0.166	0.132
0.800	—	−0.525	−0.017	0.231	0.362	0.428	0.455	0.448	0.409	0.302	0.226	0.175	0.137
0.850	—	0.201	0.647	0.807	0.843	0.817	0.764	0.639	0.526	0.341	0.242	0.182	0.141
0.900	—	1.579	1.803	1.698	1.495	1.285	1.098	0.814	0.625	0.373	0.256	0.189	0.146
0.950	—	5.052	3.960	2.914	2.186	1.696	1.358	0.938	0.695	0.398	0.267	0.196	0.150
1.004	49.507	12.730	5.787	3.578	2.511	1.892	1.492	1.015	0.746	0.421	0.279	0.202	0.154
1.008	37.430	12.563	5.795	3.590	2.521	1.900	1.499	1.019	0.749	0.423	0.280	0.203	0.154
1.012	28.070	12.149	5.786	3.598	2.530	1.907	1.505	1.024	0.752	0.424	0.281	0.203	0.155
1.016	21.941	11.524	5.752	3.600	2.536	1.914	1.510	1.028	0.755	0.426	0.282	0.204	0.155
1.020	17.820	10.782	5.689	3.596	2.541	1.919	1.516	1.032	0.759	0.427	0.283	0.204	0.155
1.024	14.913	10.005	5.596	3.585	2.543	1.924	1.520	1.036	0.761	0.429	0.283	0.205	0.156
1.028	12.771	9.249	5.477	3.565	2.541	1.927	1.524	1.039	0.764	0.430	0.284	0.205	0.156
1.040	8.810	7.309	5.003	3.453	2.517	1.927	1.532	1.048	0.772	0.435	0.287	0.207	0.157
1.060	5.682	5.174	4.118	3.136	2.406	1.891	1.525	1.057	0.783	0.442	0.291	0.209	0.159
1.080	4.125	3.900	3.364	2.759	2.230	1.812	1.491	1.056	0.788	0.448	0.295	0.212	0.160
1.100	3.202	3.085	2.783	2.403	2.029	1.702	1.433	1.043	0.789	0.453	0.298	0.214	0.162
1.120	2.595	2.527	2.344	2.095	1.829	1.580	1.360	1.019	0.783	0.456	0.301	0.216	0.163
1.140	2.167	2.124	2.006	1.837	1.646	1.456	1.279	0.986	0.772	0.458	0.304	0.218	0.165
1.160	1.851	1.823	1.742	1.623	1.483	1.337	1.196	0.948	0.756	0.458	0.306	0.220	0.166
1.180	1.609	1.589	1.532	1.446	1.341	1.228	1.115	0.906	0.736	0.457	0.308	0.222	0.168
1.200	1.417	1.403	1.361	1.297	1.218	1.129	1.038	0.863	0.713	0.454	0.309	0.223	0.169
1.300	0.863	0.859	0.847	0.827	0.801	0.770	0.736	0.660	0.584	0.419	0.303	0.226	0.173
1.400	0.601	0.600	0.595	0.587	0.576	0.562	0.546	0.510	0.470	0.369	0.284	0.220	0.173
1.500	0.452	0.451	0.449	0.445	0.439	0.432	0.424	0.404	0.381	0.319	0.259	0.209	0.168
1.600	0.356	0.356	0.355	0.352	0.349	0.345	0.340	0.329	0.315	0.275	0.233	0.191	0.161

注：表中 $m=z/l$；$n=\rho/l$；ρ 为相邻桩至计算桩轴线的水平距离。

5

基坑工程

5.1 公式速查

5.1.1 作用在挡土构件上的分布土反力的计算

作用在挡土构件上的分布土反力应符合下列规定。

（1）分布土反力可按下式计算：

$$p_s = k_s v + p_{s0}$$

$$k_s = m(z-h)$$

$$m = \frac{0.2\varphi^2 - \varphi + c}{v_b}$$

式中 p_s——分布土反力（kPa）；

k_s——土的水平反力系数（kN/m^3）；

m——土的水平反力系数的比例系数（kN/m^4）；

c、φ——土的黏聚力（kPa）、内摩擦角（°），按《建筑基坑支护技术规程》（JGJ 120—2012）第3.1.14条的规定确定；对多层土，按不同土层分别取值；

v_b——挡土构件在坑底处的水平位移量（mm），当此处的水平位移不大于10mm时，可取 $v_b=10mm$；

z——计算点距地面的深度（m）；

h——计算工况下的基坑开挖深度（m）；

v——挡土构件在分布土反力计算点的水平位移值（m）；

p_{s0}——初始分布土反力（kPa）{ ▲对地下水位以上或水土合算的土层；■对于水土分算的土层 }

▲ 对地下水位以上或水土合算的土层

$$p_{s0} = \sigma_{pk} K_{a,i}$$

$$\sigma_{pk} = \sigma_{pc}$$

$$K_{a,i} = \tan^2\left(45° - \frac{\varphi_i}{2}\right)$$

式中 σ_{pk}——支护结构内侧计算点的土中竖向应力标准值（kPa）；

σ_{pc}——支护结构内侧计算点，由土的自重产生的竖向总应力（kPa）；

$K_{a,i}$——第 i 层土的主动土压力系数；

φ_i——第 i 层土的内摩擦角（°）。

■ 对于水土分算的土层

$$p_{s0} = (\sigma_{pk} - u_p) K_{a,i} + u_p$$

$$\sigma_{pk} = \sigma_{pc}$$

$$u_p = \gamma_w h_{wp}$$

$$K_{a,i} = \tan^2\left(45° - \frac{\varphi_i}{2}\right)$$

式中 σ_{pk}——支护结构内侧计算点的土中竖向应力标准值（kPa）；

σ_{pc}——支护结构内侧计算点，由土的自重产生的竖向总应力（kPa）；

$K_{a,i}$——第 i 层土的主动土压力系数；

u_p——支护结构内侧计算点的水压力（kPa）；

γ_w——地下水容重（kN/m^3），取 $\gamma_w = 10kN/m^3$；

h_{wp}——基坑内侧地下水位至被动土压力强度计算点的垂直距离（m）；对承压水，地下水位取测压管水位；

φ_i——第 i 层土的内摩擦角（°）。

（2）挡土构件嵌固段上的基坑内侧土反力应符合下列条件，当不符合时，应增加挡土构件的嵌固长度或取 $P_{sk} = E_{pk}$时的分布土反力。

$$P_{sk} \leqslant E_{pk}$$

式中 P_{sk}——挡土构件嵌固段上的基坑内侧土反力标准值（kN），通过按 1）计算的分布土反力得出；

E_{pk}——挡土构件嵌固段上的被动土压力标准值（kN），通过按下式计算的被动土压力强度标准值得出{▲对地下水位以上或水土合算的土层；■对于水土分算的土层}

▲ 对地下水位以上或水土合算的土层

$$p_{pk} = \sigma_{pk} K_{p,i} + 2c_i \sqrt{K_{p,i}}$$

$$\sigma_{pk} = \sigma_{pc}$$

$$K_{p,i} = \tan^2\left(45° + \frac{\varphi_i}{2}\right)$$

式中 σ_{pk}——支护结构内侧计算点的土中竖向应力标准值（kPa）；

σ_{pc}——支护结构内侧计算点，由土的自重产生的竖向总应力（kPa）；

$K_{p,i}$——第 i 层土的被动土压力系数；

p_{pk}——支护结构内侧，第 i 层土中计算点的被动土压力强度标准值（kPa）；

c_i、φ_i——第 i 层土的黏聚力（kPa）、内摩擦角（°）；按《建筑基坑支护技术规程》（JGJ 120—2012）第 3.1.14 条的规定取值。

■ 对于水土分算的土层

$$p_{pk} = (\sigma_{pk} - u_p) K_{p,i} + 2c_i \sqrt{K_{p,i}} + u_p$$

$$\sigma_{pk} = \sigma_{pc}$$

$$u_p = \gamma_w h_{wp}$$

$$K_{p,i} = \tan^2\left(45° + \frac{\varphi_i}{2}\right)$$

式中 σ_{pk}——支护结构内侧计算点的土中竖向应力标准值（kPa）；

σ_{pc}——支护结构内侧计算点，由土的自重产生的竖向总应力（kPa）；

$K_{p,i}$——第 i 层土的被动土压力系数；

p_{pk}——支护结构内侧，第 i 层土中计算点的被动土压力强度标准值（kPa）；

u_p——支护结构内侧计算点的水压力（kPa）；

γ_w——地下水容重（kN/m^3），取 $\gamma_w=10kN/m^3$；

h_{wp}——基坑内侧地下水位至被动土压力强度计算点的垂直距离（m）；对承压水，地下水位取测压管水位；

c_i、φ_i——第 i 层土的黏聚力（kPa）、内摩擦角（°）；按《建筑基坑支护技术规程》（JGJ 120—2012）第 3.1.14 条的规定取值。

5.1.2 排桩的土反力计算宽度

排桩的土反力计算宽度应按下列公式计算（如图 5-1 所示）。

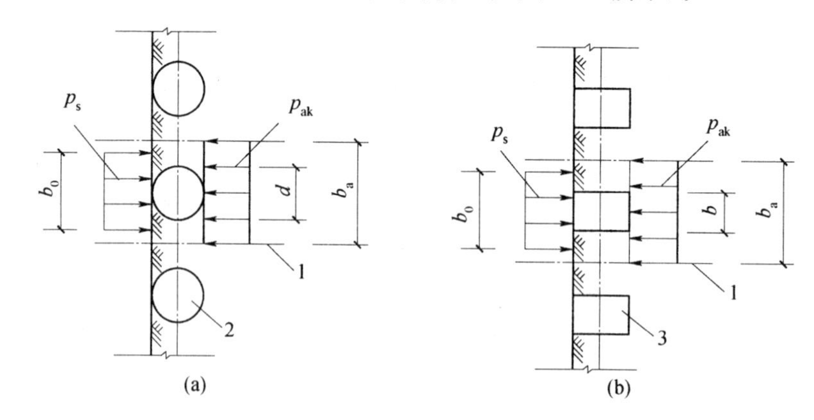

图 5-1 排桩计算宽度

(a) 圆形截面排桩计算宽度；(b) 矩形或工字形截面排桩计算宽度

1——排桩对称中心线；2——圆形桩；3——矩形桩或工字形桩

对于圆形桩：

$$b_0=0.9(1.5d+0.5)\quad(d\leqslant 1m)$$

$$b_0=0.9(d+1)\quad(d>1m)$$

式中 b_0——单根支护桩上的土反力计算宽度（m）；当按公式计算的 b_0 大于排桩间距时，b_0 取排桩间距；

d——桩的直径（m）。

对于矩形桩或工字形桩：

$$b_0=1.5b+0.5\quad(b\leqslant 1m)$$

$$b_0=b+1\quad(b>1m)$$

式中 b_0——单根支护桩上的土反力计算宽度（m）；当按公式计算的 b_0 大于排桩间

距时，b_0 取排桩间距；

b——矩形桩或工字形桩的宽度（m）。

5.1.3 锚杆和内支撑对挡土结构的作用力的计算

锚杆和内支撑对挡土结构的作用力应按下式确定：

$$F_h = k_R(v_R - v_{R0}) + P_h$$

式中 F_h——挡土结构计算宽度内的弹性支点水平反力（kN）；

v_R——挡土构件在支点处的水平位移值（m）；

v_{R0}——设置锚杆或支撑时，支点的初始水平位移值（m）；

P_h——挡土结构计算宽度内的法向预加力（kN）；采用锚杆或竖向斜撑时，取 $P_h = P\cos b_a/s$；采用水平对撑时，取 $P_h = P \cdot b_a/s$；对不预加轴向压力的支撑，取 $P_h = 0$；采用锚杆时，宜取 $P = (0.75 \sim 0.9)N_k$，采用支撑时，宜取 $P = (0.5 \sim 0.8)N_k$；

P——锚杆的预加轴向拉力值或支撑的预加轴向压力值（kN）；

α——锚杆倾角或支撑仰角（°）；

b_a——挡土结构计算宽度（m），对单根支护桩，取排桩间距，对单幅地下连续墙，取包括接头的单幅墙宽度；

s——锚杆或支撑的水平间距（m）；

N_k——锚杆轴向拉力标准值或支撑轴向压力标准值（kN）；

k_R——挡土结构计算宽度内弹性支点刚度系数（kN/m）{▲采用锚杆时 / ■采用内支撑时}

▲ 锚拉式支挡结构的弹性支点刚度系数应按下列规定确定：

（1）锚拉式支挡结构的弹性支点刚度系数宜通过《建筑基坑支护技术规程》（JGJ 120—2012）附录 A 的基本试验按下式计算：

$$k_R = \frac{(Q_2 - Q_1)b_a}{(s_2 - s_1)s}$$

式中 Q_1、Q_2——锚杆循环加荷或逐级加荷试验中（$Q \sim s$）曲线上对应锚杆锁定值与轴向拉力标准值的荷载值；对锁定前进行预张拉的锚杆，应取循环加荷试验中在相当于预张拉荷载的加载量下卸载后的再加载曲线上的荷载值；

s_1、s_2——（$Q \sim s$）曲线上对应于荷载为 Q_1、Q_2 的锚头位移值（m）；

b_a——挡土结构计算宽度（m），对单根支护桩，取排桩间距，对单幅地下连续墙，取包括接头的单幅墙宽度；

s——锚杆水平间距（m）。

（2）缺少试验时，弹性支点刚度系数也可按下式计算：

$$k_R = \frac{3E_sE_cA_pAb_a}{[3E_cAl_f + E_sA_p(l - l_f)]s}$$

$$E_c=\frac{E_sA_p+E_m(A-A_p)}{A}$$

式中 E_s——锚杆杆体的弹性模量（kPa）；

E_c——锚杆的复合弹性模量（kPa）；

A_p——锚杆杆体的截面面积（m^2）；

A——注浆固结体的截面面积（m^2）；

b_a——挡土结构计算宽度（m），对单根支护桩，取排桩间距，对单幅地下连续墙，取包括接头的单幅墙宽度；

l_f——锚杆的自由段长度（m）；

l——锚杆长度（m）；

s——锚杆水平间距（m）；

E_m——注浆固结体的弹性模量（kPa）。

■ 支撑式支挡结构的弹性支点刚度系数宜通过对内支撑结构整体进行线弹性结构分析得出的支点力与水平位移的关系确定。对水平对撑，当支撑腰梁或冠梁的挠度可忽略不计时，计算宽度内弹性支点刚度系数可按下式计算：

$$k_R=\frac{\alpha_R EAb_a}{\lambda l_0 s}$$

式中 λ——支撑不动点调整系数，支撑两对边基坑的土性、深度、周边荷载等条件相近，且分层对称开挖时，取 $\lambda=0.5$；支撑两对边基坑的土性、深度、周边荷载等条件或开挖时间有差异时，对土压力较大或先开挖的一侧，取 $\lambda=0.5\sim1.0$，且差异大时取大值，反之取小值；对土压力较小或后开挖的一侧，取（$1-\lambda$）；当基坑一侧取 $\lambda=1$ 时，基坑另一侧应按固定支座考虑；对竖向斜撑构件，取 $\lambda=1$；

α_R——支撑松弛系数，对混凝土支撑和预加轴向压力的钢支撑，取 $\alpha_R=1.0$，对不预加轴向压力的钢支撑，取 $\alpha_R=0.8\sim1.0$；

E——支撑材料的弹性模量（kPa）；

A——支撑截面面积（m^2）；

b_a——挡土结构计算宽度（m），对单根支护桩，取排桩间距，对单幅地下连续墙，取包括接头的单幅墙宽度；

l_0——受压支撑构件的长度（m）；

s——支撑水平间距（m）。

5.1.4 悬臂式结构嵌固稳定性的验算

悬臂式支挡结构的嵌固深度（l_d）应符合下式嵌固稳定性的要求（如图 5-2 所示）：

$$\frac{E_{pk}a_{p1}}{E_{ak}a_{a1}}\geqslant K_e$$

式中　K_e——嵌固稳定安全系数；安全等级为一级、二级、三级的悬臂式支挡结构，K_e 分别不应小于 1.25、1.2、1.15；

E_{ak}、E_{pk}——基坑外侧主动土压力、基坑内侧被动土压力标准值（kN）；

a_{a1}、a_{p1}——基坑外侧主动土压力、基坑内侧被动土压力合力作用点至挡土构件底端的距离（m）。

5.1.5　单层锚杆和单层支撑支挡式结构的嵌固稳定性的验算

单层锚杆和单层支撑的支挡式结构的嵌固深度（l_d）应符合下式嵌固稳定性的要求（图 5-3）：

$$\frac{E_{pk}a_{p2}}{E_{ak}a_{a2}} \geqslant K_e$$

式中　K_e——嵌固稳定安全系数；安全等级为一级、二级、三级的锚拉式支挡结构和支撑式支挡结构，K_e 分别不应小于 1.25、1.2、1.15；

E_{ak}、E_{pk}——基坑外侧主动土压力、基坑内侧被动土压力标准值（kN）；

a_{a2}、a_{p2}——基坑外侧主动土压力、基坑内侧被动土压力合力作用点至支点的距离（m）。

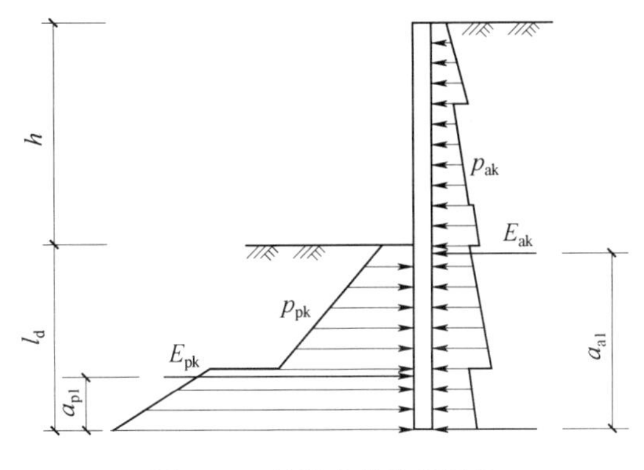

图 5-2　悬臂式结构嵌固稳定性验算

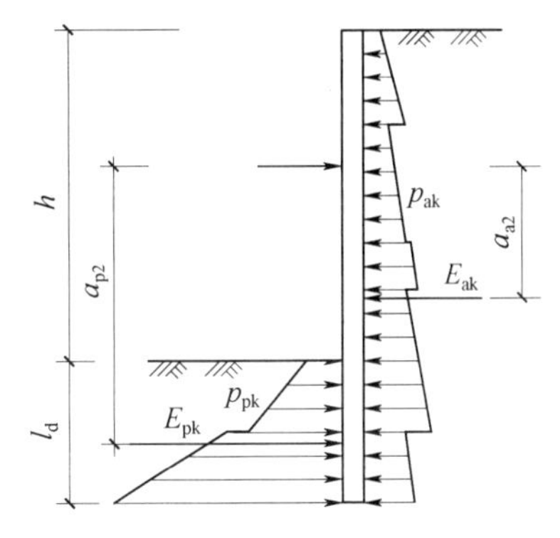

图 5-3　单支点锚拉式支挡结构和支撑式支挡结构的嵌固稳定性验算

5.1.6　支挡式结构整体稳定性的验算

锚拉式、悬臂式和双排桩支挡结构采用圆弧滑动条分法时，其整体稳定性应符合下列规定（如图 5-4 所示）：

$$\min\{K_{s,1}, K_{s,2}, \cdots, K_{s,i} \cdots\} \geqslant K_s$$

$$K_{s,i} = \frac{\sum\{c_j l_j + [(q_j b_j + \Delta G_j)\cos\theta_j - u_j l_j]\tan\varphi_j\} + \sum R'_{k,k}[\cos(\theta_k + \alpha_k) + \psi_v]/s_{x,k}}{\sum(q_j b_j + \Delta G_j)\sin\theta_j}$$

式中　K_s——圆弧滑动整体稳定安全系数，安全等级为一级、二级、三级的支挡式结构，K_s 分别不应小于 1.35、1.3、1.25；

$K_{s,i}$——第 i 个圆弧滑动体的抗滑力矩与滑动力矩的比值，抗滑力矩与滑动力矩

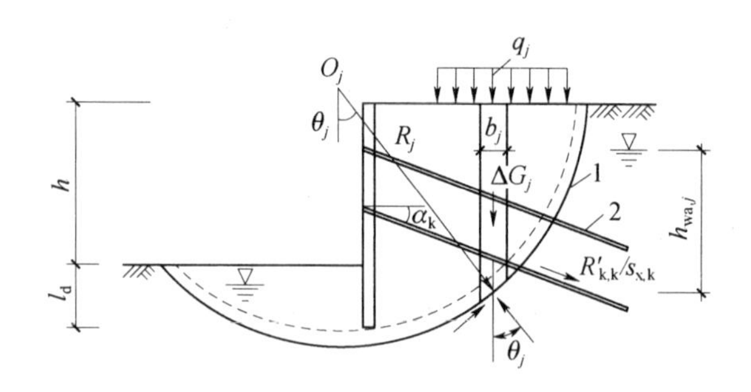

图 5-4 圆弧滑动条分法整体稳定性验算

1——任意圆弧滑动面；2——锚杆

之比的最小值宜通过搜索不同圆心及半径的所有潜在滑动圆弧确定；

c_j、φ_j——第 j 土条滑弧面处土的黏聚力（kPa）、内摩擦角（°），按《建筑基坑支护技术规程》（JGJ 120—2012）第 3.1.14 条的规定取值；

b_j——第 j 土条的宽度（m）；

θ_j——第 j 土条滑弧面中点处的法线与垂直面的夹角（°）；

l_j——第 j 土条的滑弧段长度（m），取 $l_j=b_j/\cos\theta_j$；

q_j——第 j 土条上的附加分布荷载标准值（kPa）；

ΔG_j——第 j 土条的自重（kN），按天然容重计算；

u_j——第 j 土条在滑弧面上的水压力（kPa）；采用落底式截水帷幕时，对地下水位以下的砂土、碎石土、砂质粉土，在基坑外侧，可取 $u_j=\gamma_w h_{wa,j}$，在基坑内侧，可取 $u_j=\gamma_w h_{wp,j}$；滑弧面在地下水位以上或对地下水位以下的黏性土，取 $u_j=0$；

γ_w——地下水容重（kN/m³）；

$h_{wa,j}$——基坑外侧第 j 土条滑弧面中点的压力水头（m）；

$h_{wp,j}$——基坑内侧第 j 土条滑弧面中点的压力水头（m）；

$R'_{k,k}$——第 k 层锚杆在滑动面以外的锚固段的极限抗拔承载力标准值与锚杆杆体受拉承载力标准值（$f_{ptk}A_p$）的较小值（kN），锚固段的极限抗拔承载力应按《建筑基坑支护技术规程》（JGJ 120—2012）第 4.7.4 条的规定计算，但锚固段应取滑动面以外的长度；对悬臂式、双排桩支挡结构，不考虑 $\sum R'_{k,k}[\cos(\theta_k+\alpha_k)+\psi_v]/s_{x,k}$ 项；

α_k——第 k 层锚杆的倾角（°）；

θ_k——滑弧面在第 k 层锚杆处的法线与垂直面的夹角（°）；

$s_{x,k}$——第 k 层锚杆的水平间距（m）；

ψ_v——计算系数；可按 $\psi_v=0.5\sin(\theta_k+\alpha_k)\tan\varphi$ 取值；

φ——第 k 层锚杆与滑弧交点处土的内摩擦角（°）。

5.1.7 支挡式结构坑底隆起稳定性的验算

支挡式结构的嵌固深度应符合下列坑底隆起稳定性要求。

(1) 锚拉式支挡结构和支撑式支挡结构的嵌固深度应符合下列规定（如图 5-5 所示）：

$$\frac{\gamma_{m2} l_d N_q + c N_c}{\gamma_{m1}(h+l_d)+q_0} \geqslant K_b$$

$$N_q = \tan^2\left(45^\circ + \frac{\varphi}{2}\right) e^{\pi\tan\varphi}$$

$$N_c = (N_q - 1)/\tan\varphi$$

式中 K_b——抗隆起安全系数，安全等级为一级、二级、三级的支护结构，K_b 分别不应小于 1.8、1.6、1.4；

γ_{m1}、γ_{m2}——基坑外、基坑内挡土构件底面以上土的天然容重（kN/m^3）；对多层土，取各层土按厚度加权的平均容重；

l_d——挡土构件的嵌固深度（m）；

h——基坑深度（m）；

q_0——地面均布荷载（kPa）；

N_c、N_q——承载力系数；

c、φ——挡土构件底面以下土的黏聚力（kPa）、内摩擦角（°），按《建筑基坑支护技术规程》（JGJ 120—2012）第 3.1.14 条的规定取值。

(2) 当挡土构件底面以下有软弱下卧层时，坑底隆起稳定性的验算部位尚应包括软弱下卧层。软弱下卧层的隆起稳定性可按下式验算（如图 5-6 所示）：

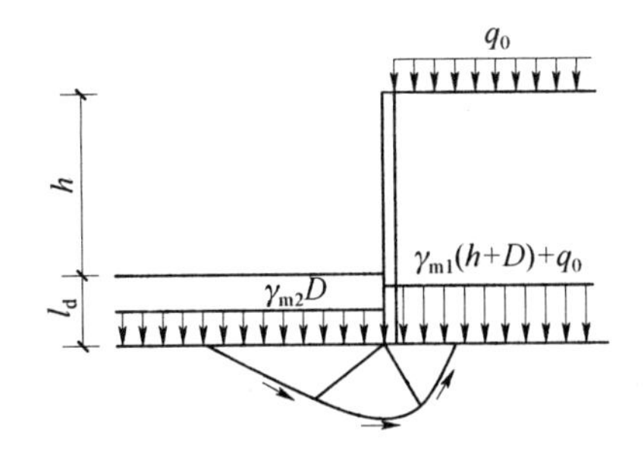

图 5-5 挡土构件底端平面下土的隆起稳定性验算

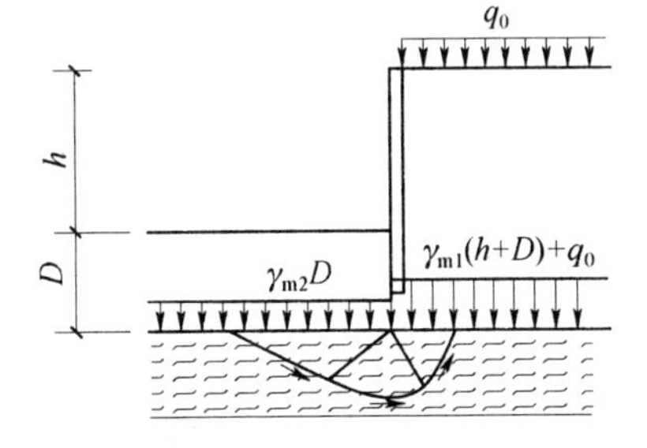

图 5-6 软弱下卧层的隆起稳定性验算

$$\frac{\gamma_{m2} D N_q + c N_c}{\gamma_{m1}(h+D)+q_0} \geqslant K_b$$

$$N_q = \tan^2\left(45^\circ + \frac{\varphi}{2}\right) e^{\pi\tan\varphi}$$

$$N_c = (N_q - 1)/\tan\varphi$$

式中　K_b——抗隆起安全系数；安全等级为一级、二级、三级的支护结构，K_b 分别不应小于 1.8、1.6、1.4；

γ_{m1}、γ_{m2}——软弱下卧层顶面以上土的容重（kN/m^3）；

D——基坑底面至软弱下卧层顶面的土层厚度（m）；

h——基坑深度（m）；

q_0——地面均布荷载（kPa）；

N_c、N_q——承载力系数；

c、φ——挡土构件底面以下土的黏聚力（kPa）、内摩擦角（°），按《建筑基坑支护技术规程》（JGJ 120—2012）第 3.1.14 条的规定取值。

5.1.8　支挡式结构以最下层支点为轴心的圆弧滑动稳定性的验算

锚拉式支挡结构和支撑式支挡结构，当坑底以下为软土时，其嵌固深度应符合下列以最下层支点为轴心的圆弧滑动稳定性要求（如图 5－7 所示）：

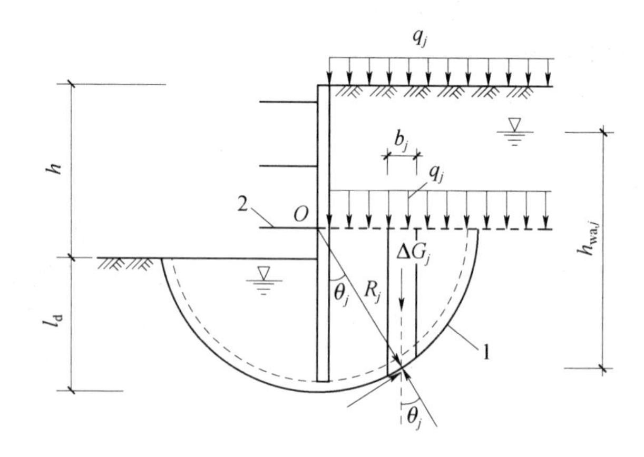

图 5－7　以最下层支点为轴心的圆弧滑动稳定性验算

1——任意圆弧滑动面；2——最下层支点

$$\frac{\sum[c_j l_j+(q_j b_j+\Delta G_j)\cos\theta_j\tan\varphi_j]}{\sum(q_j b_j+\Delta G_j)\sin\theta_j}\geqslant K_r$$

式中　K_r——以最下层支点为轴心的圆弧滑动稳定安全系数，安全等级为一级、二级、三级的支挡式结构，K_r 分别不应小于 2.2、1.9、1.7；

c_j、φ_j——第 j 土条在滑弧面处土的黏聚力（kPa）、内摩擦角（°），按《建筑基坑支护技术规程》（JGJ 120—2012）第 3.1.14 条的规定取值；

l_j——第 j 土条的滑弧段长度（m），取 $l_j=b_j/\cos\theta_j$；

q_j——第 j 土条顶面上的竖向压力标准值（kPa）；

b_j——第 j 土条的宽度（m）；

θ_j——第 j 土条滑弧面中点处的法线与垂直面的夹角（°）；

ΔG_j——第 j 土条的自重（kN），按天然容重计算。

5.1.9 锚杆极限抗拔承载力的计算

锚杆的极限抗拔承载力应符合下式要求：

$$\frac{R_{\mathrm{k}}}{N_{\mathrm{k}}} \geqslant K_{\mathrm{t}}$$

$$N_{\mathrm{k}}=\frac{F_{\mathrm{h}} s}{b_{\mathrm{a}} \cos \alpha}$$

$$R_{\mathrm{k}}=\pi d \sum q_{sik} l_i$$

式中 K_{t}——锚杆抗拔安全系数；安全等级为一级、二级、三级的支护结构，K_{t} 分别不应小于 1.8、1.6、1.4；

N_{k}——锚杆轴向拉力标准值（kN）；

R_{k}——锚杆极限抗拔承载力标准值（kN）；

F_{h}——挡土构件计算宽度内的弹性支点水平反力（kN）；

s——锚杆水平间距（m）；

b_{a}——挡土结构计算宽度（m）；

α——锚杆倾角（°）；

d——锚杆的锚固体直径（m）；

q_{sik}——锚固体与第 i 土层的极限黏结强度标准值（kPa），应根据工程经验并结合表 5－1 取值；

l_i——锚杆的锚固段在第 i 土层中的长度（m），锚固段长度（l_{a}）为锚杆在理论直线滑动面以外的长度，理论直线滑动面按 5.1.10 的规定确定。

5.1.10 锚杆非锚固段长度的计算

锚杆的非锚固段长度应按下式确定，且不应小于 5.0m（如图 5－8 所示）：

$$l_{\mathrm{f}} \geqslant \frac{\left(a_1+a_2-d \tan \alpha\right) \sin \left(45^{\circ}-\frac{\varphi_{\mathrm{m}}}{2}\right)}{\sin \left(45^{\circ}+\frac{\varphi_{\mathrm{m}}}{2}+\alpha\right)}+\frac{d}{\cos \alpha}+1.5$$

式中 l_{f}——锚杆非锚固段长度（m）；

α——锚杆的倾角（°）；

a_1——锚杆的锚头中点至基坑底面的距离（m）；

a_2——基坑底面至基坑外侧主动土压力强度与基坑内侧被动土压力强度等值点 O 的距离（m）；对成层土，当存在多个等值点时应按其中最深的等值点计算；

d——挡土构件的水平尺寸（m）；

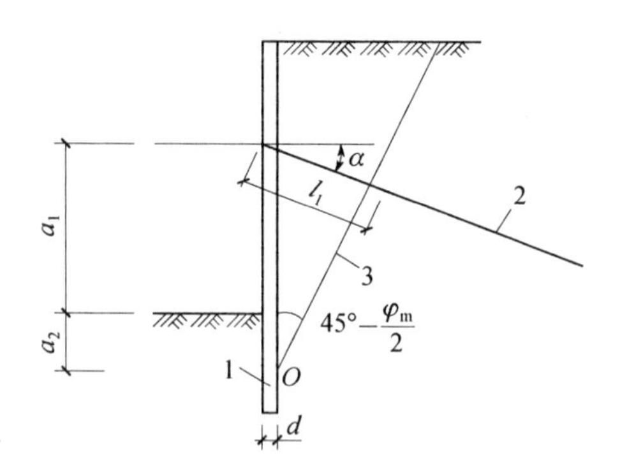

图 5－8　理论直线滑动面

1——挡土构件；2——锚杆；3——理论直线滑动面

φ_m——O 点以上各土层按厚度加权的等效内摩擦角（°）。

5.1.11　锚杆杆体受拉承载力的计算

锚杆杆体的受拉承载力应符合下式规定：

$$N \leqslant f_{py} A_p$$

$$N = \gamma_0 \gamma_F N_k$$

式中　N——锚杆轴向拉力设计值（kN）；

f_{py}——预应力筋抗拉强度设计值（kPa），当锚杆杆体采用普通钢筋时，取普通钢筋的抗拉强度设计值；

A_p——预应力筋的截面面积（m^2）；

γ_0——支护结构重要性系数，对安全等级为一级、二级、三级的支护结构，其结构重要性系数分别不应小于 1.1、1.0、0.9；

γ_F——作用基本组合的综合分项系数，不应小于 1.25；

N_k——作用标准组合的轴向拉力或轴向压力值（kN）。

5.1.12　前、后排桩间土对桩侧的压力的计算

采用图 5－9 的结构模型时，作用在后排桩上的主动土压力应按《建筑基坑支护技术规程》（JGJ 120—2012）第 3.4 节的规定计算，前排桩嵌固段上的土反力应按 5.1.1 确定，作用在单根后排支护桩上的主动土压力计算宽度应取排桩间距，土反力计算宽度应按 5.1.2 的规定取值（如图 5－10 所示）。前、后排桩间土对桩侧的压力可按下式计算：

$$p_c = k_c \Delta v + p_{c0}$$

$$k_c = \frac{E_s}{s_y - d}$$

$$p_{c0} = (2\alpha - \alpha^2) p_{ak}$$

$$\alpha=\frac{s_y-d}{h\tan(45-\varphi_m/2)}$$

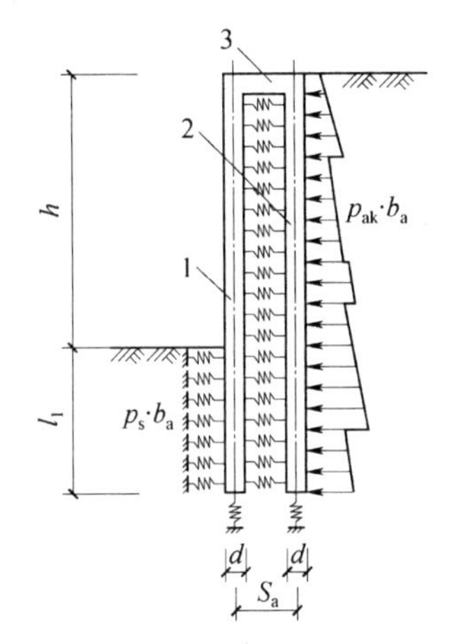

图 5-9　双排桩计算

1——前排桩；2——后排桩；3——刚架梁

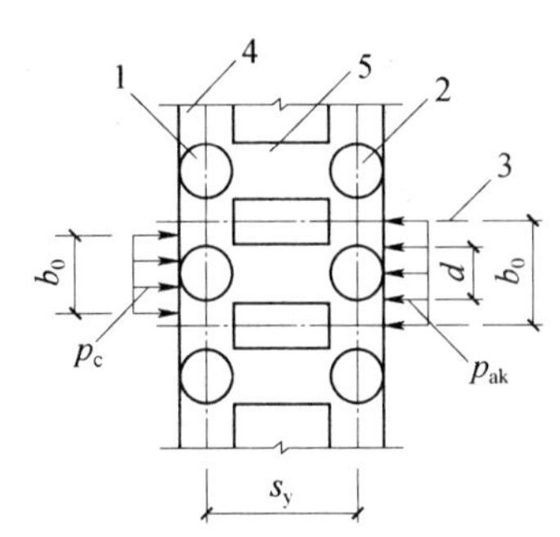

图 5-10　双排桩桩顶连梁及计算宽度

1——前排桩；2——后排桩；3——排桩对称中心线；4——桩顶冠梁；5——刚架梁

式中　p_c——前、后排桩间土对桩侧的压力（kPa），可按作用在前、后排桩上的压力相等考虑；

k_c——桩间土的水平刚度系数（kN/m^3）；

Δv——前、后排桩水平位移的差值（m），当其相对位移减小时为正值；当其相对位移增加时，取 $\Delta v=0$；

p_{c0}——前、后排桩间土对桩侧的初始压力（kPa）；

h——基坑深度（m）；

φ_m——基坑底面以上各土层按土层厚度加权的等效内摩擦角平均值（°）；

α——计算系数，当计算的 α 大于 1 时，取 $\alpha=1$。

p_{ak}——支护结构外侧，第 i 层土中计算点的主动土压力强度标准值（kPa）{ ▲对地下水位以上或水土合算的土层；■对于水土分算的土层

▲ 对地下水位以上或水土合算的土层

$$p_{ak}=\sigma_{ak}K_{a,i}-2c_i\sqrt{K_{a,i}}$$

$$\sigma_{ak}=\sigma_{ac}+\sum\Delta\sigma_{k,j}$$

$$K_{a,i}=\tan^2\left(45°-\frac{\varphi_i}{2}\right)$$

式中　σ_{ak}——支护结构外侧计算点的土中竖向应力标准值（kPa）；

σ_{ac}——支护结构外侧计算点，由土的自重产生的竖向总应力（kPa）；

$K_{a,i}$——第 i 层土的主动土压力系数；

c_i、φ_i——第 i 层土的黏聚力（kPa）、内摩擦角（°）；按《建筑基坑支护技术规程》（JGJ 120—2012）第 3.1.14 条的规定取值；

$\Delta\sigma_{k,j}$——支护结构外侧第 j 个附加荷载作用下计算点的土中附加竖向应力标准值（kPa），应根据附加荷载类型，按下列规定计算：

- ●均布附加荷载作用下的土中附加竖向应力标准值
- ●局部附加荷载作用下的土中附加竖向应力标准值
- ●支护结构顶部以上采用放坡或土钉墙时土中附加竖向应力标准值

● 均布附加荷载作用下的土中附加竖向应力标准值应按下式计算（如图 5 - 11 所示）：

$$\Delta\sigma_k = q_0$$

式中 q_0——均布附加荷载标准值（kPa）。

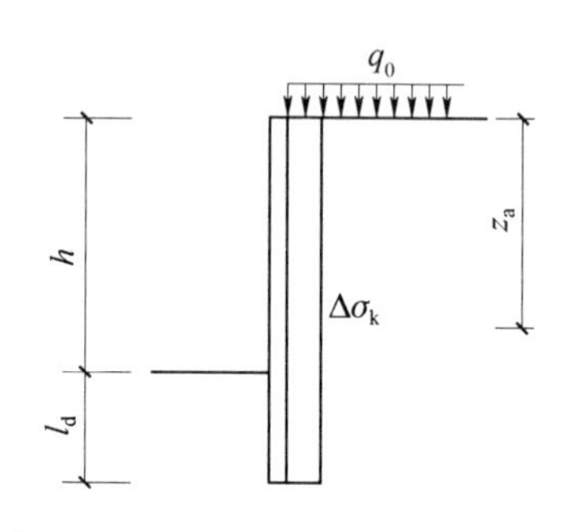

图 5 - 11 均布竖向附加荷载作用下的土中附加竖向应力计算

● 局部附加荷载作用下的土中附加竖向应力标准值可按下列规定计算：

（1）对条形基础下的附加荷载［图 5 - 12（a）］：

当 $d+a/\tan\theta \leqslant z_a \leqslant d+(3a+b)/\tan\theta$ 时

$$\Delta\sigma_k = \frac{p_0 b}{b+2a}$$

当 $z_a < d+a/\tan\theta$ 或 $z_a > d+(3a+b)/\tan\theta$ 时

$$\Delta\sigma_k = 0$$

式中 p_0——基础底面附加压力标准值（kPa）；

d——基础埋置深度（m）；

b——基础宽度（m）；

a——支护结构外边缘至基础的水平距离（m）；

θ——附加荷载的扩散角（°），宜取 $\theta=45°$；

z_a——支护结构顶面至土中附加竖向应力计算点的竖向距离。

（2）对矩形基础下的附加荷载［图 5 - 12（a）］：

当 $d+a/\tan\theta \leqslant z_a \leqslant d+(3a+b)/\tan\theta$ 时

$$\Delta\sigma_k = \frac{p_0 bl}{(b+2a)(l+2a)}$$

当 $z_a < d+a/\tan\theta$ 或 $z_a > d+(3a+b)/\tan\theta$ 时

$$\Delta\sigma_k = 0$$

式中 p_0——基础底面附加压力标准值（kPa）；

d——基础埋置深度（m）；

b——与基坑边垂直方向上的基础尺寸（m）；

a——支护结构外边缘至基础的水平距离（m）；

θ——附加荷载的扩散角（°），宜取 $\theta=45°$；

z_a——支护结构顶面至土中附加竖向应力计算点的竖向距离；

l——与基坑边平行方向上的基础尺寸（m）。

（3）对作用在地面的条形、矩形附加荷载，按（1）、（2）计算土中附加竖向应力标准值 $\Delta\sigma_k$ 时，应取 $d=0$［图 5-12（b）］。

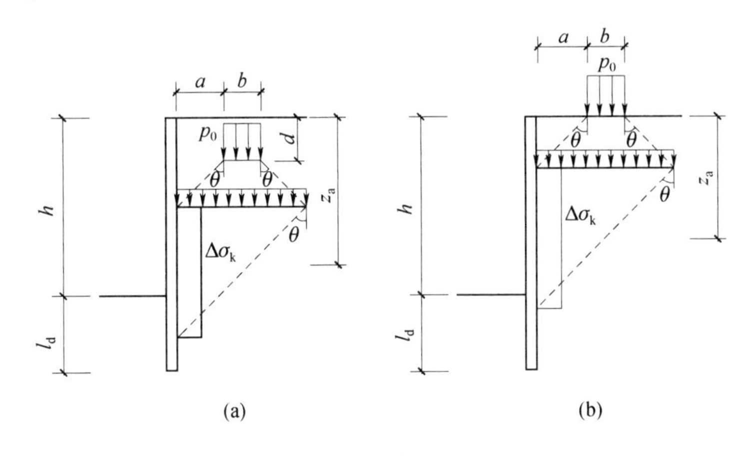

图 5-12　局部附加荷载作用下的土中附加竖向应力计算

（a）条形或矩形基础；（b）作用在地面的条形或矩形附加荷载

● 当支护结构顶部低于地面，其上方采用放坡或土钉墙时，支护结构顶面以上土体对支护结构的作用宜按库仑土压力理论计算，也可将其视作附加荷载并按下列公式计算土中附加竖向应力标准值（如图 5-13 所示）：

当 $a/\tan\theta \leqslant z_a \leqslant (a+b_1)/\tan\theta$ 时

$$\Delta\sigma_k=\frac{\gamma h_1}{b_1}(z_a-a)+\frac{E_{ak1}(a+b_1-z_a)}{K_a b_1^2}$$

$$E_{ak1}=\frac{1}{2}\gamma h_1^2 K_a-2ch_1\sqrt{K_a}+\frac{2c^2}{\gamma}$$

当 $z_a>(a+b_1)/\tan\theta$ 时

$$\Delta\sigma_k=\gamma h_1$$

当 $z_a<a/\tan\theta$ 时

$$\Delta\sigma_k=0$$

式中　z_a——支护结构顶面至土中附加竖向应力计算点的竖向距离（m）；

a——支护结构外边缘至放坡坡脚的水平距离（m）；

b_1——放坡坡面的水平尺寸（m）；

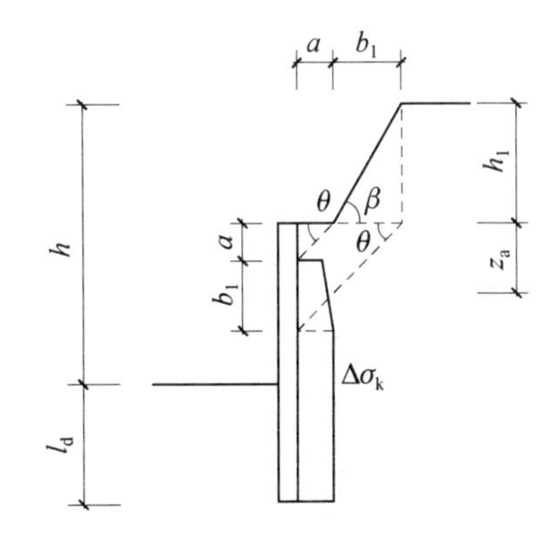

图 5-13　支护结构顶部以上采用放坡或土钉墙时土中附加竖向应力计算

θ——扩散角（°）宜取 $\theta=45°$；

h_1——地面至支护结构顶面的竖向距离（m）；

γ——支护结构顶面以上土的天然容重（kN/m^3），对多层土取各层土按厚度加权的平均值；

c——支护结构顶面以上土的黏聚力（kPa），按《建筑基坑支护技术规程》（JGJ 120—2012）第3.1.14条的规定取值；

K_a——支护结构顶面以上土的主动土压力系数，对多层土取各层土按厚度加权的平均值；

E_{ak1}——支护结构顶面以上土体的自重所产生的单位宽度主动土压力标准值（kN/m）。

■ 对于水土分算的土层

$$p_{ak}=(\sigma_{ak}-u_a)K_{a,i}-2c_i\sqrt{K_{a,i}}+u_a$$

$$\sigma_{ak}=\sigma_{ac}+\sum\Delta\sigma_{k,j}$$

$$u_a=\gamma_w h_{wa}$$

$$K_{a,i}=\tan^2\left(45°-\frac{\varphi_i}{2}\right)$$

式中 σ_{ak}——支护结构外侧计算点的土中竖向应力标准值（kPa）；

σ_{ac}——支护结构外侧计算点，由土的自重产生的竖向总应力（kPa）；

$K_{a,i}$——第 i 层土的主动土压力系数；

u_a——支护结构外侧计算点的水压力（kPa）；

γ_w——地下水容重（kN/m^3），取 $\gamma_w=10kN/m^3$；

h_{wa}——基坑外侧地下水位至主动土压力强度计算点的垂直距离（m），对承压水，地下水位取测压管水位；当有多个含水层时，应取计算点所在含水层的地下水位；

φ_i——第 i 层土的内摩擦角（°）；

$\Delta\sigma_{k,j}$——支护结构外侧第 j 个附加荷载作用下计算点的土中附加竖向应力标准值（kPa），应根据附加荷载类型，按下列规定计算：

- ●均布附加荷载作用下的土中附加竖向应力标准值
- ●局部附加荷载作用下的土中附加竖向应力标准值
- ●支护结构顶部以上采用放坡或土钉墙时土中附加竖向应力标准值

● 均布附加荷载作用下的土中附加竖向应力标准值应按下式计算（图5-11）：

$$\Delta\sigma_k=q_0$$

式中 q_0——均布附加荷载标准值（kPa）。

● 局部附加荷载作用下的土中附加竖向应力标准值可按下列规定计算。

（1）对条形基础下的附加荷载［图5-12（a）］：

当 $d+a/\tan\theta \leqslant z_a \leqslant d+(3a+b)/\tan\theta$ 时

$$\Delta\sigma_k = \frac{p_0 b}{b+2a}$$

当 $z_a < d+a/\tan\theta$ 或 $z_a > d+(3a+b)/\tan\theta$ 时

$$\Delta\sigma_k = 0$$

式中 p_0——基础底面附加压力标准值（kPa）；

d——基础埋置深度（m）；

b——基础宽度（m）；

a——支护结构外边缘至基础的水平距离（m）；

θ——附加荷载的扩散角（°），宜取 $\theta=45°$；

z_a——支护结构顶面至土中附加竖向应力计算点的竖向距离。

（2）对矩形基础下的附加荷载［图 5-12（a）］：

当 $d+a/\tan\theta \leqslant z_a \leqslant d+(3a+b)/\tan\theta$ 时

$$\Delta\sigma_k = \frac{p_0 bl}{(b+2a)(l+2a)}$$

当 $z_a < d+a/\tan\theta$ 或 $z_a > d+(3a+b)/\tan\theta$ 时

$$\Delta\sigma_k = 0$$

式中 p_0——基础底面附加压力标准值（kPa）；

d——基础埋置深度（m）；

b——与基坑边垂直方向上的基础尺寸（m）；

a——支护结构外边缘至基础的水平距离（m）；

θ——附加荷载的扩散角（°），宜取 $\theta=45°$；

z_a——支护结构顶面至土中附加竖向应力计算点的竖向距离；

l——与基坑边平行方向上的基础尺寸（m）。

（3）对作用在地面的条形、矩形附加荷载，按（1）、（2）计算土中附加竖向应力标准值 $\Delta\sigma_k$ 时，应取 $d=0$［图 5-12（b）］。

● 当支护结构顶部低于地面，其上方采用放坡或土钉墙时，支护结构顶面以上土体对支护结构的作用宜按库仑土压力理论计算，也可将其视作附加荷载并按下列公式计算土中附加竖向应力标准值（如图 5-13 所示）：

当 $a/\tan\theta \leqslant z_a \leqslant (a+b_1)/\tan\theta$ 时

$$\Delta\sigma_k = \frac{\gamma h_1}{b_1}(z_a - a) + \frac{E_{ak1}(a+b_1-z_a)}{K_a b_1^2}$$

$$E_{ak1} = \frac{1}{2}\gamma h_1^2 K_a - 2ch_1\sqrt{K_a} + \frac{2c^2}{\gamma}$$

当 $z_a > (a+b_1)/\tan\theta$ 时

$$\Delta\sigma_k = \gamma h_1$$

当 $z_a < a/\tan\theta$ 时

$$\Delta\sigma_k = 0$$

式中 z_a——支护结构顶面至土中附加竖向应力计算点的竖向距离（m）；

a——支护结构外边缘至放坡坡脚的水平距离（m）；

b_1——放坡坡面的水平尺寸（m）；

θ——扩散角（°）宜取 $\theta = 45°$；

h_1——地面至支护结构顶面的竖向距离（m）；

γ——支护结构顶面以上土的天然容重（kN/m³），对多层土取各层土按厚度加权的平均值；

c——支护结构顶面以上土的黏聚力（kPa），按《建筑基坑支护技术规程》（JGJ 120—2012）第3.1.14条的规定取值；

K_a——支护结构顶面以上土的主动土压力系数，对多层土取各层土按厚度加权的平均值；

E_{ak1}——支护结构顶面以上土体的自重所产生的单位宽度主动土压力标准值（kN/m）。

5.1.13 双排桩抗倾覆稳定性的验算

双排桩的嵌固深度（l_d）应符合下式嵌固稳定性的要求（如图5-14所示）：

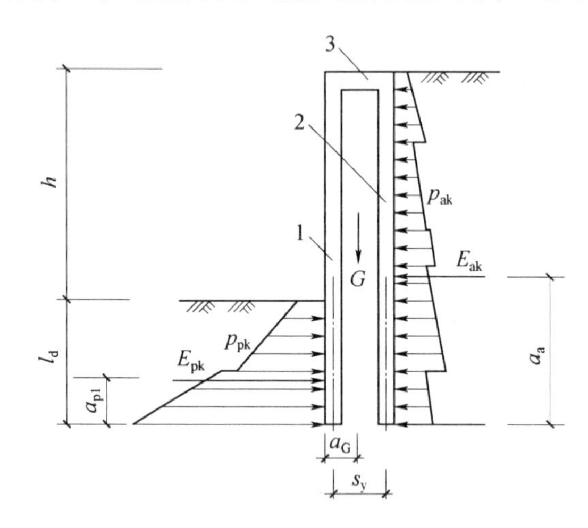

图5-14 双排桩抗倾覆稳定性验算

1——前排桩；2——后排桩；3——刚架梁

$$\frac{E_{pk}a_p + Ga_G}{E_{ak}a_a} \geqslant K_e$$

式中 K_e——嵌固稳定安全系数；安全等级为一级、二级、三级的双排桩，K_e 分别不应小于1.25、1.20、1.15；

E_{ak}、E_{pk}——基坑外侧主动土压力、基坑内侧被动土压力标准值（kN）；

a_a、a_p——基坑外侧主动土压力、基坑内侧被动土压力合力作用点至双排桩底端的距离（m）；

G——双排桩、刚架梁和桩间土的自重之和（kN）；

a_G——双排桩、刚架梁和桩间土的重心至前排桩边缘的水平距离（m）。

5.1.14　土钉墙整体滑动稳定性的验算

土钉墙采用圆弧滑动条分法时，其整体滑动稳定性应符合下列规定（如图 5-15 所示）：

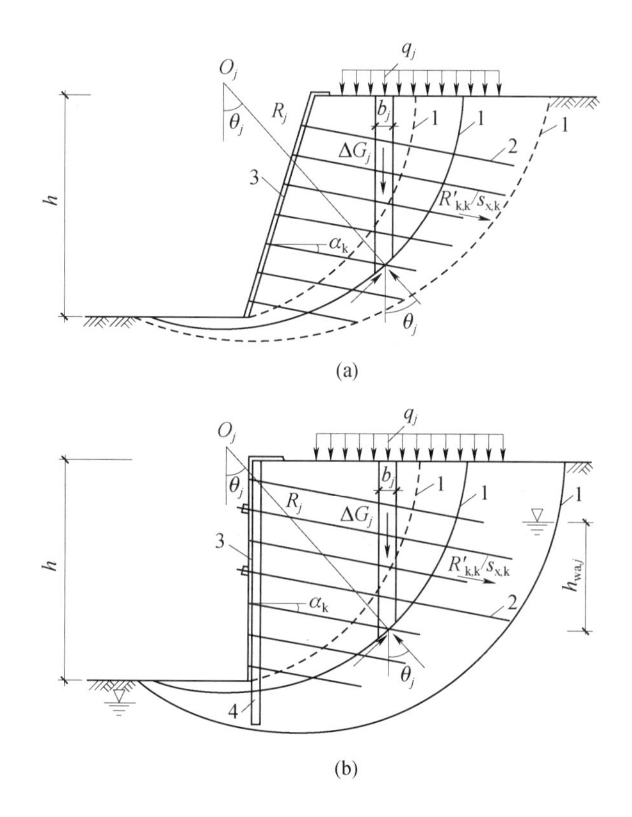

图 5-15　土钉墙整体滑动稳定性验算

（a）土钉墙在地下水位以上；（b）水泥土桩或微型桩复合土钉墙

1——滑动面；2——土钉或锚杆；3——喷射混凝土面层；4——水泥土桩或微型桩

$$\min\{K_{s,1},K_{s,2},\cdots,K_{s,i}\cdots\}\geqslant K_s$$

$$K_{s,i}=\frac{\sum[c_jl_j+(q_jb_j+\Delta G_j)\cos\theta_j\tan\varphi_j]+\sum R'_{k,k}[\cos(\theta_k+\alpha_k)+\psi_v]/s_{x,k}}{\sum(q_jb_j+\Delta G_j)\sin\theta_j}$$

式中　K_s——圆弧滑动稳定安全系数，安全等级为二级、三级的土钉墙，K_s 分别不应小于 1.30、1.25；

$K_{s,i}$——第 i 个圆弧滑动体的抗滑力矩与滑动力矩的比值。抗滑力矩与滑动力矩之比的最小值宜通过搜索不同圆心及半径的所有潜在滑动圆弧确定；

c_j、φ_j——第 j 土条滑弧面处土的黏聚力（kPa）、内摩擦角（°），按《建筑基坑支护技术规程》（JGJ 120—2012）第 3.1.14 条的规定取值；

b_j——第 j 土条的宽度（m）；

θ_j——第 j 土条滑弧面中点处的法线与垂直面的夹角（°）；

l_j——第 j 土条的滑弧段长度（m），取 $l_j=b_j/\cos\theta_j$；

q_j——第 j 土条上的附加分布荷载标准值（kPa）；

ΔG_j——第 j 土条的自重（kN），按天然容重计算；

$R'_{k,k}$——第 k 层土钉或锚杆在滑动面以外的锚固段的极限抗拔承载力标准值与杆体受拉承载力标准值（$f_{yk}A_s$ 或 $f_{ptk}A_p$）的较小值（kN），锚固段的极限抗拔承载力应按《建筑基坑支护技术规程》（JGJ 120—2012）第 5.2.5 条和第 4.7.4 条的规定计算，但锚固段应取圆弧滑动面以外的长度；

α_k——第 k 层土钉或锚杆的倾角（°）；

θ_k——滑弧面在第 k 层土钉或锚杆处的法线与垂直面的夹角（°）；

$s_{x,k}$——第 k 层土钉或锚杆的水平间距（m）；

ψ_v——计算系数；可取 $\psi_v=0.5\sin(\theta_k+\alpha_k)\tan\varphi$；

φ——第 k 层土钉或锚杆与滑弧交点处土的内摩擦角（°）。

5.1.15 基坑底面下有软土层的土钉墙隆起稳定性的验算

基坑底面下有软土层的土钉墙结构应进行坑底隆起稳定性验算，验算可采用下列公式（如图 5－16 所示）：

$$\frac{\gamma_{m2}DN_q+cN_c}{(q_1b_1+q_2b_2)/(b_1+b_2)}\geqslant K_b$$

$$N_q=\tan^2\left(45°+\frac{\varphi}{2}\right)e^{\pi\tan\varphi}$$

$$N_c=(N_q-1)/\tan\varphi$$

$$q_1=0.5\gamma_{m1}h+\gamma_{m2}D$$

$$q_2=\gamma_{m1}h+\gamma_{m2}D+q_0$$

式中 q_0——地面均布荷载（kPa）；

γ_{m1}——基坑底面以上土的天然容重（kN/m^3），对多层土取各层土按厚度加权的平均容重；

h——基坑深度（m）；

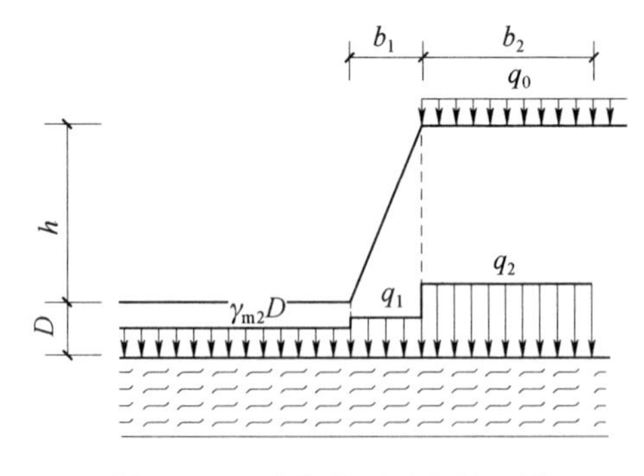

图 5－16 基坑底面下有软土层的土钉墙隆起稳定性验算

γ_{m2}——基坑底面至抗隆起计算平面之间土层的天然容重（kN/m^3）；对多层土取各层土按厚度加权的平均容重；

D——基坑底面至抗隆起计算平面之间土层的厚度（m）；当抗隆起计算平面为基坑底平面时，取 $D=0$；

N_c、N_q——承载力系数；

c、φ——抗隆起计算平面以下土的黏聚力（kPa）、内摩擦角（°），按《建筑基坑支护技术规程》（JGJ 120—2012）第 3.1.14 条的规定取值；

b_1——土钉墙坡面的宽度（m），当土钉墙坡面垂直时取 $b_1=0$；

b_2——地面均布荷载的计算宽度（m），可取 $b_2=h$；

K_b——抗隆起安全系数，安全等级为二级、三级的土钉墙，K_b 分别不应小于 1.6、1.4。

5.1.16 单根土钉的极限抗拔承载力的计算

单根土钉的极限抗拔承载力应符合下式规定：

$$\frac{R_{k,j}}{N_{k,j}} \geqslant K_t$$

$$N_{k,j} = \frac{1}{\cos\alpha_j}\zeta\eta_j p_{ak,j} s_{x,j} s_{z,j}$$

$$\zeta = \tan\frac{\beta-\varphi_m}{2}\left(\frac{1}{\tan\dfrac{\beta+\varphi_m}{2}} - \frac{1}{\tan\beta}\right) \bigg/ \tan^2\left(45° - \frac{\varphi_m}{2}\right)$$

$$\eta_j = \eta_a - (\eta_a - \eta_b)\frac{z_j}{h}$$

$$\eta_a = \frac{\sum(h-\eta_b z_j)\Delta E_{aj}}{\sum(h-z_j)\Delta E_{aj}}$$

$$R_{k,j} = \pi d_j \sum q_{si,k} l_i$$

式中 K_t——土钉抗拔安全系数，安全等级为二级、三级的土钉墙，K_t 分别不应小于 1.6、1.4；

$N_{k,j}$——第 j 层土钉的轴向拉力标准值（kN）；

$R_{k,j}$——第 j 层土钉的极限抗拔承载力标准值（kN），如图 5-17 所示；

α_j——第 j 层土钉的倾角（°）；

ζ——墙面倾斜时的主动土压力折减系数；

η_j——第 j 层土钉轴向拉力调整系数；

$p_{ak,j}$——第 j 层土钉处的主动土压力强度标准值（kPa），应按《建筑基坑支护技术规程》（JGJ 120—2012）第 3.4.2 条确定；

$s_{x,j}$——土钉的水平间距（m）；

$s_{z,j}$——土钉的垂直间距（m）；

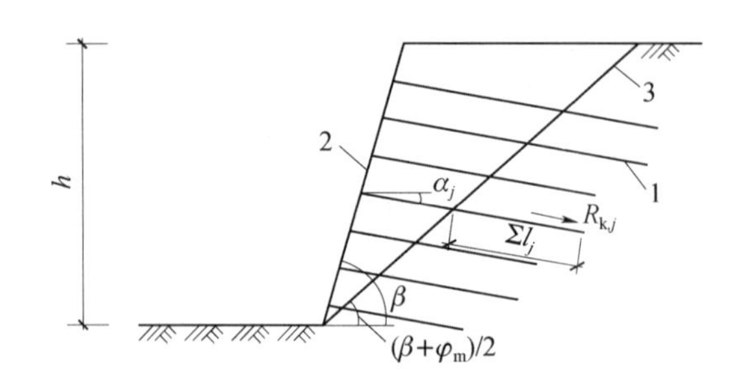

图 5－17　土钉抗拔承载力计算

1——土钉；2——喷射混凝土面层；3——滑动面

β——土钉墙坡面与水平面的夹角（°）；

φ_m——基坑底面以上各土层按厚度加权的等效内摩擦角平均值（°）；

z_j——第 j 层土钉至基坑顶面的垂直距离（m）；

h——基坑深度（m）；

ΔE_{aj}——作用在以 $s_{x,j}$、$s_{z,j}$ 为边长的面积内的主动土压力标准值（kN）；

η_a——计算系数；

η_b——经验系数，可取 0.6～1.0；

d_j——第 j 层土钉的锚固体直径（m），对成孔注浆土钉，按成孔直径计算，对打入钢管土钉，按钢管直径计算；

$q_{si,k}$——第 j 层土钉与第 i 土层的极限粘结强度标准值（kPa），应根据工程经验并结合表 5－3 取值；

l_i——第 j 层土钉滑动面以外的部分在第 i 土层中的长度（m），直线滑动面与水平面的夹角取$\frac{\beta+\varphi_m}{2}$。

5.1.17　土钉杆体的受拉承载力的计算

土钉杆体的受拉承载力应符合下列规定：

$$N_j \leqslant f_y A_s$$

式中　N_j——第 j 层土钉的轴向拉力设计值（kN）；

f_y——土钉杆体的抗拉强度设计值（kPa）；

A_s——土钉杆体的截面面积（m^2）。

5.1.18　重力式水泥土墙的滑移稳定性的验算

重力式水泥土墙的滑移稳定性应符合下式规定（如图 5－18 所示）：

$$\frac{E_{pk}+(G-u_m B)\tan\varphi+cB}{E_{ak}} \geqslant K_{sl}$$

式中　K_{sl}——抗滑移安全系数，其值不应小于 1.2；

E_{ak}、E_{pk}——水泥土墙上的主动土压力、被动土压力标准值（kN/m），按《建筑基坑支护技术规程》（JGJ 120—2012）第 3.4.2 条的规定确定；

G——水泥土墙的自重（kN/m）；

u_m——水泥土墙底面上的水压力（kPa），水泥土墙底位于含水层时，可取 $u_m = \gamma_w (h_{wa} + h_{wp})/2$，在地下水位以上时，取 $u_m = 0$；

γ_w——地下水容重（kN/m³）；

h_{wa}——基坑外侧水泥土墙底处的压力水头（m）；

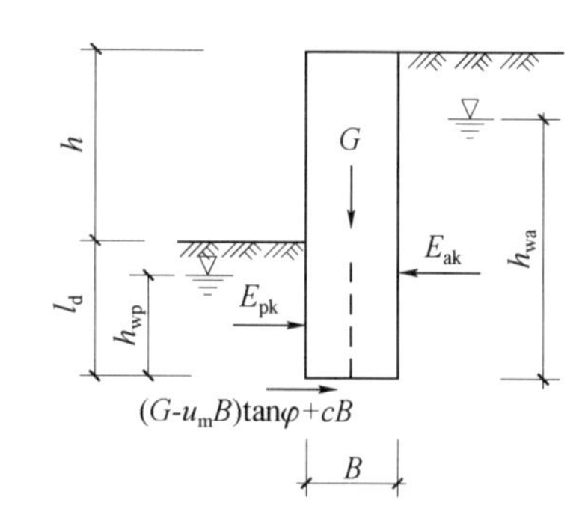

图 5－18　滑移稳定性验算

h_{wp}——基坑内侧水泥土墙底处的压力水头（m）；

c、φ——水泥土墙底面下土层的黏聚力（kPa）、内摩擦角（°），按《建筑基坑支护技术规程》（JGJ 120—2012）第 3.1.14 条的规定取值；

B——水泥土墙的底面宽度（m）。

5.1.19　重力式水泥土墙的倾覆稳定性的验算

重力式水泥土墙的倾覆稳定性应符合下式规定（如图 5－19 所示）：

$$\frac{E_{pk} a_p + (G - u_m B) a_G}{E_{ak} a_a} \geqslant K_{ov}$$

式中　K_{ov}——抗倾覆稳定安全系数，其值不应小于 1.3；

E_{ak}、E_{pk}——水泥土墙上的主动土压力、被动土压力标准值（kN/m），按《建筑基坑支护技术规程》（JGJ 120—2012）第 3.4.2 条的规定确定；

G——水泥土墙的自重（kN/m）；

u_m——水泥土墙底面上的水压力（kPa）。水泥土墙底位于含水层时，可取 $u_m = (h_{wa} + h_{wp})/2$，在地下水位以上时，取 $u_m = 0$；

γ_w——地下水容重（kN/m³）；

h_{wa}——基坑外侧水泥土墙底处的压力水头（m）；

h_{wp}——基坑内侧水泥土墙底处的压力水头（m）；

a_a——水泥土墙外侧主动土压力合力作用点至墙趾的竖向距离（m）；

a_p——水泥土墙内侧被动土压力合力作用点至墙趾的竖向距离（m）；

a_G——水泥土墙自重与墙底水压力合力作用点至墙趾的水平距离（m）；

B——水泥土墙的底面宽度（m）。

5.1.20　重力式水泥土墙的整体滑动稳定性的验算

重力式水泥土墙采用圆弧滑动条分法时，其稳定性应符合下式规定（如图 5－20 所示）：

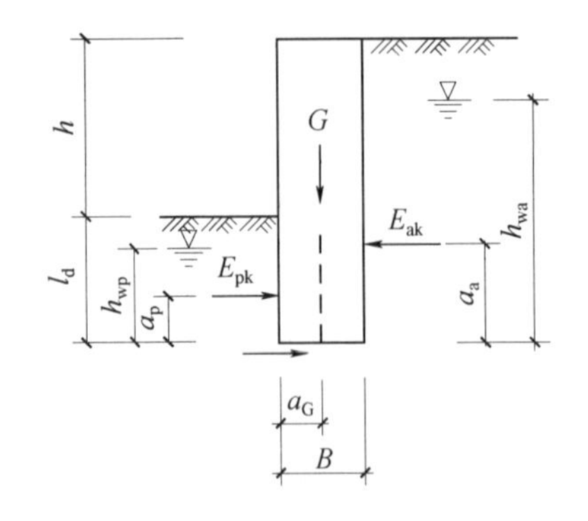

图 5－19　倾覆稳定性验算

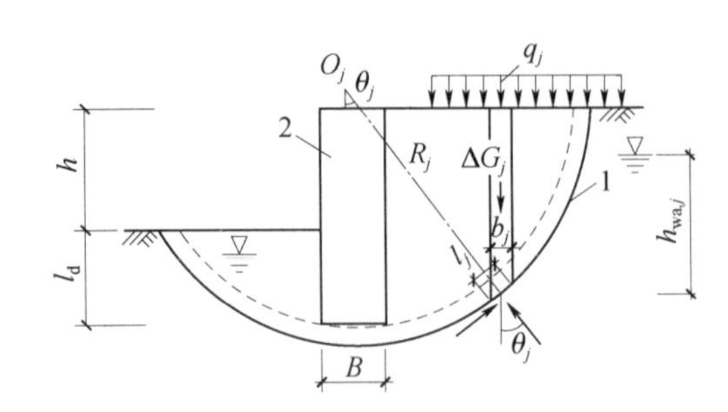

图 5－20　整体滑动稳定性验算

$$\min\{K_{s,1},K_{s,2},\cdots,K_{s,i}\cdots\}\geqslant K_s$$

$$K_{s,i}=\frac{\sum\{c_jl_j+[(q_jb_j+\Delta G_j)\cos\theta_j-u_jl_j]\tan\varphi_j\}}{\sum(q_jb_j+\Delta G_j)\sin\theta_j}$$

式中　K_s——圆弧滑动稳定安全系数，其值不应小于 1.3；

$K_{s,i}$——第 i 个圆弧滑动体的抗滑力矩与滑动力矩的比值；抗滑力矩与滑动力矩之比的最小值宜通过搜索不同圆心及半径的所有潜在滑动圆弧确定；

c_j、φ_j——第 j 土条滑弧面处土的黏聚力（kPa）、内摩擦角（°），按《建筑基坑支护技术规程》（JGJ 120—2012）第 3.1.14 条的规定取值；

b_j——第 j 土条的宽度（m）；

θ_j——第 j 土条滑弧面中点处的法线与垂直面的夹角（°）；

l_j——第 j 土条的滑弧段长度（m），取 $l_j=b_j/\cos\theta_j$；

q_j——第 j 土条上的附加分布荷载标准值（kPa）；

ΔG_j——第 j 土条的自重（kN），按天然容重计算，分条时，水泥土墙可按土体考虑；

u_j——第 j 土条在滑弧面上的孔隙水压力（kPa），对地下水位以下的砂土、碎石土、砂质粉土，当地下水是静止的或渗流水力梯度可忽略不计时，在基坑外侧，可取 $u_j=h_{wa,j}$，在基坑内侧，可取 $u_j=\gamma_w h_{wp,j}$；滑弧面在地下水位以上或对地下水位以下的黏性土，取 $u_j=0$；

γ_w——地下水容重（kN/m^3）；

$h_{wa,j}$——基坑外侧第 j 土条滑弧面中点的压力水头（m）；

$h_{wp,j}$——基坑内侧第 j 土条滑弧面中点的压力水头（m）。

5.1.21　重力式水泥土墙墙体正截面应力的计算

重力式水泥土墙墙体的正截面应力应符合下列规定。

（1）拉应力：

$$\frac{6M_i}{B^2}-\gamma_{cs}z\leqslant 0.15f_{cs}$$

式中 M_i——水泥土墙验算截面的弯矩设计值（kN·m/m）；

B——验算截面处水泥土墙的宽度（m）；

γ_{cs}——水泥土墙的容重（kN/m^3）；

z——验算截面至水泥土墙顶的垂直距离（m）；

f_{cs}——水泥土开挖龄期时的轴心抗压强度设计值（kPa），应根据现场试验或工程经验确定。

（2）压应力：

$$\gamma_0\gamma_F\gamma_{cs}z+\frac{6M_i}{B^2}\leqslant f_{cs}$$

式中 M_i——水泥土墙验算截面的弯矩设计值（kN·m/m）；

B——验算截面处水泥土墙的宽度（m）；

γ_0——支护结构重要性系数，对安全等级为一级、二级、三级的支护结构，其结构重要性系数分别不应小于1.1、1.0、0.9；

γ_F——荷载综合分项系数，不应小于1.25；

γ_{cs}——水泥土墙的容重（kN/m^3）；

z——验算截面至水泥土墙顶的垂直距离（m）；

f_{cs}——水泥土开挖龄期时的轴心抗压强度设计值（kPa），应根据现场试验或工程经验确定。

（3）剪应力：

$$\frac{E_{aki}-\mu G_i-E_{pki}}{B}\leqslant\frac{1}{6}f_{cs}$$

式中 B——验算截面处水泥土墙的宽度（m）；

f_{cs}——水泥土开挖龄期时的轴心抗压强度设计值（kPa），应根据现场试验或工程经验确定；

E_{aki}、E_{pki}——验算截面以上的主动土压力标准值、被动土压力标准值（kN/m），可按《建筑基坑支护技术规程》（JGJ 120—2012）第3.4.2条的规定计算；验算截面在坑底以上时，取 $E_{pki}=0$；

G_i——验算截面以上的墙体自重（kN/m）；

μ——墙体材料的抗剪断系数，取0.4～0.5。

5.1.22 重力式水泥土墙每个格栅内的土体面积的计算

重力式水泥土墙采用格栅形式时，格栅的面积置换率，对淤泥质土，不宜小于0.7；对淤泥，不宜小于0.8；对一般黏性土、砂土，不宜小于0.6。格栅内侧的长宽比不宜大于2。每个格栅内的土体面积应符合下式要求：

$$A \leqslant \delta \frac{cu}{\gamma_m}$$

式中 A——格栅内的土体面积（m^2）；

δ——计算系数，对黏性土，取 $\delta=0.5$；对砂土、粉土，取 $\delta=0.7$；

c——格栅内土的黏聚力（kPa），按《建筑基坑支护技术规程》（JGJ 120—2012）第 3.1.14 条的规定确定；

u——计算周长（m），按图 5-21 计算；

γ_m——格栅内土的天然容重（kN/m^3），对多层土，取水泥土墙深度范围内各层土按厚度加权的平均天然容重。

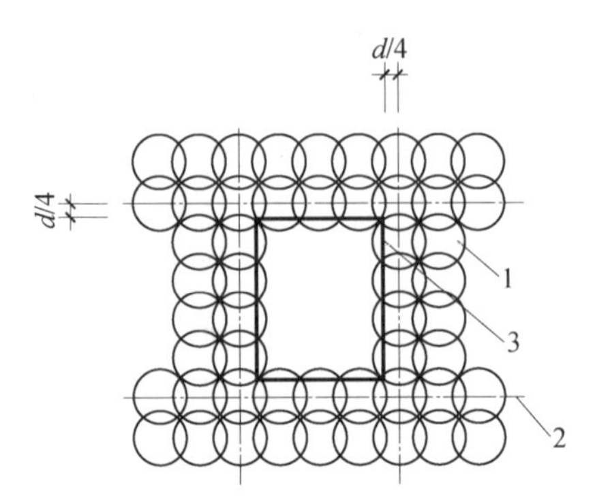

图 5-21 格栅式水泥土墙

1——水泥土桩；2——水泥土桩中心线；3——计算周长

5.1.23 落底式帷幕进入下卧隔水层深度的计算

当坑底以下存在连续分布、埋深较浅的隔水层时，应采用落底式帷幕。落底式帷幕进入下卧隔水层的深度应满足下式要求，且不宜小于 1.5m。

$$l \geqslant 0.2\Delta h_w - 0.5b$$

式中 l——帷幕进入隔水层的深度（m）；

Δh_w——基坑内外的水头差值（m）；

b——帷幕的厚度（m）。

5.1.24 基坑地下水位降深的计算

基坑地下水位降深应符合下式规定：

$$s_i \geqslant s_d$$

式中 s_d——基坑地下水位的设计降深（m）；

s_i——基坑内任一点的地下水位降深（m）{▲潜水完整井；■承压完整井}

▲ 当含水层为粉土、砂土或碎石土时，潜水完整井的地下水位降深可按下式计算（图 5-22、图 5-23）：

$$s_i = H - \sqrt{H^2 - \sum_{j=1}^{n} \frac{q_j}{\pi k} \ln \frac{R}{r_{ij}}}$$

$$R = 2s_w \sqrt{kH}$$

式中 s_i——基坑内任一点的地下水位降深（m），基坑内各点中最小的地下水位降深可取各个相邻降水井连线上地下水位降深的最小值，当各降水井的间距和降深相同时，可取任一相邻降水井连线中点的地下水位降深；

H——潜水含水层厚度（m）；

q_j——按干扰井群计算的第 j 口降水井的单井流量（m^3/d）；

k——含水层的渗透系数（m/d）；

r_{ij}——第 j 口井中心至地下水位降深计算点的距离（m）；当 $r_{ij}>R$ 时，取 $r_{ij}=R$；

n——降水井数量；

R——影响半径（m），应按现场抽水试验确定；缺少试验时，也可按上式计算并结合当地工程经验确定；

s_w——井水位降深（m），当井水位降深小于10m时，取 $s_w=10m$。

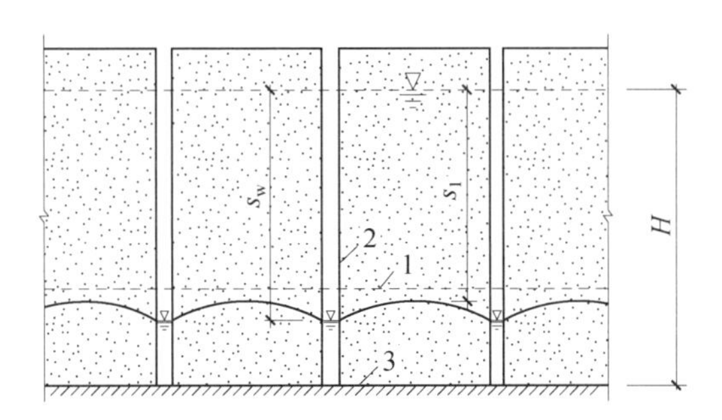

图5-22　潜水完整井地下水位降深计算

1——基坑面；2——降水井；3——潜水含水层底板

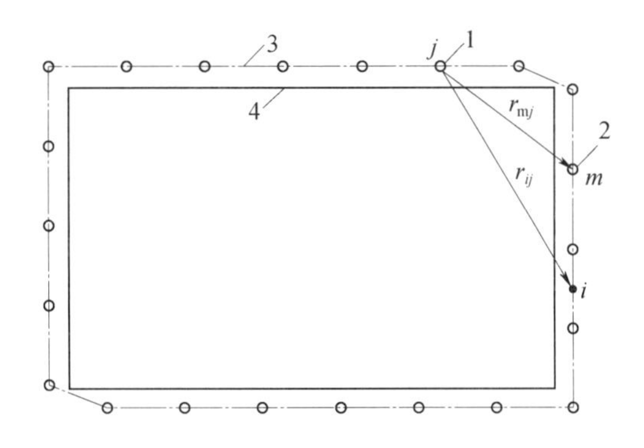

图5-23　计算点与降水井的关系

1——第 j 口井；2——第 m 口井；3——降水井所围面积的边线；4——基坑边线

当含水层为粉土、砂土或碎石土，各降水井所围平面形状近似圆形或正方形且各降水井的间距、降深相同时，潜水完整井的地下水位降深也可按下列公式计算：

$$s_i=H-\sqrt{H^2-\frac{q}{\pi k}\sum_{j=1}^{n}\ln\frac{R}{2r_0\sin\frac{(2j-1)\pi}{2n}}}$$

$$q=\frac{\pi k(2H-s_w)s_w}{\ln\frac{R}{r_w}+\sum_{j=1}^{n-1}\ln\frac{R}{2r_0\sin\frac{j\pi}{n}}}$$

$$R=2s_w\sqrt{kH}$$

式中　s_i——基坑内任一点的地下水位降深（m），基坑内各点中最小的地下水位降深可取各个相邻降水井连线上地下水位降深的最小值，当各降水井的间距和降深相同时，可取任一相邻降水井连线中点的地下水位降深；

H——潜水含水层厚度（m）；

q——按干扰井群计算的降水井单井流量（m^3/d）；

k——含水层的渗透系数（m/d）；

r_0——井群的等效半径（m），井群的等效半径应按各降水井所围多边形与等效圆的周长相等确定，取 $r_0=u/(2\pi)$；当 $r_0>\frac{R}{2\sin\frac{(2j-1)\pi}{2n}}$时，第一个公式中应取 $r_0=\frac{R}{2\sin\frac{(2j-1)\pi}{2n}}$；当 $r_0>\frac{R}{2\sin\frac{j\pi}{n}}$时，第二个公式中应取 $r_0=\frac{R}{2\sin\frac{j\pi}{n}}$；

j——第 j 口降水井；

s_w——井水位的设计降深（m）；

r_w——降水井半径（m）；

u——各降水井所围多边形的周长（m）；

R——影响半径（m），应按现场抽水试验确定；缺少试验时，也可按下式计算并结合当地工程经验确定。

■　当含水层为粉土、砂土或碎石土时，承压完整井的地下水位降深可按下式计算（如图 5－24 所示）：

$$s_i=\sum_{j=1}^{n}\frac{q_j}{2\pi Mk}\ln\frac{R}{r_{ij}}$$

$$R=10s_w\sqrt{k}$$

式中　s_i——基坑内任一点的地下水位降深（m），基坑内各点中最小的地下水位降深可取各个相邻降水井连线上地下水位降深的最小值，当各降水井的间距和降深相同时，可取任一相邻降水井连线中点的地下水位降深；

q_j——按干扰井群计算的第 j 口降水井的单井流量（m^3/d）；

M——承压含水层厚度（m）；

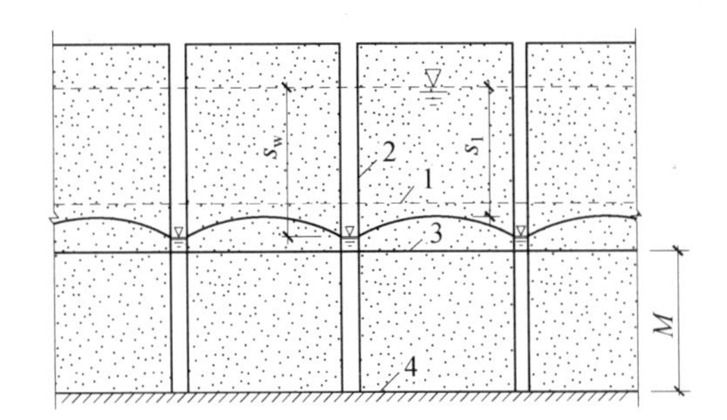

图 5-24　承压水完整井地下水位降深计算

1——基坑面；2——降水井；3——承压水含水层顶板；4——承压水含水层底板

k——含水层的渗透系数（m/d）；

r_{ij}——第 j 口井中心至地下水位降深计算点的距离（m），当 $r_{ij}>R$ 时，取 $r_{ij}=R$；

n——降水井数量；

R——影响半径（m），应按现场抽水试验确定；缺少试验时，也可按下式计算并结合当地工程经验确定；

s_w——井水位降深（m）；当井水位降深小于 10m 时，取 $s_w=10$m。

当含水层为粉土、砂土或碎石土，各降水井所围平面形状近似圆形或正方形且各降水井的间距、降深相同时，承压完整井的地下水位降深也可按下列公式计算：

$$s_i=\frac{q}{2\pi Mk}\sum_{j=1}^{n}\ln\frac{R}{2r_0\sin\frac{(2j-1)\pi}{2n}}$$

$$q=\frac{2\pi Mks_w}{\ln\frac{R}{r_w}+\sum_{j=1}^{n-1}\ln\frac{R}{2r_0\sin\frac{j\pi}{n}}}$$

$$R=10s_w\sqrt{k}$$

式中　s_i——基坑内任一点的地下水位降深（m），基坑内各点中最小的地下水位降深可取各个相邻降水井连线上地下水位降深的最小值，当各降水井的间距和降深相同时，可取任一相邻降水井连线中点的地下水位降深；

q——按干扰井群计算的降水井单井流量（m^3/d）；

M——承压含水层厚度（m）；

k——含水层的渗透系数（m/d）；

r_0——井群的等效半径（m），井群的等效半径应按各降水井所围多边形与等效圆的周长相等确定，取 $r_0=u/(2\pi)$；当 $r_0>\frac{R}{2\sin\frac{(2j-1)\pi}{2n}}$时，第一

个公式中应取 $r_0=\dfrac{R}{2\sin\dfrac{(2j-1)\pi}{2n}}$；当 $r_0>\dfrac{R}{2\sin\dfrac{j\pi}{n}}$时，第二个公式中应取 $r_0=\dfrac{R}{2\sin\dfrac{j\pi}{n}}$；

j——第 j 口降水井；

s_w——井水位的设计降深（m）；

r_w——降水井半径（m）；

u——各降水井所围多边形的周长（m）；

R——影响半径（m），应按现场抽水试验确定；缺少试验时，也可按下式计算并结合当地工程经验确定。

5.1.25　降水井单井设计流量的计算

降水井的设计单井流量可按下式计算：

$$q=1.1\frac{Q}{n}$$

式中　n——降水井数量；

Q——基坑降水总涌水量（m^3/d）
- ●均质含水层潜水完整井
- ▲均质含水层潜水非完整井
- ■均质含水层承压水完整井
- ◆均质含水层承压水非完整井
- ★均质含水层承压水－潜水完整井

●　群井按大井简化时，均质含水层潜水完整井的基坑降水总涌水量可按下式计算（如图 5－25 所示）：

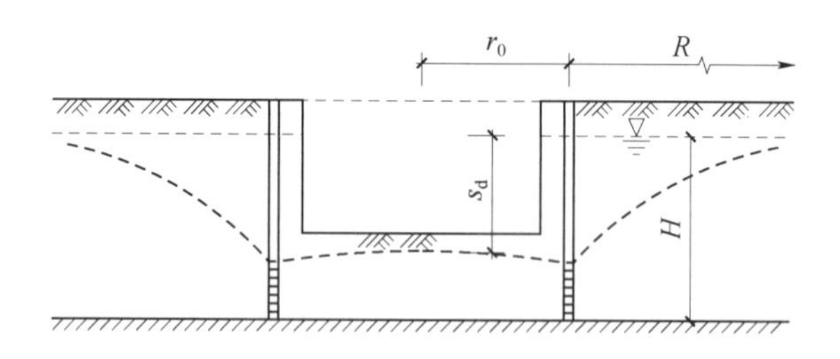

图 5－25　均质含水层潜水完整井的基坑涌水量计算

$$Q=\pi k\frac{(2H-s_d)s_d}{\ln\left(1+\dfrac{R}{r_0}\right)}$$

式中　k——渗透系数（m/d）；

H——潜水含水层厚度（m）；

s_d——基坑地下水位的设计降深（m）；

R——降水影响半径（m）；

r_0——基坑等效半径（m）；可按 $r_0=\sqrt{A/\pi}$ 计算；

A——基坑面积（m^2）。

▲ 群井按大井简化时，均质含水层潜水非完整井的基坑降水总涌水量可按下式计算（如图 5－26 所示）：

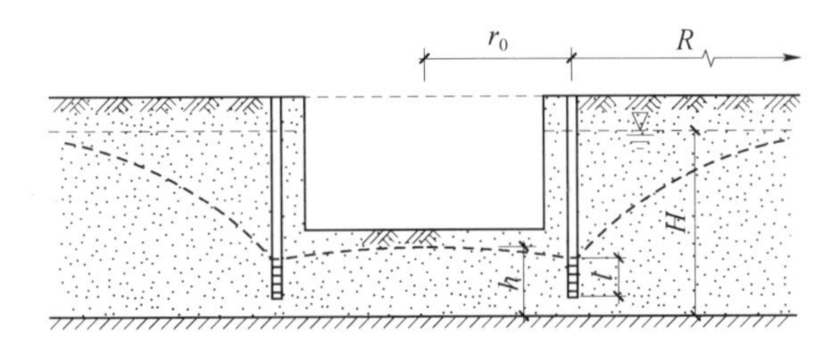

图 5－26 均质含水层潜水非完整井的基坑涌水量计算

$$Q=\pi k\frac{H^2-h^2}{\ln\left(1+\frac{R}{r_0}\right)+\frac{H+h-2l}{2l}\ln\left(1+0.1\frac{H+h}{r_0}\right)}$$

式中 k——渗透系数（m/d）；

H——潜水含水层厚度（m）；

R——降水影响半径（m）；

r_0——基坑等效半径（m）；可按 $r_0=\sqrt{A/\pi}$ 计算；

h——降水后基坑内的水位高度（m）；

l——过滤器进水部分的长度（m）。

■ 群井按大井简化时，均质含水层承压水完整井的基坑降水总涌水量可按下式计算（如图 5－27 所示）：

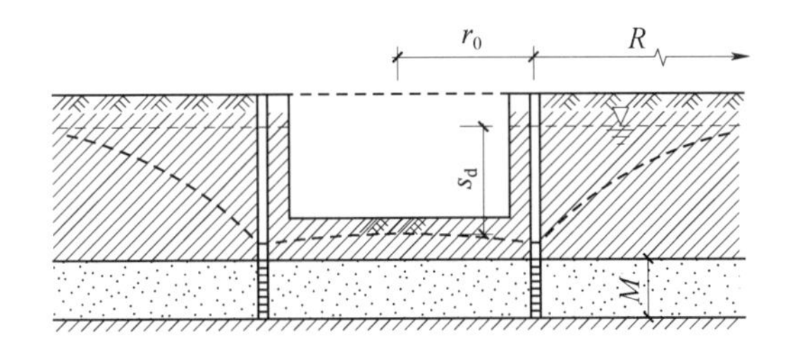

图 5－27 均质含水层承压水完整井的基坑涌水量计算

$$Q=2\pi k\frac{Ms_d}{\ln\left(1+\frac{R}{r_0}\right)}$$

式中　k——渗透系数（m/d）；

M——承压水含水层厚度（m）；

s_d——基坑地下水位的设计降深（m）；

R——降水影响半径（m）；

r_0——基坑等效半径（m）；可按 $r_0=\sqrt{A/\pi}$计算；

A——基坑面积（m^2）。

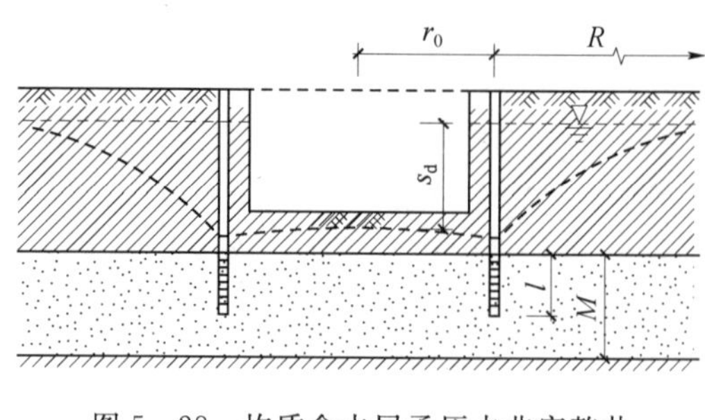

图 5-28　均质含水层承压水非完整井的基坑涌水量计算

◆　群井按大井简化时，均质含水层承压水非完整井的基坑降水总涌水量可按下式计算（如图 5-28 所示）：

$$Q=2\pi k\frac{Ms_d}{\ln\left(1+\frac{R}{r_0}\right)+\frac{M-l}{l}\ln\left(1+0.2\frac{M}{r_0}\right)}$$

式中　k——渗透系数（m/d）；

M——承压水含水层厚度（m）；

s_d——基坑地下水位的设计降深（m）；

R——降水影响半径（m）；

r_0——基坑等效半径（m）；可按 $r_0=\sqrt{A/\pi}$计算；

l——过滤器进水部分的长度（m）；

A——基坑面积（m^2）。

★　群井按大井简化时，均质含水层承压水-潜水完整井的基坑降水总涌水量可按下式计算（如图 5-29 所示）：

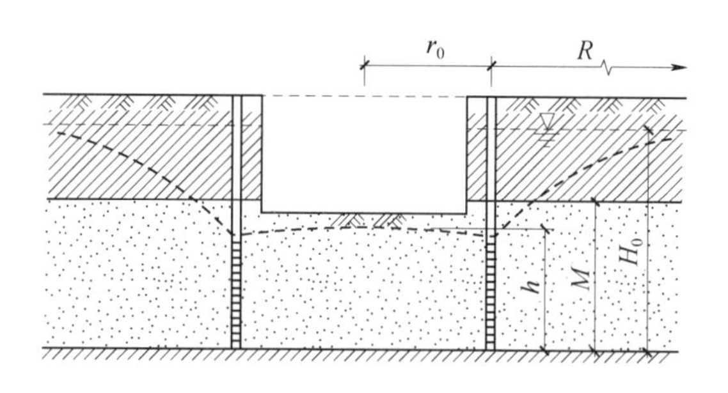

图 5-29　均质含水层承压水-潜水完整井的基坑涌水量计算

$$Q=\pi k\frac{(2H_0-M)M-h^2}{\ln\left(1+\frac{R}{r_0}\right)}$$

式中　k——渗透系数（m/d）；

H_0——承压水含水层的初始水头；
M——承压水含水层厚度（m）；
h——降水后基坑内的水位高度（m）；
R——降水影响半径（m）；
r_0——基坑等效半径（m）；可按 $r_0=\sqrt{A/\pi}$计算；
A——基坑面积（m^2）。

5.1.26　降水井单井出水能力的计算

管井的单井出水能力可按下式计算：

$$q_0=120\pi r_s l^3\sqrt{k}$$

式中　q_0——单井出水能力（m^3/d）；
r_s——过滤器半径（m）；
l——过滤器进水部分的长度（m）；
k——含水层渗透系数（m/d）。

5.1.27　降水引起的地层压缩变形量的计算

降水引起的地层变形量可按下式计算：

$$s=\psi_w\sum\frac{\Delta\sigma'_{zi}\Delta h_i}{E_{si}}$$

式中　s——计算剖面的地层压缩变形量（m）；
ψ_w——沉降计算经验系数，应根据地区工程经验取值，无经验时，宜取 $\psi_w=1$；
Δh_i——第 i 层土的厚度（m），土层的总计算厚度应按渗流分析或实际土层分布情况确定；
E_{si}——第 i 层土的压缩模量（kPa），应取土的自重应力至自重应力与附加有效应力之和的压力段的压缩模量；
$\Delta\sigma'_{zi}$——降水引起的地面下第 i 土层的平均附加有效应力（kPa），对黏性土，应取降水结束时土的固结度下的附加有效应力，如图 5－30 所示
{▲第 i 土层位于初始地下水位以上时
■第 i 土层位于降水后水位与初始地下水位之间时
★第 i 土层位于降水后水位以下时

▲　第 i 土层位于初始地下水位以上时

$$\Delta\sigma'_{zi}=0$$

■　第 i 土层位于降水后水位与初始地下水位之间时

$$\Delta\sigma'_{zi}=\gamma_w z$$

式中　γ_w——水的容重（kN/m^3）；
z——第 i 层土中点至初始地下水位的垂直距离（m）。

★ 第 i 土层位于降水后水位以下时

$$\Delta\sigma'_{zi}=\lambda_i\gamma_w s_i$$

式中 γ_w——水的容重（kN/m³）；

λ_i——计算系数，应按地下水渗流分析确定，缺少分析数据时，也可根据当地工程经验取值；

s_i——计算剖面对应的地下水位降深（m）。

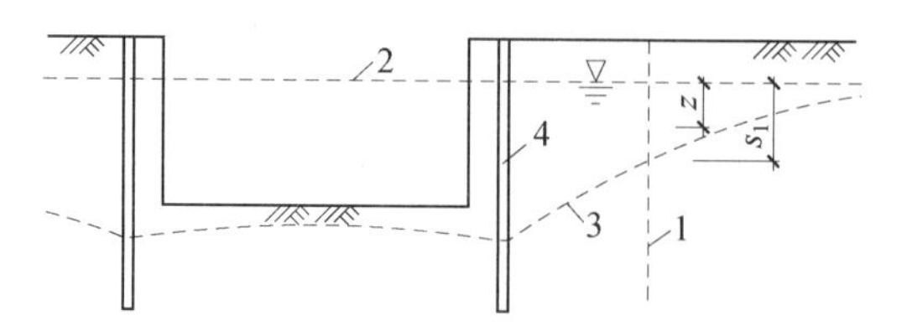

图 5-30 降水引起的附加有效应力计算

1——计算剖面；2——初始地下水位；3——降水后的水位；4——降水井

5.2 数据速查

5.2.1 锚杆的极限黏结强度标准值

表 5-1 锚杆的极限黏结强度标准值 q_{sk}

土的名称	土的状态或密实度	q_{sk}/kPa	
		一次常压注浆	二次压力注浆
填土	—	16～30	30～45
淤泥质土	—	16～20	20～30
黏性土	$I_L>1$	18～30	25～45
	$0.75<I_L\leqslant1$	30～40	45～60
	$0.50<I_L\leqslant0.75$	40～53	60～70
	$0.25<I_L\leqslant0.50$	53～65	70～85
	$0<I_L\leqslant0.25$	65～73	85～100
	$I_L\leqslant0$	73～90	100～130
粉土	$e>0.90$	22～44	40～60
	$0.75\leqslant e\leqslant0.90$	44～64	60～90
	$e<0.75$	64～100	80～130
粉细砂	稍密	22～42	40～70
	中密	42～63	75～110
	密实	63～85	90～130
中砂	稍密	54～74	70～100
	中密	74～90	100～130
	密实	90～120	130～170

续表

土的名称	土的状态或密实度	q_{sk}/kPa	
		一次常压注浆	二次压力注浆
粗砂	稍密	80～130	100～140
	中密	130～170	170～220
	密实	170～220	220～250
砾砂	中密、密实	190～260	240～290
风化岩	全风化	80～100	120～150
	强风化	150～200	200～260

注：1. 采用泥浆护壁成孔工艺时，应按表取低值后再根据具体情况适当折减。
2. 采用套管护壁成孔工艺时，可取表中的高值。
3. 采用扩孔工艺时，可在表中数值基础上适当提高。
4. 采用二次压力分段劈裂注浆工艺时，可在表中二次压力注浆数值基础上适当提高。
5. 当砂土中的细粒含量超过总质量的 30%时，表中数值应乘以 0.75。
6. 对有机质含量为 5%～10%的有机质土，应按表取值后适当折减。
7. 当锚杆锚固段长度大于 16m 时，应对表中数值适当折减。

5.2.2 锚杆的抗拔承载力检测值

表 5-2　　锚杆的抗拔承载力检测值

支护结构的安全等级	抗拔承载力检测值与轴向拉力标准值的比值
一级	≥1.4
二级	≥1.3
三级	≥1.2

5.2.3 土钉的极限黏结强度标准值

表 5-3　　土钉的极限黏结强度标准值 q_{sk}

土的名称	土 的 状 态	q_{sk}/kPa	
		成孔注浆土钉	打入钢管土钉
素填土		15～30	20～35
淤泥质土		10～20	15～25
黏性土	$0.75<I_L\leqslant1$	20～30	20～40
	$0.25<I_L\leqslant0.75$	30～45	40～55
	$0<I_L\leqslant0.25$	45～60	55～70
	$I_L\leqslant0$	60～70	70～80
粉土		40～80	50～90

续表

土的名称	土 的 状 态	q_{sk}/kPa	
		成孔注浆土钉	打入钢管土钉
砂土	松散	35～50	50～65
	稍密	50～65	65～80
	中密	65～80	80～100
	密实	80～100	100～120

5.2.4 喷射井点的出水能力

表 5-4　　喷射井点的出水能力

外管直径/mm	喷 射 管		工作水压力/MPa	工作水流量/(m^3/d)	设计单井出水流量/(m^3/d)	适用含水层渗透系数/(m/d)
	喷嘴直径/mm	混合室直径/mm				
38	7	14	0.6～0.8	112.8～163.2	100.8～138.2	0.1～5.0
68	7	14	0.6～0.8	110.4～148.8	103.2～138.2	0.1～5.0
100	10	20	0.6～0.8	230.4	259.2～388.8	5.0～10.0
162	19	40	0.6～0.8	720	600～720	10.0～20.0

6

地基基础抗震设计

6.1 公式速查

6.1.1 土层的等效剪切波速

土层的等效剪切波速，应按下列公式计算：

$$v_{se}=d_0/t$$

$$t=\sum_{i=1}^{n}(d_i/v_{si})$$

式中 v_{se}——土层等效剪切波速（m/s）；

d_0——计算深度（m），取覆盖层厚度和20m两者的较小值；

t——剪切波在地面至计算深度之间的传播时间；

d_i——计算深度范围内第 i 土层的厚度（m）；

v_{si}——计算深度范围内第 i 土层的剪切波速（m/s）；

n——计算深度范围内土层的分层数。

6.1.2 地基抗震承载力计算

地基抗震承载力应按下式计算：

$$f_{aE}=\xi_a f_a$$

式中 f_{aE}——调整后的地基抗震承载力；

ξ_a——地基抗震承载力调整系数，应按表6-6采用；

f_a——深宽修正后的地基承载力特征值，应按现行国家标准《建筑地基基础设计规范》GB（50007—2011）采用。

6.1.3 天然地基抗震承载力验算

验算天然地基地震作用下的竖向承载力时，按地震作用效应标准组合的基础底面平均压力和边缘最大压力应符合下列各式要求：

$$p\leqslant f_{aE}$$

$$p_{max}\leqslant 1.2f_{aE}$$

$$f_{aE}=\xi_a f_a$$

式中 p——地震作用效应标准组合的基础底面平均压力；

p_{max}——地震作用效应标准组合的基础边缘的最大压力；

f_{aE}——调整后的地基抗震承载力；

ξ_a——地基抗震承载力调整系数，应按表6-6采用；

f_a——深宽修正后的地基承载力特征值，应按现行国家标准《建筑地基基础设计规范》GB（50007—2011）采用。

6.1.4 不考虑液化影响的判别

浅埋天然地基的建筑，当上覆非液化土层厚度和地下水位深度符合下列条件之一时，可不考虑液化影响：

$$d_u > d_0 + d_b - 2$$

$$d_w > d_0 + d_b - 3$$

$$d_u + d_w > 1.5d_0 + 2d_b - 4.5$$

式中 d_w——地下水位深度（m），宜按设计基准期内年平均最高水位采用，也可按近期内年最高水位采用；

d_u——上覆盖非液化土层厚度（m），计算时宜将淤泥和淤泥质土层扣除；

d_b——基础埋置深度（m），不超过 2m 时应采用 2m；

d_0——液化土特征深度（m），可按表 6－7 采用。

6.1.5 液化判别标准贯入锤击数临界值

在地面下 20m 深度范围内，液化判别标准贯入锤击数临界值可按下式计算：

$$N_{cr} = N_0 \beta [\ln(0.6d_s + 1.5) - 0.1d_w] \sqrt{3/\rho_c}$$

式中 N_{cr}——液化判别标准贯入锤击数临界值；

N_0——液化判别标准贯入锤击数基准值，可按表 6－8 采用；

d_s——饱和土标准贯入点深度（m）；

d_w——地下水位（m）；

ρ_c——黏粒含量百分率，当小于 3 或为砂土时，应采用 3；

β——调整系数，设计地震第一组取 0.80，第二组取 0.95，第三组取 1.05。

6.1.6 液化指数的计算

对存在液化砂土层、粉土层的地基，应探明各液化土层的深度和厚度，按下式计算每个钻孔的液化指数，并按表 6－9 综合划分地基的液化等级：

$$I_{lE} = \sum_{i=1}^{n} \left[1 - \frac{N_i}{N_{cri}}\right] d_i W_i$$

式中 I_{lE}——液化指数；

n——在判别深度范围内每一个钻孔标准贯入试验点的总数；

N_i、N_{cri}——i 点标准贯入锤击数的实测值和临界值，当实测值大于临界值时应取临界值；当只需要判别 15m 范围以内的液化时，15m 以下的实测值可按临界值采用；

d_i——i 点所代表的土层厚度（m），可采用与该标准贯入试验点相邻的上、下两标准贯入试验点深度差的一半，但上界不高于地下水位深度，下界不深于液化深度；

W_i——i 土层单位土层厚度的层位影响权函数值（单位为 m^{-1}）。当该层中点深度不大于5m时应采用10，等于20m时应采用零值，5～20m时应按线性内插法取值。

6.1.7 震陷性软土的判别

地基中软弱黏性土层的震陷判别，可采用下列方法。饱和粉质黏土震陷的危害性和抗震陷措施应根据沉降和横向变形大小等因素综合研究确定，抗震烈度8度（0.30g）和9度时，当塑性指数小于15且符合下式规定的饱和粉质黏土可判为震陷性软土。

$$W_s \geqslant 0.9W_L$$

$$I_L \geqslant 0.75$$

式中 W_s——天然含水量；

W_L——液限含水量，采用液、塑限联合测定法测定；

I_L——液性指数。

6.1.8 打桩后的标准贯入锤击数的计算

打桩后桩间土的标准贯入锤击数宜由试验确定，也可按下式计算：

$$N_1 = N_p + 100\rho(1 - e^{-0.3N_p})$$

式中 N_1——打桩后的标准贯入锤击数；

ρ——打入式预制桩的面积置换率；

N_p——打桩前的标准贯入锤击数。

6.2 数据速查

6.2.1 有利、一般、不利和危险地段的划分

表6-1 有利、一般、不利和危险地段的划分

地段类别	地质、地形、地貌
有利地段	稳定基岩，坚硬土，开阔、平坦、密实、均匀的中硬土等
一般地段	不属于有利、不利和危险的地段
不利地段	软弱土，液化土，条状突出的山嘴，高耸孤立的山丘，陡坡，陡坎，河岸和边坡的边缘，平面上分布成因、岩性、状态明显不均匀的土层（含故河道、疏松的断层破碎带、暗埋的塘浜沟谷和半填半挖地基），高含水量的可塑黄土，地表存在结构性裂缝等
危险地段	地震时可能发生滑坡、崩塌、地陷、地裂、泥石流等及发震断裂带上可能发生地表错位的部位

6.2.2 土的类别划分和剪切波速范围

表 6-2 土的类型划分和剪切波速范围

土的类型	岩土名称和性状	土层剪切波速范围/(m/s)
岩石	坚硬、较硬且完整的岩石	$v_S>800$
坚硬土或软质岩石	破碎和较破碎的岩石或软和较软的岩石，密实的碎石土	$800\geqslant v_S>500$
中硬土	中密、稍密的碎石土，密实、中密的砾、粗、中砂，$f_{ak}>150$ 的黏性土和粉土，坚硬黄土	$500\geqslant v_S>250$
中软土	稍密的砾、粗、中砂，除松散外的细、粉砂，$f_{ak}\leqslant150$ 的黏性土和粉土，$f_{ak}>130$ 的填土，可塑新黄土	$250\geqslant v_S>150$
软弱土	淤泥和淤泥质土，松散的砂，新近沉积的黏性土和粉土，$f_{ak}\leqslant130$ 的填土，流塑黄土	$v_S\leqslant150$

注：f_{ak} 为由载荷试验等方法得到的地基承载力特征值（kPa）；v_S 为岩土剪切波速。

6.2.3 各类建筑场地的覆盖层厚度

表 6-3 各类建筑场地的覆盖层厚度（m）

岩石的剪切波速或土的等效剪切波速/(m/s)	场地类别				
	I_0	I_1	Ⅱ	Ⅲ	Ⅳ
$v_s>800$	0				
$800\geqslant v_s>500$		0			
$500\geqslant v_{se}>250$		<5	$\geqslant5$		
$250\geqslant v_{se}>150$		<3	3～50	>50	
$v_{se}\leqslant150$		<3	3～15	15～50	>80

注：表中 v_S 系岩石的剪切波速。

6.2.4 发震断裂的最小避让距离

表 6-4 发震断裂的最小避让距离（m）

烈　度	建筑抗震设防类别			
	甲	乙	丙	丁
8	专门研究	200m	100m	—
9	专门研究	400m	200m	—

6.2.5 局部突出地形地震影响系数的增大幅度

表 6-5 局部突出地形地震影响系数的增大幅度

突出地形的高度 H/m	非岩质地层	$H<5$	$5\leqslant H<15$	$15\leqslant H<25$	$H\geqslant 25$
	岩质地层	$H<20$	$20\leqslant H<40$	$40\leqslant H<60$	$H\geqslant 60$
局部突出台地边缘的侧向平均坡降（H/L）	$H/L<0.3$	0	0.1	0.2	0.3
	$0.3\leqslant H/L<0.6$	0.1	0.2	0.3	0.4
	$0.6\leqslant H/L<1.0$	0.2	0.3	0.4	0.5
	$H/L\geqslant 1.0$	0.3	0.4	0.5	0.6

6.2.6 地基抗震承载力调整系数

表 6-6 地基抗震承载力调整系数 ξ_a

岩土名称和性状	ξ_a
岩石，密实的碎石土，密实的砾、粗、中砂，$f_{ak}\geqslant 300$ 的黏性土和粉土	1.5
中密、稍密的碎石土，中密和稍密的砾、粗、中砂，密实和中密的细、粉砂，$150\text{kPa}\leqslant f_{ak}<300\text{kPa}$ 的黏性土和粉土，坚硬黄土	1.3
稍密的细、粉砂，$100\text{kPa}\leqslant f_{ak}<150\text{kPa}$ 的黏性土和粉土，可塑黄土	1.1
淤泥，淤泥质土，松散的砂，杂填土，新近堆积黄土及流塑黄土	1.0

注： f_{ak}为由荷载试验等方法得到的地基承载力特征值（kPa）。

6.2.7 液化土特征深度

表 6-7 液化土特征深度 （单位：m）

饱和土类别	7 度	8 度	9 度
粉土	6	7	8
砂土	7	8	9

注： 当区域的地下水位处于变动状态时，应按不利的情况考虑。

6.2.8 液化判别标准贯入锤击数基准值 N_0

表 6-8 液化判别标准贯入锤击数基准值 N_0

设计基本地震加速度（g）	0.10	0.15	0.20	0.30	0.40
液化判别标准贯入锤击数基准值	7	10	12	16	19

6.2.9 液化等级与液化指数的对应关系

表 6-9 液化等级与液化指数的对应关系

液化等级	轻　微	中　等	严　重
液化指数 I_{lE}	$0<I_{lE}\leqslant 6$	$6<I_{lE}\leqslant 18$	$I_{lE}>18$

6.2.10 液化等级和对建筑物的相应危害程度

表 6-10 液化等级和对建筑物的相应危害程度

液化等级	液化指数（20m）	地面喷水冒砂情况	对建筑的危害情况
轻微	<6	地面无喷水冒砂，或仅在洼地、河边有零星的喷水冒砂点	危害性小，一般不致引起明显的震害
中等	6～18	喷水冒砂可能性大，从轻微到严重均有，多数属中等	危害性较大，可造成不均匀沉陷和开裂，有时不均匀沉陷可能达到200mm
严重	>18	一般喷水冒砂都很严重，地面变形很明显	危害性大，不均匀沉陷可能大于200mm，高重心结构可能产生不容许的倾斜

6.2.11 地基抗液化措施

表 6-11 地基抗液化措施

建筑抗震设防类别	地基的液化等级		
	轻　微	中　等	严　重
乙类	部分消除液化沉陷，或对基础和上部结构处理	全部消除液化沉陷，或部分消除液化沉陷且对基础和上部结构处理	全部消除液化沉陷
丙类	基础和上部结构处理．亦可不采取措施	基础和上部结构处理，或更高要求的措施	全部消除液化沉陷，或部分消除液化沉陷且对基础和上部结构处理
丁类	可不采取措施	可不采取措施	基础和上部结构处理，或其他经济的措施

注：甲类建筑的地基抗液化措施应进行专门研究，但不宜低于乙类的相应要求。

6.2.12 基础底面以下非软土层厚度

表 6-12 基础底面以下非软土层厚度

抗　震　烈　度	基础底面以下非软土层厚度/m
7	$\geqslant 0.5b$ 且 $\geqslant 3$
8	$\geqslant b$ 且 $\geqslant 5$
9	$\geqslant 1.5b$ 且 $\geqslant 8$

注：b 为基础底面宽度（m）。

6.2.13 建筑桩基设计等级

表 6-13　建筑桩基设计等级

设计等级	建　筑　类　型
甲级	①重要的建筑 ②30 层以上或高度超过 100m 的高层建筑 ③体型复杂且层数相差超过 10 层的高低层（含纯地下室）连体建筑 ④20 层以上框架一核心筒结构及其他对差异沉降有特殊要求的建筑 ⑤场地和地基条件复杂的 7 层以上的一般建筑及坡地、岸边建筑 ⑥对相邻既有工程影响较大的建筑
乙级	除甲级、丙级以外的建筑
丙级	场地和地基条件简单、荷载分布均匀的 7 层及 7 层以下的一般建筑

6.2.14 土层液化影响折减系数

表 6-14　土层液化影响折减系数

实际标贯锤击数/临界标贯锤击数	深度 d_s/m	折减系数
≤0.6	$d_s \leqslant 10$	0
	$10 < d_s \leqslant 20$	1/3
>0.6～0.8	$d_s \leqslant 10$	1/3
	$10 < d_s \leqslant 20$	2/3
>0.8～1.0	$d_s \leqslant 10$	2/3
	$10 < d_s \leqslant 20$	1

主要参考文献

[1] GB 50007—2011 建筑地基基础设计规范［S］. 北京：中国建筑工业出版社，2011.
[2] JGJ 79—2012 建筑地基处理技术规范［S］. 北京：中国建筑工业出版社，2013.
[3] JGJ 94—2008 建筑桩基技术规范［S］. 北京：中国建筑工业出版社，2008.
[4] JGJ 120—2012 建筑基坑支护技术规程［S］. 北京：中国建筑工业出版社，2012.
[5] 顾晓鲁. 地基与基础［M］. 北京：中国建筑工业出版社，2003.
[6] 张军，郑卫锋. 地基基础简易计算［M］. 北京：机械工业出版社，2008.

图书在版编目（CIP）数据

地基基础常用公式与数据速查手册/ 张立国主编.
—北京：知识产权出版社，2015.1
ISBN 978-7-5130-3052-6
（建筑工程常用公式与数据速查手册系列丛书）

Ⅰ.①地… Ⅱ.①张… Ⅲ.①地基—基础（工程）—工程施工—技术手册
Ⅳ.①TU 753-62

中国版本图书馆 CIP 数据核字（2014）第 229582 号

责任编辑：刘　爽　祝元志　　　**责任校对**：谷　洋
封面设计：杨晓霞　　　**责任出版**：刘译文

地基基础常用公式与数据速查手册

张立国　主编

出版发行：知识产权出版社有限责任公司　　**网　　址**：www. ipph. cn
社　　址：北京市海淀区马甸南村 1 号　　**邮　　编**：100088
责编电话：010－82000860 转 8125　　**责编邮箱**：liushuang@cnipr. com
发行电话：010－82000860 转 8101/8102　　**发行传真**：010－82005070/82000893
印　　刷：保定市中画美凯印刷有限公司　　**经　　销**：各大网上书店、新华书店及相关销售网点
开　　本：787mm×1092mm　1/16　　**印　　张**：14
版　　次：2015 年 1 月第 1 版　　**印　　次**：2015 年 1 月第 1 次印刷
字　　数：280 千字　　**定　　价**：45.00 元

ISBN 978-7-5130-3052-6

建筑工程常用公式与数据速查手册系列丛书

	书名	定价
1	钢结构常用公式与数据速查手册	定价：38.00 元
2	建筑抗震常用公式与数据速查手册	定价：38.00 元
3	高层建筑常用公式与数据速查手册	定价：35.00 元
4	砌体结构常用公式与数据速查手册	定价：48.00 元
5	地基基础常用公式与数据速查手册	定价：45.00 元
6	电气工程常用公式与数据速查手册	定价：38.00 元
7	工程造价常用公式与数据速查手册	定价：45.00 元
8	水暖工程常用公式与数据速查手册	定价：45.00 元
9	混凝土结构常用公式与数据速查手册	定价：38.00 元